U0175231

国家重点研发计划课题（2017YFC0505706）
上海市科学技术委员会科研计划项目（19DZ1203300） 资助

城市生态网络规划原理

张　浪　编著

科学出版社

北　京

内 容 简 介

本书以城市生态网络规划为主题,涵盖城市生态网络规划的理论研究、编制方法、支撑技术、实践案例等。本书厘清城市生态网络内涵,提炼其本体时空进化特征及规律;从规划衔接与规划编制、构建方法和构建技术方面,阐述城市生态网络规划的原理机制;总结上海市基本生态网络规划,并梳理国内外典型生态网络规划案例;探索形成城市生态网络规划原理,以期指导城市生态空间系统规划、保护建设及管理。

本书适合从事风景园林、城市景观规划以及城市生态学和生态修复等领域工作的专家和相关技术人员参考使用。

图书在版编目(CIP)数据

城市生态网络规划原理/张浪编著. —北京:科学出版社,2021.8
ISBN 978-7-03-068270-3

Ⅰ. ①城⋯ Ⅱ. ①张⋯ Ⅲ. ①生态城市-城市规划-研究 Ⅳ. ①TU984

中国版本图书馆 CIP 数据核字(2021)第 040464 号

责任编辑:韩学哲 孙 青/责任校对:严 娜
责任印制:吴兆东/封面设计:刘新新

科学出版社 出版
北京东黄城根北街 16 号
邮政编码:100717
http://www.sciencep.com
北京虎彩文化传播有限公司印刷

科学出版社发行 各地新华书店经销
*
2021 年 8 月第 一 版 开本:720×1000 B5
2023 年 1 月第三次印刷 印张:14 3/4
字数:297 000

定价:168.00 元
(如有印装质量问题,我社负责调换)

作者简介

张浪，1964 年 7 月出生，合肥人，博士、教授级高级工程师、博士生导师，上海领军人才；全国优秀科技工作者、全国绿化先进工作者、科学中国人（2018）年度人物、全国绿化奖章获得者；住房和城乡建设部科学技术委员会园林绿化专业委员会副主任委员、全国风景园林专业学位研究生教育指导委员会委员、中国风景园林学会常务理事；享受国务院政府特殊津贴。

1988 年毕业于南京林业大学风景园林专业，曾在同济大学建筑与城规学院等校学习，是中国南方农林院校园林规划设计学第一位博士。长期从事风景园林教学、科学研究、项目实践和专业管理的一线工作，先后担任安徽农业大学风景园林系主任、淮南市毛集实验区人民政府副区长、上海市绿化和市容管理局（上海市林业局）副总工程师等职。现任上海市园林科学规划研究院院长、城市困难立地生态园林国家林草局重点实验室主任、上海城市困难立地绿化工程技术研究中心主任。

主持国家重点研发计划课题"城市与区域生态环境决策支持系统与一体化管理模式（2017YFC0505706）"、住房和城乡建设部"基于城市有机更新的生态网络构建关键技术研究（K22018080）"、上海市科学技术委员会"上海'四化'生态网络空间区划及其系统构建关键技术研究与示范（19DZ1203300）"等科研项目 20 余项；主持"上海市绿化系统实施规划（2008—2015）""上海市基本生态网络规划（沪府〔2012〕53 号）"等规划与设计项目近百项；主持项目获世界风景园林联合会（IFLA）杰出奖等国际奖 3 项，获上海市科技进步奖一等奖、梁希林业科学技术奖一等奖、中国风景园林学会首届科学技术奖一等奖、省部级优秀规划设计奖一等奖等国内奖 10 余项。在国际风景园林联合会（IFLA）、国际科学与工程学会（WSEAS）及亚太地区部长级论坛、中国风景园林学会等组织的国际国内高层学术会议上，作主旨报告 20 余场。出版专著 10 余部，发表包括 SCI 在内的科技论文 100 余篇等。任《园林》学术期刊主编，*Journal of Landscape Architecture*、《中国园林》《植物资源与环境》《风景园林》等刊编委。

序 一

　　传统城市规划的模式一般分为问题导向和理想导向两种，但今天依托大数据和人工智能等新技术，城市规划可以有第三种模式——通过数字定量发掘城市生命的发展规律，遵循城市发展规律，解决好个人与社会、人类与自然、历史遗产和未来创新三者之间的关系，在未来城市的构架中显得尤为重要。

　　针对我国城镇化面临的重大挑战和建设问题，我们应积极探索城市规律，发掘的新方法，剖析城市发展内在规律，模拟推演规划效果，科学评价规划决策，系统优化规划方案，不断研发"以数明律、以律定城"的规划方法，逐步建立"生态理性"规划的理论框架，为城市规划的科学化奠定基础。在"生态理性"城市规划的引导下，城市生态网络规划可以依托国土空间基础信息平台，结合资源约束和环境底线，运用地理信息技术、遥感技术、地理模拟和优化系统等多种技术，统筹协调城市生态空间和建设空间之间的关系，以推动城市的可持续发展。

　　生态城市的建设，必须坚持美丽诗情与公共效率的结合、生态尺度与生态价值的结合、功能区域与空间形态的结合，以实现生态价值的最大化。城市生态网络的规划建设，本质上是对城市生态空间认识论和发展观的再升华。对城市自然生态系统的认识从园林绿地的角度上升到生态文明、绿色空间的角度，从生存价值上升到文化、精神、健康价值的角度，从空间形态、绿地指标上升到社会形态、公共共享的角度，从孤立管理上升到系统协调、生命共同体的角度。未来的城市是智慧生命体，是一个复杂的系统，包含数据感知、监测诊断、综合决策和不断学习的过程。随着大数据、人工智能、移动互联网和云计算等新技术的快速发展，基于对城市的全面感知、智能评价，可以对当前城市发展做出更加准确和恰当的判断和反应，引导城市进行反思学习和有序发展。

　　城市生态网络是城市生命中不可缺少的组成部分。城市生态网络规划是生态城市规划的基础性工作，通过生态廊道系统构建生态网络结构，将复合生态系统多维度渗透到城市肌理中，从而发挥多重生态服务功能。生态网络系统是城市社会发展的重要自然载体，是社会活力、居民幸福感的重要依托；从经济学角度来看，良好的生态网络系统蕴藏了丰富的生物多样性资源，在城市未来发展中影响人才的去留，是城市综合竞争力的重要生态资本。

　　今天我们认识到，既要创造更多物质财富和精神财富以满足人民日益增长的美好生活需要，也要提供更多优质生态产品以满足人民日益增长的优美生态环境需要。城市生态网络规划通过创造优良的人居环境，从而把城市建设为人与自然和谐共处的美丽家园。

　　基于以上认识，拜读张浪先生编著的《城市生态网络规划原理》书稿时，我充分认识到城市生态网络规划是一项具有引领性和创新性的工作。其基于上海实践的研究成果，在国内具有领先水平和示范作用，对于国土空间规划统筹、城市生态环境建设具有重要贡献，相信也一定会发挥引领实践发展的重要作用。

中国工程院院士

2020 年秋于天安花园

序　二

　　2019 年 5 月，《中共中央 国务院关于建立国土空间规划体系并监督实施的若干意见》的发布，标志着我国国土空间规划体系建构的顶层设计框架基本形成。国土空间规划是各类开发、保护和建设活动的依据，国土空间规划的建构也标志着城乡建设生态文明时代的到来。在生态文明发展理念指引下，国土空间规划以"多规合一"为抓手，对管控"生态空间"提出了更加明确的要求。城市生态网络空间系统是城市空间系统的重要生态组成，遵循生态文明建设下的国土空间规划体系改革的新要求，城市生态网络规划担负着城乡"山水林田湖草"全要素对生态网络系统构建与城市建设用地布局优化的支撑作用，如何将城市生态网络空间耦合于城市空间体系中，是国土空间规划"多规合一"背景下城市生态空间网络规划建设的重要课题。

　　由于受到人为扰动，城市生态网络系统进化总是通过内部要素之间、内部与外部要素之间的协同演进来实现，是一个不断增加复杂性和非线性的过程。张浪教授在国内较早提出了基于有机进化论的城市生态网络系统规划理论，并创建了多项城市生态网络构建技术与方法。城市生态网络系统有机进化论，是以整体的、层次的、开放的、动态的观点，通过城市社会对于城市生态网络系统在社会、体制、投资、计划与决心等方面的跨越式发展，选择以城市生态网络布局结构的突变为正向变异模式，即从"非持续"的途径切入（即突变）来实现可持续发展途径，引导城市空间发展中人与自然的关系逐步实现和谐高效的动态平衡。张浪教授及其团队长期从事城市绿地系统规划、城市生态网络规划及生态技术研究和项目实践，先后主持和参与完成国际合作、国家、省部级科研项目 10 余项，主持和合作完成大型项目规划建设近百项。这些科研成果与规划项目，丰富了城市生态网络规划的理论体系和实践案例。

　　前些天，收到张浪教授发来的《城市生态网络规划原理》书稿，并请我为之作序。该书结合了当前国土空间规划体系下"多规合一"和城乡协调发展新要求及学科发展新探索，集合了作者多年理论与实践研究成果，涵盖了认识论层面、方法论层面以及实践层面的探索创新；是一部具有全市域空间、全生态要素和全编制流程的具有规划方法学意义的著作；可为同行提供现行国土空间规划背景下的城市生态网络规划专项工作的案头参考书；当然也会为深化城市生态网络规划专项研究提供重要基础和新的起点。相信该书的出版，对实施国土空间全面保护建设管控的国家战略，具有实践意义和理论价值。

　　是为序。

中国科学院院士

2020 年 12 月 3 日

序 三

近十多年来，城市生态学的理论和实践都有日新月异的发展，新知识层出不穷。日前张浪教授发来他们即将出版的新著《城市生态网络规划原理》书稿，要我写一篇序，虽有先读为快之乐，也有力不从心之憾，就写一点读后感吧。

从生态学角度来看，现代的"城市"是城区及其管辖的乡镇所构成的一个"自然、社会、经济复合生态系统"，执行着生产、生活、生态三大功能，其中贯穿着能量、物质、信息、人口、货币五条生态流，它们之间又相互交叉，相互关联，组成多维度、多尺度的生态网络，由此推动着城市生态系统的存在和发展。当前，我国正处于从资源损耗型发展，转型为生态优先、绿色发展的时期，城镇化也处在重要发展阶段，各行各业建设者也都在探索如何建设现代化的生态化城市，既要创造更多物质财富和精神财富以满足人民日益增长的美好生活需求，也要提供更多优质生态产品以满足人民日益增长的优美生态环境需要。其中一项就是构建结构合理、功能高效、关系协调的生态网络，这个网络"必须坚持节约优先、保护优先、自然恢复为主的方针，形成节约资源和保护环境的空间格局、产业结构、生产方式、生活方式，还自然以宁静、和谐、美丽"。这就需要将相对孤立的景观斑块连成一体，增强各组成成分间的连通性，降低自然系统的破碎化，有效控制城市无序蔓延，提高城市的生态服务功能。一个良好的生态网络是一个健康的城市生态系统必不可少的基本条件，它的构建首先需要有一个合理可行的规划。

张浪教授编著的《城市生态网络规划原理》出版适得其时，在分析总结国内外有关城市生态网络研究现状的基础上，厘清并界定了相关概念，提出了城市生态网络规划编制的理论依据、规划内容、编制程序以及实施方法，介绍了国内外的案例，特别是以上海市基本生态网络规划构建为例，阐述了从"绿地系统规划"缘起到"基本生态网络规划"的"有机进化"过程，及其与国土空间规划、主体功能区规划、土地利用规划、城市主体规划、生态网络规划等的关系；进一步明晰了生态空间要素，将城市绿地、林地、农田、水域和湿地等生态要素纳入城市绿地系统中，落实了市级土地利用总体规划确定的市域生态空间布局体系，对城市生态空间的合理布局、科学配置，以保持城市生态系统平衡、改造城市面貌、提高人民生活质量。随着新一轮国土空间规划的编制以及全球城市发展目标的提出，上海市生态网络规划也将进一步深化并作出应有贡献。

《城市生态网络规划原理》一书理论与实践兼备，对于构建科学、高效的城市生态网络空间，改善城市生态系统、维护城市生态安全、引导城市空间合理发展具有重要意义。该书内容纵跨多个学科领域，可为相关从业者、科研人员，以及为城市生态学、环境科学工作者开展城市生态网络规划领域的研究提供重要参考。

华东师范大学终身教授

2020 年 11 月

前　　言

　　根据摩根士丹利发布的蓝皮书报告《中国城市化 2.0：超级都市圈》，预计到 2030 年，中国的城市化率将升至 75%，增加 2.2 亿"新市民"。城市化作为一种客观物质力量，内生于社会经济发展之中，蔓延于社会区域空间之内。城市化进程的加快可以带动区域经济的发展，促使生产方式、聚落形态、生活方式的转变，降低人类活动对环境的压力。但同时，也会导致生境破碎、生物多样性下降、耕地面积被侵蚀、气候异常以及水资源短缺等问题。2015 年，联合国可持续发展峰会在纽约联合国总部召开，联合国 193 个会员国在峰会上正式通过了 17 项可持续发展目标（sustainable development goals），聚焦社会、经济和环境三个维度，以在千年发展目标到期之后继续指导 2015～2030 年的全球发展工作。其中，良好健康与福祉、可持续城市和社区、气候行动以及陆地生物 4 个可持续发展目标与城市生态网络息息相关。

　　2019 年 5 月，《中共中央　国务院关于建立国土空间规划体系并监督实施的若干意见》（中发〔2019〕18 号）（以下简称《若干意见》）印发，将主体功能区划、土地利用规划、城乡规划等空间规划融合为统一的国土空间规划，以实现"多规合一"。在生态文明发展理念指导下，"多规合一"国土空间规划对管控"生态空间"提出了更高要求。城市生态网络规划作为国土空间规划"五级三类"体系中的专项规划之一，是传导和落实国土空间规划、适应当前市域生态空间优化需求的重要途径。立足新形势下的国家国土空间规划体系，城市生态网络的构建要摆脱就绿地论绿地的思维局限，以绿色发展为引导，充分融合新时代的技术革新，多视角、多层次、多尺度厘清，使城市生态网络规划充分发挥在国土空间规划体系中的重要作用，重构绿色空间、构建城市生态安全格局、营造美丽人居环境，以满足人民日益增长的美好生活需求。

　　笔者主持多项科研项目，包括上海市科学技术委员会"上海'四化'生态网络空间区划及其系统构建关键技术研究与示范"、住房和城乡建设部"基于城市有机更新的生态网络构建关键技术研究"、国家重点研发计划课题"城市与区域生态环境决策支持系统与一体化管理模式"等，依托上海市绿化和市容管理局、上海市园林科学规划研究院等单位，先后完成 2010 上海世博园区绿地系统规划、上海市基本生态网络规划、上海市闵行区生态空间规划、上海市闵行区林地和生态廊道规划等城乡规划项目 30 余项。总结过往城市生态网络规划理论方法与多年实践经验，对接现行的国土空间规划，融合风景园林学、景观生态学、城市生态学等多学科视角，聚焦城市生态网络规划的理论方法、编制技术、建设实践等板块进行系统阐述，研究探索城市生态网络规划原理，以期为今后城市生态空间规划及保护建设、管理，提供更广阔的视角和参考。

本书共分 8 章，其中，第 1 章为规划背景，第 2 章为规划理论，此为认识论层面。第 3 章为规划衔接，第 4 章为规划编制，第 5 章为构建方法，第 6 章为构建技术，此为方法论层面，也是本书的核心章节。第 7 章、第 8 章为案例研究，此为实践论层面。章节间环环相扣、层层递进，紧紧围绕"城市生态网络规划"展开。

第 1 章和第 2 章，为本书的核心研究提供了研究基础。生态环境治理和资源一体化利用的时代背景，以人为本和共享发展的社会背景，促进城乡协调发展的学科背景，规划落地实施的实践背景，都阐释了快速城市化背景下缓解生态环境压力、降低生态环境风险的城市生态网络规划的必要性、紧迫性。立足本学科，界定、明晰生态空间与城市绿地、绿道与生态廊道、绿色基础设施与城市绿地系统、城市绿地生态网络与城市生态网络等概念之间的关联性与差异性。梳理国内外城市生态网络规划理论的产生及发展，总结城市生态网络规划方法及评价指标的更新，结合实践进展，从研究尺度及侧重点、理论基础及人地关系、公众参与及政策保障三个方面，对国内外城市生态网络规划进行对比分析，应用于本书科学问题的精准挖掘与定位。新的时代背景下，国土空间规划视角下城市生态网络的转型、定性和定量相结合的科学综合分析方法的提出以及规划管控和政策保障的完善是促进城市生态网络健康、可持续发展的必然条件。

第 3 章和第 4 章，围绕"规划衔接与规划编制"展开。基于纵向协调和尺度依赖性，城市生态网络规划分为市域和城区 2 个研究尺度；基于横向协同和空间异质性，城市生态网络规划分为基础生态空间、郊野生态空间、中心城周边地区生态系统和集中城市化地区绿化空间系统 4 个研究层次；基于空间统筹和要素复合性，城市生态网络规划的生态要素从单一的绿地要素转化为广义的市域绿色生态空间要素；基于管控约束和规划衔接性，城市生态网络规划需要协调与国土空间规划、主体功能区规划、土地利用规划、城市总体规划、绿地系统规划以及城市其他主要相关专项规划之间的关系。基于第 3 章规划要素的提取以及规划层次的明晰，在第 4 章，规划编制内容包括生态要素的识别、生态安全评价、市域和城区生态网络构建、生态网络管控、规划实施引导等。规划成果以规划文本、规划图纸以及规划附件的形式进行呈现。

第 5 章围绕"构建方法"展开。以国土空间规划的"双评价"为基本框架，对城市生态网络进行资源调查及适应性评价，采取"区域基底条件-主导功能辨别-生态要素提取-单要素指标评价-综合等级评估-空间结构及功能评价-适应性分析（潜力分析和情景分析）-成果应用"的总体思路及技术流程；指标体系的构建纳入衔接性、综合性以及科学性的特征，从资源保护、规划建设和社会发展三个方面进行构建；布局结构的构建满足"多尺度、多层次、成网络、功能复合"的主要目标，以发挥生物多样性保护、提供休闲游憩地和引导城市空间发展的综合功能为导向，以城市绿色空间布局统筹为基础，促进市域绿地、农林地、湿地、水域等的融合发展；市域范围内，建设用地内绿地与区域绿地之间、绿地与其他生态要素之间需要保持结构和功能的连接度，以维持生物多样性；同时，在公共资源平等分配的视角下，需要增强公众参与。最后，从规划编制、管控模式和政策法规三个方面进行统筹，以对城市生态网络规划形成有效保障。

第6章围绕"支撑技术"展开。归纳在国土空间规划、城市生态空间规划、城市生态网络规划等研究领域，涉及的主要支撑技术及应用。阐述技术平台的产生、发展及解决的主要空间问题。归纳城市生态网络构建中技术的应用及技术完善。支撑技术主要包括 ArcGIS 平台、大数据融合、高精度动态可视化技术、多尺度模型耦合以及相关补充技术，为城市生态网络的要素提取、结构识别与构建、功能完善提供了途径，增加了城市生态网络规划的高效性、时效性、科学性。

第7章和第8章围绕"规划实践"展开。第7章解析上海市生态空间从基本生态网络构建到城市总体规划明确目标，再到专项规划顶层建设指引的发展历程。第 8 章选取国内外典型案例进行了解析。国外案例选取《泛欧洲生态网络规划》《伦敦绿色通道网络规划》以及《佛罗里达州绿色通道网络规划》；国内则选取具有"山、海、城"交融特色的《厦门市生态网络规划》，再到具有全域统筹、共抓大保护的《武汉市生态网络规划》，以及中小城市亳州的《亳州市城市生态网络规划》。从发达国家到发展中国家，从广域生态空间到中小城市的市域空间，通过案例解析使读者能更好地理解多视角、多尺度、多层次的城市生态网络规划。

《若干意见》按照党的十九大报告生态文明建设战略布署，继续构建"山水林田湖草生命共同体"，明确要求"保护生态屏障，构建生态廊道和生态网络"。本书以国土空间规划的重要专项规划之一——城市生态网络规划为主题，涵盖规划理论、规划衔接、编制程序、构建方法、支撑技术及实证研究等内容，是构建国土空间安全格局、实现国土空间开发保护"一张图"的有效探索，也是当代风景园林学科实践"绿色发展"理念，应当担负的时代重任。

2020 年 12 月

目　　录

第1章 绪　论

1.1　研究背景

1.1.1　生态环境治理和资源一体化利用（时代背景）

快速城市化现象是中国近四十年来的城市主要发展特征，1979年，中国的城市人口仅占全国总人口的19%，2017年中国的城市化率已经达到58.5%（肖祎平等，2018）。伴随着城镇化与工业化进程持续加速，我国城乡规划与建设水平不断提高，并取得显著成效；但因国土空间资源无序、盲目开发而导致的一系列问题也接连出现，如城市蔓延、土地利用低效、区域差距与城乡差距增大、生态环境恶化、公共健康问题等（Liu et al., 2018）。党的十八大以来，规划实践开始面向生态优先、绿色发展的转型发展，各地在城乡统筹、生态宜居、完善空间治理体系等方面积极开展新型城镇化的实践探索（杨保军等，2019）。

当前，我国正处于城镇化快速发展的中后期和社会经济转型的重要阶段，在生态文明建设与新型城镇化规划的要求下，坚持"山水林田湖草是生命共同体"的理念（成金华和尤喆，2019），整体保护、系统修复、综合治理，全面开展"城市双修"，构建新的国土空间规划体系。通过空间资源的集约高效利用来提升中国的城镇化发展质量，统筹社会经济发展与国土空间开发，缩小区域差距，实现生态文明建设，是我国实践转型的大势所趋。

党的十九大以来，对城乡生态环境建设的要求越来越高，"生态保护红线"的划定与严守，"三生空间"的划定与用途管制，"望得见山、看得见水、记得住乡愁"的新时代要求，需要从资源一体化利用的视角出发，基于自然山水资源，强调保护与利用并重，开展生态系统治理和生态网络构建工作（张雪飞等，2019；刘春芳等，2019）。在城市发展进程中，各级各类的空间规划是城镇化发展的重要引导，但也存在规划类型过多、规划内容重叠、规划标准不统一等问题。2019年5月，《若干意见》印发，将主体功能区划、土地利用规划、城乡规划等空间规划融合为统一的国土空间规划，以实现"多规合一"。构建自然资源数据共享平台，是实现规划"一张图"，建立全国统一、责权清晰、科学高效的国土空间规划体系的基础。在工业文明向生态文明过渡的重要阶段，城市生态空间是生态文明建设的重要用地载体，将研究区局限在城区内，就绿地论绿地的研究视角，已无法充分地承担起绿色生态建设之重任。对城市而言，应在国土空间规划体系下，把握生态优先的规划原则，推进生态系统修复，科学重构绿色空间，保护生态屏障，构建生态廊道和生态网络，优化生态安全格局（韩宗伟等，2019）。

1.1.2 以宜居环境推动城乡协调发展（学科背景）

目前我国处于社会经济发展的关键时期，倡导生态文明发展理念，强调高质量、低能耗、生态环保的内涵式发展模式，维护城市生态安全、改善城乡生态环境、满足市民多样化的休闲需求，进而推进人居环境健康持续发展。不管是城市建设用地范围内的城市绿地，还是非建设用地的水域、农田、林地等，都是城市人居环境建设的重要空间承载体，是一个地区生态环境质量好坏的"晴雨表"，对于保护生态系统完整性、维持城市可持续发展具有重要作用（喻锋等，2015）。传统规划模式使得城市生态空间不断被蚕食，寻求非建设用地与建设用地内生态空间的耦合关系，这是一种思路上的转变，这种转变涉及城乡环境、产业、文化、卫生、健康、教育、风貌、艺术等诸多方面。

与欧美发达国家相对稳定的开发建设相比，我国的生态网络面临城乡二元化的难题。党的十九大提出了"实施乡村振兴战略"的新发展理念，将城乡作为有机整体，更加充分地立足于乡村的产业、生态、文化等资源，更加注重发挥乡村的主动性，来激发乡村发展活力，建立更加可持续的内增长机制。新理念确立了全新的城乡关系，乡村也要从过去的被动接收反哺，到今天的主动作为、实现振兴，进而实现城乡融合发展。21 世纪，全球气候问题和生存环境的恶化促使风景园林学科的定位正在发生前所未有的变化。国土空间规划强调"一优三高"的发展理念，即生态优先与高质量发展、高品质生活、高水平治理，与风景园林学科坚持生态优先、协调人与自然关系、为人类创造诗意栖居的人居环境的学科宗旨深度契合，各级各类国土空间规划通过影响各种风景园林空间要素的布局和发展定位，深刻影响着风景园林行业的发展（杨保军等，2019；吴岩等，2020）。以生态文明为指导，以城乡一体化为统筹思维，以加强生态环境保护和提高人居环境品质为目标，达到城乡生态网络功能上的互补、景观上的多样及空间上的延续，以实现国土资源的有效保护与利用，这些目标的实现需要城乡生态空间的共同承载，也是城市规划和风景园林行业从业者为建设"美丽中国"应有的担当（张浪，2016）。

1.1.3 以人为本和共享发展（社会背景）

党的十九大报告明确提出，保证全体人民在共建共享发展中有更多获得感，要建设人与自然和谐共生的现代化，提供更多优质生态产品。新的发展阶段，人民对于优美生态环境的需要日益增长。城市规划"以人为本"要尊重人的尺度，聚焦于研究、匹配和提升人居的空间机会，以平衡人与生产、人与生活、人与生态的关系（李经纬等，2019），实现自存与共存的最高平衡，引导各方利益合理地寻求最佳平衡点，实现国土空间资源的合理使用和分配，为更多的人群提供相对优质的绿色空间（刘春芳等，2019）。回归到生态空间，以人的需求为核心，实现国土空间资源利用效率的提升、空间结构的优化和空间资源的绿色发展，促进生态空间的共享共治。

城市化进程导致生态空间的减少和破碎化，使得城市生态环境质量下降，生态服务功能降低，尤其是城市周边山水田园等生态空间的减少，对居民的生活品质和健康福祉造成影响（Ledda and De Montis，2019）。以"城市双修"为引导，大力推进生态廊道建设，修复被割断的城市生态网络，加强建设用地内绿地与外围山水林田湖的连接，均衡公园绿地的布局，是充分发挥城市生态空间生态服务功能、提升人居环境质量、激发场所文化活力、满足居民日常游憩和公共活动的有效途径（李运远等，2017）。城市生态网络的构建，不仅是对人与自然、城市与生态、建设与保护的协调关系的再思考，也是对生态空间社会游憩服务功能的再思考，不仅要改善城市物质空间、设施和环境，还要重视城市功能、社会文化与民生改善（Serret et al.，2014）。因此，生态网络的构建需要统筹生态-社会维度，城市可持续发展目标和功能导向，构建多空间尺度、多层次要求、多功能耦合的生态空间（张浪，2010）。

1.1.4 规划目标的统一和规划的落地实施（实践背景）

2015 年，中共中央、国务院印发的《生态文明体制改革总体方案》提出应对土地利用分类体系进行统一规划，确定城镇发展的开发边界，包括耕地、林地、草原以及水体等，完善国土空间利用的管理体制，逐渐拓展至全部的自然生态空间。2019 年《若干意见》要求，对全国国土空间做出全局安排，形成统一的国土空间开发保护安排，并明确专项规划与国土空间总体规划加强衔接。《若干意见》的发布，标志着国土空间规划体系顶层设计和"四梁八柱"基本形成，"多规合一"的工作得以进一步深入展开（韩青等，2019），国土空间规划对各专项规划的指导约束作用不断加强。国土空间规划在国家、省、市、县、镇（乡）各层级进行编制，自上而下逐级落实国家意志。城市总体规划和土地利用总体规划作为两项法定规划的"合一"，其中相当一部分的内容需要在城市生态空间规划中得到体现，或者说在"三生空间"（生产空间、生活空间、生态空间）的划定中体现。

新时期背景下国土空间规划的实施本质是聚焦可持续发展目标，落实发展规划的战略意图，从蓝图式规划转向实施性规划（金忠民等，2019；谭迎辉和吕迪，2019）。城市生态网络作为生态空间的主要载体和生活生产空间的重要组成部分，在规划"合一"过程中发挥着不可替代的作用。我国现行的城市总体规划的编制依据是《城市用地分类与规划建设用地标准》（GB 50137—2011），土地利用总体规划编制依据的是《土地利用现状分类》（GB/T 21010—2017），需要用地分类标准的对接来提供基础性的技术支撑（徐勇等，2019），同时，吸纳国土空间规划中关于城市生态空间发展指标、生态空间网络、公园与游憩体系等的内容，并深化细化相关建设要求，保障城市生态网络的落地实施。

1.2　研究目的与意义

1.2.1　研究目的

近年来，由于城市无序蔓延，城市生态环境日益恶化，如生态空间侵占、城市下垫面硬化、景观破碎化程度加重、景观功能连通性差等，严重削弱了城市生态网络的生态调控能力和城市的可持续发展。城市生态网络规划，在宏观层面，与城市建设的总目标相适应，通过"多层次、成网络、功能复合"的网络建设，落实低碳、生态理念，促进市域绿地、耕地、林园地和湿地的融合发展，是以提升城市生态环境建设水平，发挥城市生态系统服务综合效益为目标，是能够满足城市可持续发展目标的综合空间规划范式。

目前国内城市生态网络规划，存在多层次、多尺度发展的空间需求，与相关规划的衔接需求，与各生态要素的协调需求，构建体系及技术方法的更新需求等。在生态文明发展理念指导下，以"多规合一"为基础的国土空间规划对管控"生态空间"提出了更高的要求。城市生态网络规划作为现行国土空间总体规划之下的专项规划之一，应主动引导城市用地及市域国土空间的合理布局管控，才能有利于促进城市生态网络空间体系的落地实施。如何融合多学科理论与技术方法，科学评估及优化城市生态网络空间结构、功能复合，统筹市域生态空间及国土空间之间的关系，已引起多学科学者的关注。本书在认识论层面，厘清城市生态网络的研究现状及发展趋势，总结其本体时空进化的特征及规律；方法论层面从规划衔接与规划编制、构建方法和构建技术方面讲述生态网络规划原理机制；实践论层面优选国内外案例，通过案例解析多视角、多尺度、多层次的城市生态网络规划，理论与实践相结合，为推进城市生态网络规划体系的完善及其与国土空间规划体系的衔接提供新思路。

1.2.2　研究意义

在党的十九大精神的指引下，坚持人与自然和谐共生，加强区域生态环境保护，优化城乡生态空间结构，构建和完善生态安全格局成为风景园林行业研究和实践的热点。理论层面，明确城市生态网络规划的概念，既包括规划绿地等城市建设地，也包括林地、湿地、农用地等非建设用地。梳理城市生态网络规划的研究基础，即城市生态系统与自然生态系统有机结合的整体观，将生态效益、社会效益、经济效益统筹考虑的系统观，对生态空间规划建设的发展观。实践层面，城市生态网络规划是在"资源紧约束"大背景下，为促进城乡发展转型、维护城乡生态安全、提升城乡生态服务系统综合效益而进行的系统规划。实践过程中，将城市生态网络规划的作用从专项规划上升到城市总体规划顶层设计层面。通过生态保护红线这一法定依据，严守城市发展边界、保护生态底线、促进城市发展转型。通过系统的专项规划体系，如城市生态空间规划、城乡公园体系规划、森林体系规划、绿道网络规划、生态廊道体系规划、古树名木及后续资源规划等，引导城市各类生态空间的有序建设。

1.3 概念厘清及界定

1.3.1 生态空间与城市绿地

"生态空间"的概念起源于 18 世纪 60 年代的英国，因城市化进程引起的对公众健康问题的关注而产生，国外一般采用"绿地"（green space）的概念。中国学者在 20 世纪中期开始关注城市生态问题，赵景柱（1990）首次界定了"景观生态空间"的概念，而裴相斌等提出了土地开发范畴的"协调安排农业用地、生态用地和建设用地"（王甫园等，2017）。在 2010 年《全国主体功能区规划》中，生态空间有了相对明确的定义：生态空间包括天然草地、林地、湿地、水库水面、河流水面、湖泊水面、荒草地、沙地、盐碱地、高原荒漠等。2017 年国土资源部印发的《自然生态空间用途管制办法（试行）》（国土资发〔2017〕33 号）提出，自然生态空间涵盖需要保护和合理利用的森林、草原、湿地、河流、湖泊、滩涂、岸线、海洋、荒地、荒漠、戈壁、冰川、高山冻原、无居民海岛等（郭淳彬，2018）。

以上概念适用于全国或省域范畴的空间规划，而基于城市发展特征来看，城市生态空间的概念更为复合和复杂。概念界定主要基于两种视角：生态功能论和生态要素论。从生态功能角度，城市生态空间是指城市内以提供生态系统服务为主的用地类型所占的空间，包括城市绿地、林地、园地、耕地、滩涂苇地、坑塘养殖水面、未利用土地等类型，是与城市建筑空间相对的空间。其中，农业生产用地（以经济产出为核心目的）是否可纳入生态空间的范畴存在争议（詹运洲和李艳，2011）。从生态要素角度，城市生态空间是指城市生态系统中各自然因子（如土壤、水体、动植物）的空间载体。其中，也有学者针对下垫面是否为自然下垫面提出异议（何梅等，2010）。

鉴于上述研究基础，生态空间在国土空间规划层面是与城镇空间、农业空间相对应的具有生态、经济与社会等多重功能的空间类型。以"多规合一"为基础的国土空间规划，对管控"生态空间"提出了更高的要求（李晓策等，2020；张浪，2018）。

　　"绿地"的概念，西方城市一般采用开放空间（open space）来表述（张京祥和李志刚，2004）。现代城市开放空间概念最早出现在英国，1877 年伦敦制定的《大都市开放空间法》（*Metropolitan Open Space Act*）中提出了对开放空间的管理（张虹鸥和岑倩华，2007）；1906 年修编的英国《开放空间法》中，定义为任何围合或是不围合的用地，其中尚未或者少于 1/20 的用地被建筑物覆盖，其余用地作为公园、娱乐、堆放废弃物或是不被利用（余琪，1998）。美国 1961 年《房屋法》将开放空间定义为城市区域内任何未开发或基本未开发的土地，具有公园和供娱乐用游憩场地、自然资源保护、历史或风景资源保护的价值（格林伍德和爱德华滋，1987）。而日本规划界通常使用自由空地概念表述，定义为城市范围内的道路、河川运河等供公众使用的建设场地以外的，没有被建筑物覆盖的空地（高原荣重，1983）。我国的《辞海》中对"绿地"的解释为"配合环境，创造自然条件，使之适合于种植乔木、灌木和草本植物而形成的一定范围的绿化地面或区域"或"凡是生长着植物的土地，不论是自然植被或是人工栽植的，包括农林牧生产用地及园林用地，均可称为绿地"（郭春华，2014）。

　　根据《城市绿地分类标准》（CJJ/T 85—2017），城市绿地是指在城市行政区域内以自然植被和人工植被为主要存在形态的用地。它包含两个层次的内容：一是城市建设用地范围内用于绿化的土地；二是城市建设用地之外，对生态、景观和居民休闲生活具有积极作用、绿化环境较好的区域。此概念建立在对城乡绿地系统统筹的基础上，是对绿地的更为广义的理解，能更好地与《城市用地分类与规划建设用地标准》（GB 50137—2011）、《土地利用现状分类》（GB/T 21010—2017）等相关规划相衔接，以适应我国城乡发展宏观背景的变化，并满足绿地规划建设的现实需求。新标准中将原 2002 版绿地分类标准中的 G5"其他绿地"转化为 EG"区域绿地"，对城市建设用地以外的各类风景游憩、生态保育、区域设施防护等绿地进行了初步归类。

　　城市绿地是城市生态空间的重要组成，城市绿地概念的演变表征中国城镇化发展由"城市"向"城乡统筹"转变，为城乡生态安全格局的构建、国土空间资源的统一管理提供良好的衔接基础，利于促进城乡生态空间的统筹（张浪，2015，2012a）。

1.3.2　绿道与生态廊道

　　"绿道"（greenway）在景观和规划设计领域常用于描述绿色线性慢行开放空间。《牛津简明英语字典》中"green"表示环境要素，"way"表示通道、行进路线或路径。因此，从词源上解释绿道即人们到达自然环境的通道。现代绿道概念起源于欧美国家的绿线、蓝线概念，在 1959 年 Whyte 所写的《保护美国城市的开放空间》(*Securing Open Space for Urban American*) 中被首次提及。1987 年美国政府户外活动管理委员会在《全美开放空间和户外游憩的命令》中首次较为完善地将绿道定义为一个能够提供给人们进入住宅区周边开敞空间机会的绿色网络，就像一个连接着美国城市和乡村空间的巨大循环系统 (George and Robert, 1987)。而后，在 *Greenways for America* (1990 年) 中对绿道的定义为，沿着河流、溪谷、山脊线等自然走廊或沿着转变为游憩用途的运河、铁路、风景道等人工走廊的线性开放空间，包括任何为步行和骑行设立的自然或景观线路。连接公园、自然保护区、文化景观、历史古迹、居住区等的开放空间 (周年兴等，2006)。Ahern (2002) 则从土地利用的角度出发将绿道定义为，以实现可持续利用 (包括生态、休闲、文化、美学或其他用途) 为目标，被规划、设计和管理的绿色土地网络，具有线状结构、连通性、复合功能 (生态、文化、社会和审美功能)、可持续性、系统性 (是其他非线状绿地系统的重要补充) 等特征。

根据住房和城乡建设部 2016 年印发的《绿道规划设计导则》(建城函〔2016〕211 号)，绿道被定义为"以自然要素为依托和构成基础，串联城乡游憩、休闲等绿色开敞空间，以游憩、健身为主，兼具市民绿色出行和生物迁徙等功能的廊道"。总体来说，绿道的发展经历了从单一的线性廊道 (林荫道) 到综合的网络格局 (生态网络廊道) 的转变 (赵海春等，2016)。在国外与绿道相关的术语还包括野生动物廊道 (wildlife corridor)、生态廊道 (ecological corridor)、环境廊道 (environmental corridor)、生态网络 (ecological network) 等 (张浪，2012b，2012c，2013a，2013b)。

生态廊道的概念引入我国较晚。2000 年，由欧美国家演化而来的"绿色通道"概念被首次提出 (张文和范闻捷，2000)。城市生态廊道是指城市中以植被为主体，可以连接破碎斑块、为物种提供栖息地和迁徙通道的线性或带状空间，具有保护城市生物多样性、改善城市生态条件、提供居民游憩场所等作用。城市生态廊道是与城市绿道相近的概念，两者在功能和结构上是相似的，都是构建生态网络的重要组成部分。

1.3.3　绿色基础设施与城市绿地系统

绿色基础设施是西方学者相对于其他常规基础设施即灰色基础设施而提出的新概念，是起到基础支撑功能的自然环境网络设施 (吴伟和付喜娥，2009)。现代绿色基础设施概念最早起源于 20 世纪 80 年代的欧美国家，1991 年"绿色基础设施"一词首次出现在美国马里兰州绿道体系规划设计中。1999 年美国保护基金会和农业部森林管理局将绿色基础设施定义为国家的自然生命支持系统 (Nation's natural life support system) ——一个由水系、湿地、森林、野生动物栖息地和其他自然区域；绿道、公园和其他保护区域；农场、牧场和森林；荒野和开敞空间所组成的相互连接的网络。起到维持原生物种、保护自然生态过程、保护水资源、保护空气资源以及提高社区和居民生活质量的作用。2002 年美国学者 Mark 和 Edward 提出，绿色基础设施指一个相互联系的绿色空间网络（包括自然区域、公共和私有的受保护土地、具有保护价值的生产用地和其他受保护的开放空间），该网络因其具有保护自然资源和维持人类利益的价值而被规划和管制。作为形容词使用时，绿色基础设施表述了一个进程，该进程提出了一个国家、州、区域和地方等尺度上的系统化的、战略性土地保护过程，提倡对自然和人类有贡献的土地利用规划和实践。2005 年英国的简·赫顿联合会（Jane Heaton Associates）在《可持续社区绿色基础设施》中指出，绿色基础设施是一个多功能的绿色空间网络（包括城市和乡村公共和私有的资产，保障可持续社区发展的社会、经济与环境），该网络对提高现有的和计划新建的可持续社区的自然和已建成环境质量有一定贡献。2006 年，英国西北绿色基础设施小组（The North West Green Infrastructure Think-Tank）将绿色基础设施定义为，一种自然环境和绿色空间组成的系统，具有类型学、功能性、联系性、尺度、连通性等特征。

我国学者对绿色基础设施的研究起步较晚，张秋明（2004）在《国土资源情报》上发表的一篇以《绿色基础设施》为题的论文，首次较为全面地阐述了美国绿色基础设施，提出，GI 由"网络中心"（hub）和"链接环节"（link）组成，网络中心是物种迁移和生态过程的起点和终点，链接环节使整个绿色基础设施网络系统紧密的连结起来并保持正常运转状态。李开然（2009）将绿色基础设施定义为具有内部连接性的自然区域及开放空间的网络，以及可能附带的工程设施，这一网络具有自然生态体系功能和价值，为人类和野生动物提供自然场所，如作为栖息地、净水源、迁徙通道，它们总体构成保证环境、社会与经济可持续发展的生态框架。相较于绿道，绿色基础设施兼顾了城市发展、基础建设、生态保护等需求的土地空间利用，更加强调以较为主动的方式构建具有生态功能的系统性网络，力求使城市绿色空间在城市中重新定位，使生态网络规划思想得到重视，从而为城市未来的可持续发展提供保护性框架。

《城市绿地规划标准》（GB/T 51346—2019）中对市域绿地系统的定义为，城市内各种绿地通过绿带、绿廊、绿网整合串联构成的具有生态保育、风景游憩和安全防护等功能的有机网络体系。在中国，城市绿地系统规划是城市总体规划的重要组成，是对城市内各类绿地的数量、形态和布局等进行统筹安排（张浪，2008；张浪等，2009）。相较于城市绿地系统，绿色基础设施是一个更为广义的绿色网络，具有多尺度、多层次、连接性等特点，是城市发展最基础的支撑框架之一，能够提供全面的生态系统服务功能，主要包括国家自然生命支持系统、城乡绿色空间和生态化的市政工程基础设施三个层次（贾行飞和戴菲，2015）。

1.3.4　城市绿地生态网络与城市生态网络

网络即一种由"点—线"连接组成的系统结构，反映了事物在空间或非空间上的相互关系，具有整体性和复杂性（刘海龙，2009）。在景观生态学领域，网络则被定义为由斑块和生态廊道所组成的网状生态结构（郭纪光等，2009）。城市生态网络由"生态源-生态廊道-生态节点-生态基质"构成，对于改善城市景观破碎化、维持城市生态安全格局、增加城市空间和生态空间的耦合具有重要作用（张远景和俞滨洋，2016；张浪，2014a，2014b）。

绿地生态网络于 1990 年被提出，经历了三十多年理论与实践的不断发展，其概念和思想已被世界各地广泛接受和认同，不同国家对其称谓有所差异，但含义基本相同。对这一概念，以美国为代表的北美学者通常使用"绿道网络"（greenway network）一词，规划实践更加关注未开垦的乡野土地、自然保护区、历史文化遗产以及国家公园等绿色空间的网络构建。欧洲学者则通常使用"生态网络"（ecological network）一词，规划实践更加关注高强度开发的城市密集区的生态网络构建。

中国对绿地生态网络（green space ecological network）概念的研究起步较晚，张庆费（2002）将绿地生态网络定义为，除集建区或者用于集约农业、工业或其他高强度人类活动以外的以植被带、河道和农用地为主（包括人造自然景观），自然的或者高植被稳定性的以及因循自然规律而连接的空间，强调自然生态过程和特征。刘滨谊和王鹏（2010）在此基础上更强调了绿地生态网络的连续性、网络化，是全面覆盖各种绿地空间的生态系统，构建目标为保护生态、维持生物多样性的同时要满足大众户外保健、游憩娱乐等需求，提升风景园林景观品质。之后刘滨谊和吴敏（2013）进一步明确以城市规划区范围内的各类型生态绿地作为城市绿地生态网络的研究对象，即指城市绿地空间占有的空间实体，不包含农地，与 2002 年《城市绿地分类标准》中的绿地范围一致。随着我国经济逐步进入高质量发展阶段，在生态文明建设背景下，以建设用地扩张为主导的增量发展模式难以为继。绿地生态网络为城市空间布局与优化模式提供了参考框架，其理论与实践的发展也越来越受到关注。张浪（2019）在新的背景下提出城市绿地生态网络主要是指城市及市域主要绿地、林地、湿地等自然生态保护地，通过生态廊道、绿道、生物踏脚石等具有一定连接度的带状廊道联结而成的网络系统，它是一个多层次、多功能、多尺度、多景观、多效益的复合生态系统；其构建目的是保护生态环境自然属性、提高生物多样性、提升景观品质，以满足人居环境健康高效及人与自然和谐可持续发展的需求。

总体而言，城市生态网络在发展演化过程中，呈现出以下特征：在空间布局上强调网络化、连续性；在功能上强调其生态作用和社会作用；在用地范围上由市域范围的生态空间发展到城市绿色空间（张瑞等，2019）。在生态文明建设背景下，城市生态网络规划必将成为现行国土空间总体规划之下重要的专项规划之一。在现行国土空间规划的框架下，将城市生态网络规划作为空间规划的重要内容，主动引导城市用地及市域国土空间的合理布局管控，可以促进城市生态空间的落地实施。

1.4　研究的技术路线

本书收集并总结城市生态网络规划的理论研究与实践进展，分析当前规划现状与存在问题，并剖析问题产生的原因。在城乡一体化背景下，综合运用各种空间分析方法和技术，构建一套具有最优生态效能的城市生态网络结构，为生态环境保护和建设提供理论依据和实践探索，最后落实为规划层面的生态环境问题的解决途径。结合国内外优秀案例实践，将城市生态网络规划提高到生态大环境背景下，为城市可持续发展提供必要的生态大环境（图 1-1）。

1.5　研究的主要内容

1.5.1　认识层面

概述当前城市生态网络发展的时代背景、学科背景、社会背景和实践背景。梳理国内外城市生态网络规划的研究进展及趋势，厘清生态空间与城市绿地、绿道与生态廊道、绿色基础设施与城市绿地系统、城市生态网络等相关概念，分析快速城市化背景下缓解生态环境压力、降低生态环境风险的城市生态网络构建的必要性、紧迫性。探讨展开城市生态网络规划的重要意义和可行性方案。

1.5.2　方法层面

重点阐述生态网络的构建方法，主要包括：资源调查及适应性评价、指标体系的构建、布局结构的构建、连接度提升的方法、实施管控方法、生物多样性保护、公众参与、规划评价优化方法 8 部分。涉及的支撑技术涵盖 ArcGIS 平台、高精度动态可视化技术、多尺度模型耦合等，综合运用各空间分析模块，整合区域重点生态要素遥感资料（绿地、林地、湿地、水域等），通过空间格局分析、最小累积和阻力模型、重力模型及图谱理论等分析方法，解决核心斑块以及生态廊道的识别等关键问题，研究基于连接度提升的网络构建技术和模式选择。

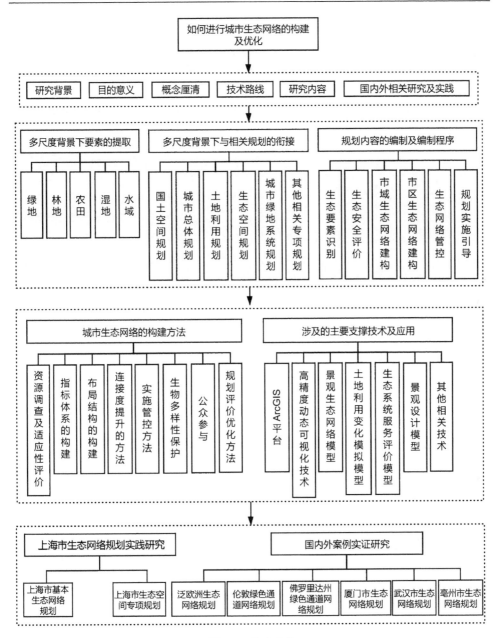

图 1-1 技术路线

1.5.3 实践层面

在逐步推进的国土空间规划体系建立过程中,城市生态网络规划吸纳国土空间规划中关于生态空间发展指标、生态空间网络、公园与游憩体系等相关内容,并深化细化相关建设要求。总结国内外城市生态网络规划的典型案例，以多尺度、多层次、多功能为导向，分析城市生态网络作为国土空间规划的专项规划，与城市其他主要相关专项规划之间的关系，剖析生态网络构建的本质及目的，提出符合城市可持续发展的管控机制和政策建议。

综上所述，城市生态网络是以城市生态廊道为纽带，将散布在城市中相对孤立的城市绿地、森林、水系、湿地、农田系统等联系起来，在城市基底上镶嵌一个连续而完整的网络系统，成为城市的自然骨架，具有自然生态服务、保护生物多样性、景观游憩、引导城市空间合理发展等功能。

城市生态网络的规划和建设，通常是根据城市自身的条件，如地形、水文、气候、城市的历史文化特征，以及与周边地区和城市发展的关系来规划建设既满足城市发展又适宜人居的城市生态网络。城市生态网络不再仅仅停留于城市本身，而是从区域的角度出发；不能单纯地从城市的布局和自然地理以及人文社会条件出发，而是要将城市放在城市带或城市群中一起来考虑，形成一个系统性的整体。城市生态网络系统的规划布局，没有一个固定的模式可以套用或推广，任何一个城市的生态网络布局都应从自身的生态空间与功能现状及自然条件出发，综合城市规划发展格局需要，最终达到合理布局。

参 考 文 献

成金华, 尤喆. 2019. "山水林田湖草是生命共同体"原则的科学内涵与实践路径. 中国人口·资源与环境, 29(2): 1-6.

高原荣重. 1983. 城市绿地规划. 杨增志, 等译. 北京: 中国建筑工业出版社.

格林伍德 N J, 爱德华滋. 1987. 人类环境和自然系统. 刘之光, 等译. 北京: 化学工业出版社.

郭淳彬. 2018. "上海2035"生态空间规划探索. 上海城市规划, (5): 118-124.

郭春华. 2014. 城市绿地系统协同规划理论与方法. 北京: 中国建筑工业出版社.

郭纪光, 蔡永立, 罗坤, 等. 2009. 基于目标种保护的生态廊道构建——以崇明岛为例. 生态学杂志, 28(8): 1668-1672.

韩青, 孙中原, 孙成苗, 等. 2019. 基于自然资源本底的国土空间规划现状一张图构建及应用——以青岛市为例. 自然资源学报, 34(10): 2150-2162.

韩宗伟, 焦胜, 胡亮, 等. 2019. 廊道与源地协调的国土空间生态安全格局构建. 自然资源学报, 34(10): 2244-2256.

何梅, 汪云, 夏巍, 等. 2010. 特大城市生态空间体系规划与管控研究. 北京: 中国建筑工业出版社.

贾行飞, 戴菲. 2015. 我国绿色基础设施研究进展综述. 风景园林, (8): 118-124.

金忠民, 凌莉, 陶英胜. 2019. 上海市国土空间规划技术标准体系梳理优化研究. 上海城市规划, (4): 39-44.

李经纬, 田莉, 周麟, 等. 2019. 国土空间规划体系构建的内涵与维度: 基于"城市人"视角的解读. 上海城市规划, (4): 57-62.

李开然. 2009. 绿色基础设施: 概念、理论及实践. 中国园林, 25(10): 88-90.

李晓策, 郑思俊, 张浪. 2020. 国土空间规划背景下上海生态空间规划实施传导体系构建. 园林, (7): 2-7.

李运远, 张云路, 严庭雯. 2017. 城市双修导向下的城市绿道规划方法更新. 中国园林, 33(12): 75-80.

刘滨谊, 王鹏. 2010. 绿地生态网络规划的发展历程与中国研究前沿. 中国园林, 26(3): 1-5.

刘滨谊, 吴敏. 2013. 以绿道建构城乡绿地生态网络——构成、特性与价值. 中国城市林业, 11(5): 1-5, 66.

刘春芳, 王奕璇, 何瑞东, 等. 2019. 基于居民行为的三生空间识别与优化分析框架. 自然资源学报, 34(10): 2113-2122.

刘海龙. 2009. 连接与合作: 生态网络规划的欧洲及荷兰经验. 中国园林, 25(9): 31-35.

栾博, 柴民伟, 王鑫. 2017. 绿色基础设施研究进展. 生态学报, 37(15): 5246-5261.

沈员萍, 黄萌, 罗毅, 等. 2019. 国家公园体制背景下的自然保护地体系管理分类研究. 规划师, 35(17): 11-16.

谭迎辉, 吕迪. 2019. 协同治理视角下国土空间规划实施机制构建研究. 上海城市规划, (4): 63-69.

王甫园, 王开泳, 陈田, 等. 2017. 城市生态空间研究进展与展望. 地理科学进展, 36(2): 207-218.

吴伟, 付喜娥. 2009. 绿色基础设施概念及其研究进展综述. 国际城市规划, 24(5): 67-71.

吴岩, 于涵, 王忠杰. 2020. 生态统筹、城绿融合、魅力驱动——试论国土空间规划体系背景下的风景园林规划体系建构. 园林, (6): 14-19.

肖祎平, 杨艳琳, 宋彦. 2018. 中国城市化质量综合评价及其时空特征. 中国人口·资源与环境, 28(9): 112-122.

徐勇, 赵燊, 段健. 2019. 国土空间规划的土地利用分类方案研究. 地理研究, 38(10): 2388-2401.

杨保军, 陈鹏, 董珂, 等. 2019. 生态文明背景下的国土空间规划体系构建. 城市规划学刊, (4): 16-23.

余琪. 1998. 现代城市开放空间系统的建构. 城市规划汇刊, (6): 49-56, 65.

喻锋, 李晓波, 张丽君, 等. 2015. 中国生态用地研究: 内涵、分类与时空格局. 生态学报, 35(14): 4931-4943.

詹运洲, 李艳. 2011. 特大城市城乡生态空间规划方法及实施机制思考. 城市规划学刊, (2): 49-57.

张虹鸥, 岑倩华. 2007. 国外城市开放空间的研究进展. 城市规划学刊, (5): 78-84.

张京祥, 李志刚. 2004. 开敞空间的社会文化含义: 欧洲城市的演变与新要求. 国外城市规划, (1): 24-27.

张浪. 2008. 试论城市绿地系统有机进化论. 中国园林, (1): 87-90.

张浪. 2009. 上海城市绿地系统进化背景的研究. 上海建设科技, (4): 21-25.

张浪. 2010. 追求人与自然"和谐共荣"的精神内核. 风景园林, (3): 123.

张浪. 2012a. 基于基本生态网络构建的上海市绿地系统布局结构进化研究. 中国园林, 28(12): 65-68.

张浪. 2012b. 上海绿地系统进化的作用机制和过程. 中国园林, 28(11): 74-77.

张浪. 2012c. 用"绿道"提升城市功能 谈绿道综合功能开发. 风景园林, (3): 167-168.

张浪. 2013a. 上海生态资源利用方式转变促进绿地系统突变. 国土与自然资源研究, (6): 47-48.

张浪. 2013b. 上海市基本生态网络规划发展目标体系的研究. 上海建设科技, (1): 47-49.

张浪. 2014a. 上海市基本生态网络规划特点的研究. 中国园林, 30(6): 42-46.

张浪. 2014b. 上海市基本生态网络规划编制背景的研究. 上海建设科技, (1): 59-62.

张浪. 2015. 城市绿地系统布局结构模式的对比研究. 中国园林, 31(4): 50-54.

张浪. 2016. 坚定中国生态园林城市发展的道路自信. 城乡建设, (3): 25.

张浪. 2018. 上海市多层次生态空间系统构建研究. 上海建设科技, (3): 1-4, 19.

张浪. 2019. 本期聚焦: 城市绿地生态网络研究. 现代城市研究, (10): 1.

张浪, 王浩. 2008. 城市绿地系统有机进化的机制研究——以上海为例. 中国园林, (3): 82-86.

张浪, 李静, 傅莉. 2009. 城市绿地系统布局结构进化特征及趋势研究——以上海为例. 城市规划, (3): 32-36.

张浪, 姚凯, 张岚, 等. 2013. 上海市基本生态用地规划控制机制研究. 中国园林, 29(1): 95-97.

张庆费. 2002. 城市绿色网络及其构建框架. 城市规划汇刊, (1): 75-76, 78-80.

张秋明. 2004. 绿色基础设施. 国土资源情报, (7): 35-38.

张瑞, 张青萍, 唐健, 等. 2019. 我国城市绿地生态网络研究现状及发展趋势——基于 CiteSpace 知识图谱的量化分析. 现代城市研究, (10): 2-11.

张文, 范闻捷. 2000. 城市中的绿色通道及其功能. 国外城市规划, (3): 40-43.

张雪飞, 王传胜, 李萌. 2019. 国土空间规划中生态空间和生态保护红线的划定. 地理研究, 38(10): 2430-2446.

张远景, 俞滨洋. 2016. 城市生态网络空间评价及其格局优化. 生态学报, 36(21): 6969-6984.

赵海春, 王靛, 强维, 等. 2016. 国内外绿道研究进展评述及展望. 规划师, 32(3): 135-141.

赵景柱. 1990. 景观生态空间格局动态度量指标体系. 生态学报, 10(2): 182-186.

周年兴, 俞孔坚, 黄震方. 2006. 绿道及其研究进展. 生态学报, (9): 3108-3116.

Ahern J. 2002. Greenways as strategic landscape planning: theory and application. Wageningen: University of Wageningen Press.

Benedict M, McMahon E T. 2002. Green Infrastructure: Smart Conservation for the 21st Century. Renewable Resources Journal, 20(3): 12-17.

George H S, Robert E M. 1987. The President's Commission on Americans Outdoors. Washington: Island Press.

Jane Heaton Associates. 2005. Green Infrastructure for Sustainable Communities. Nottingham: Environment Agency.

Ledda A, De Montis A. 2019. Infrastructural landscape fragmentation versus occlusion: A sensitivity analysis. Land Use Policy, 83: 523-531.

Liu Y L, Zhang X H, Kong X S, et al. 2018. Identifying the relationship between urban land expansion and human activities in the Yangtze River Economic Belt, China. Applied Geography, 94: 163-177.

Serret H, Raymond R, Foltête J C, et al. 2014. Potential contributions of green spaces at business sites to the ecological network in an urban agglomeration: The case of the Ile-de-France region, France. Landscape and Urban Planning, 131: 27-35.

The North West Green Infrastructure Think-Tank. 2006. North West Green Infrastructure Guide. UK: The Community Forests Northwest and the Countryside Agency.

Whyte W H. 1961. Securing open space for urban America. Soil Science, 92(2): 153.

第 2 章　国内外相关理论及实践进展

2.1　国外相关研究与实践

2.1.1　城市生态网络规划理论的产生及发展

1. 环境学和景观生态学理论为基础

城市生态网络规划思想发展到现在已经有百余年的历史,其规划过程涉及多学科的理论基础。以环境学为主的环境途径理论,包含环境容量、自净能力、生态补偿和生态稳定性等,是城市生态网络环境保护和改善的基础。以景观生态学为主的生态途径理论,包含生物多样性保护及区域景观格局、过程的保护,景观生态学中的"斑块-廊道-基质"模式,提供了城市生态网络规划的"空间语言",是空间结构研究的理论基础和科学方法。城市生态网络规划的目标是试图用整体、综合有机体的观念研究和解决城市生态环境问题,因此,城市生态学理论作为生态学的重要分支学科,也是研究城市生态网络规划的重要理论。Manger 于 1927 年提出图论理论,丰富了景观连接度指数的种类;MacArthur 和 Wilson 总结归纳出岛屿生物地理学理论,它要解决的根本问题就是景观的破碎化,有助于了解生态网络功能;Forman 在 1986 年出版的《景观生态学》中提出的景观结构、功能以及变迁的概念对生态网络有着重大意义,其中最重要的理论就是"斑块-廊道-基质"理论,上述研究都是城市生态网络研究理论的早期探索。

2. 由保护孤立栖息地斑块逐渐转向建立连贯、统一的生态网络系统

1883 年,美国景观学家奥姆斯特德(Olmstead)设计的波士顿公园体系,是利用现有林荫道、保护区建造城市公园,19 世纪下半叶到 20 世纪初,欧洲城市主要轴线变成了林荫大道,如巴黎的香榭丽舍大街和塞纳河边的人行道。城市公园运动和开敞空间规划浪潮之后,美国和欧洲建立了大量的公园和开敞空间,然而这些绿地之间缺少系统的连接,城市生态网络由保护孤立栖息地斑块逐渐转向建立连贯、统一的生态网络系统。20 世纪 80 年代后,对生态网络的研究进入了一个蓬勃发展的时期。城市生态网络研究的成果众多,如被称为美国生态网络建设的启蒙教科书的 *Greenways for America* 的出版,推动了生态网络规划理论的发展,美国开始广泛开展生态网络的规划和实施。*Landscape and Urban Planning* 杂志在 1995 年的第 33 卷出版了生态网络专辑,概括和展望了生态网络规划的理论、

实践方法。这些专著的发表，推动了全世界范围内有关生态网络规划与建设的蓬勃发展。

3. 以生物多样性保护为主到兼顾生态网络的游憩、文化、经济等多样的服务功能，研究尺度涉及国际-国家-区域-城市-场地 5 个层次

20 世纪后半叶，生态网络经过长期的发展演变，已经成为保护生物多样性的惯用方法和新型政策。北美洲、欧洲和澳大利亚共同推动了生态网络的发展，如泛欧洲生态网络（Pan-European Ecological Network，PEEN）规划、伦敦东部绿色网络（East London Green Grid）规划，起源于生物保护领域的生态网络概念在空间规划中越来越受到重视。生态网络思想的相关理论、方法步骤及模式更加成熟，由以生物多样性保护和生态环境保护为主到兼顾游憩场所的提供、历史文化资源的保护以及经济功能、社会功能的实现，生态网络功能越来越复合，目标越来越多样化，研究尺度涉及国际-国家-区域-城市-场地 5 个层次，并在各个层次展开了丰富的研究。

2.1.2　生态网络规划方法及评价指标更新

1. 在生态网络的构建技术方法上，国外主要有土地适宜性分析（land suitability analysis）、最小累积阻力模型（minimum cumulative resistance model）、最小成本路径模型（least-cost model）、重力模型（gravity model）等

20 世纪 90 年代以来，国内外学者大量研究了生态网络的构建方法。景观格局生态过程通常分为垂直生态过程和水平生态过程，生态网络的构建技术方法分别从处理这两种生态过程展开。

在处理垂直生态过程时，主要运用土地适应性分析法。Fabos（1968）基于"可视化"的角度提出了城市生态网络的构建方法，包括分析娱乐、生态保护以及历史文化保护所需的绿色空间并制成专题图集，最后叠加形成综合的城市生态网络体系。Mcharg（1969）在 *Design with Nature* 中制定了一整套从土地适宜性分析到土地利用的方法，即"千层饼"模型。Confine 等（2004）使用 GIS 创建土地适宜性的评估来确定能满足环境保护、娱乐和替代交通的多重目标的最佳绿道走廊，进行系统的绿道网络规划。但这类方法只能解决景观过程中垂直方向上的问题，在水平方向上的景观格局和生态过程难以通过这类方法解决。

在处理水平生态过程时，主要运用潜在模型（potential model）进行模拟。Knaapen 等（1992）提出了最小累积阻力模型（minimum cumulative resistance model，MCR），此方法在 ArcGIS 技术的支持下，同时兼顾垂直方向上的景观单元间的空间流动，而实现垂直方向和水平方向上生态过程的统一，目前在国外得

到广泛运用。Linehan 等（1995）以新英格兰地区中部的森林地区为研究区域，以提高区域生物多样性为目的进行系统化的绿道规划，从而构建野生动物保护区和廊道的生态网络骨架。Conine 等（2004）利用 GIS 开发了确定潜在生态廊道的模型，将构建的模型应用于美国康科德城的城市生态网络规划中。Marulli 和 Mallarach（2005）利用基于最小累积阻力模型，使用景观连接度指数 ECI 指数，对巴塞罗那中心城区的生态连通性进行评价，为区域尺度下的景观评估和生态网络连通性的分析提供新的方法。Parker 等（2008）通过评价澳大利亚新南威尔士地区的景观功能及景观连接度，规划出重要的生态廊道以提高区域生态网络的生态功能。Gurrutxaga 等（2010）通过最小成本路径模型，确定研究区域目标物种的栖息地作为成本面，识别栖息地之间可能存在联系的区域，最终的网络由核心区域、连接走廊、连接区域和缓冲区组成。Christine 等（2018）根据现状对研究区的生态节点和生境斑块等进行选取，依据所提取信息对网络结构指数进行计算并进行全面的分析，利用耗费距离模型构建城市生态网络。

2. 单一景观结构指数、单一尺度、单一物种向多物种、多尺度及综合评价指标体系发展

单一尺度到多尺度的生态网络研究。Erickson（2004）比较了美国威斯康星州密尔沃基和加拿大安大略湖省渥太华的早期城市规划和当前生态网络，得出公园系统是城市发展中必不可少的重要组成部分，生态网络应该纳入城市总体规划中。Levin 等（2007）对最小累积阻力模型进行改造，并使用改造后的模型分别从国家和区域的尺度分析了以色列的生态网络的连接度。Zetterberg 等（2010）从区域性景观格局、城市公园和城市生态系统等角度对城市生态网络进行多尺度的分析，对研究区的生态网络进行优化，并为识别、修复和保护研究区内重要的生境斑块提供了一定的科学依据。Jongman 等（2011）通过中欧、东欧和东南欧、西欧三个项目对泛欧洲生态网络进行分析，得出未来发展泛欧洲生态网络应该包括国家生态网络的实施和跨境生态网络的实施，特别是发展跨欧洲生态走廊。

而物种研究也由单一物种向多物种发展。Walker 和 Craighead（1997）通过跟踪灰熊、麋鹿和美洲狮三种动物，构建了最小成本路径模型，这项研究用来辨别野生动物保护的优先区域，以改善核心生态系统的连通性。Pietsch（2017）以德国萨克森州的三个目标物种为例，利用网络分析法和图论分析法分析和评估生态网络，研究了可能连通性指数（PC）作为潜在连通性分析的连接指数的相关应用。Hosseini 等（2019）结合物种分布模型和回路理论，在伊朗、土库曼斯坦和阿富汗接壤的地区为 4 种大型动物建立了合适的栖息地以及潜在的国家和国际走廊，增加这些物种主要种群之间的联系。

从单一景观结构指数到多功能综合评价指标体系的发展。Cook（2002）将不

同水平类型的景观格局指数应用于城市生态网络的评价，分析景观格局指数的评价结果并提出生态网络优化策略。虽然景观格局指数法可以有效地评价现状以及将来的景观格局状况与生态网络结构特征，但是该方法只考虑生态网络的结构特征，对其功能特征没有过多的关注，因此造成该方法的生态学意义并不充足。生态廊道综合指数法是结合图论和网络分析法，通过计算研究区域生态网络环通度 α 指数、网络点线率 β 指数、网络连接度 γ 指数和成本比（cost ratio）等指标，将景观中"斑块-廊道-基质"转变为简单抽象的"点—线"图形，使网络结构更加清晰。其单独使用的情况较少，通常结合重力模型或其他方法，对得出的生态网络进行重要性优先级的评价，从而评价出最优的生态网络。Pascual 和 Saura（2006）基于图论理论提出连接度指数法，将其运用到生态网络评价中，其连接度指数包括可能连通性指数（PC）、整体连接度指数（IIC）、连接性指数（EC）等，能够更好地判定生态网络的连通性，还能定量地评价景观斑块在生态网络连接中的贡献程度，从而选取重要景观斑块。除了在评价指标体系上越来越完善外，生态网络评价方法在功能上也从只考虑单一功能向多功能转变，Toccolini 等（2006）通过对意大利的兰布罗河谷进行研究，将历史文化遗产纳入生态网络构建中，提出了区域尺度的生态网络规划方法。Zhang Z. Z.等（2019）运用图论理论和 Conefor 软件来评估景观连通性模式并确定绿色走廊的优先位置，该方法结合了社会和生态因素以及多功能绿道设计，并已在美国底特律市的绿地规划中得到了运用。

2.1.3　生态网络规划实践进展

北美洲的生态网络规划实践主要关注乡野土地、未开垦土地、开放空间、自然保护区、历史文化遗产以及国家公园的生态网络建设，其中许多是以游憩和风景观赏为主要目的，具有代表性的有新英格兰地区绿道网络规划和马里兰州绿色基础设施网络规划。欧洲的规划实践则把更多的注意力放在如何在高强度开发的土地上减轻人为干扰和破坏、进行生态系统和自然环境保护，尤其是在生物多样性的维持、野生生物栖息地的保护以及河流的生态环境恢复上。泛欧洲生态网络构建的目标主要为生物栖息、生态平衡和流域保护，较少考虑生态网络的历史及文化资源保护功能。日本和新加坡等陆续出现了多目标多尺度的城市生态网络构建（刘滨谊和王鹏，2010）。

1. 北美洲生态网络实践

美国生态网络规划的实践方面，1880 年，美国波士顿提出的一项公园系统规划方案，以公园道（parkway）为纽带，将城市中的公园和其他地区进行连接。

2000 年，美国构建了佛罗里达绿道系统（Florida's Greenway System），目的是恢复破碎的景观，增加景观斑块之间的连接度。通过线型、带型、河流三种形式的廊道建设,将佛罗里达全州的 30 多个自然保护区和大量的休闲旅游景点进行了连接,建立全州尺度的生态网络。同年,美国于新英格兰地区进行了美国新英格兰地区绿道网络规划（New England Greenway Vision Plan）（图 2-1）,该规划协调了新英格兰地区 6 个州面积超过 1699.68hm^2 土地上的绿道规划,沿袭了 F.L.奥姆斯特德、C.艾略特等在新英格兰工作过的大师的传统,能够与各州的地方规划有机结合。项目旨在改善环境,为当地居民提供更多的活动场所,通过增加旅游业的收入来促进经济增长等。项目包括 5 个具体的步骤:全面清查每个州已存在的绿色通道;研究当前每个州和全地区的规划;发现现有绿道存在的缺口并制定各分项规划;形成覆盖每个州和全地区的绿色通道方案。新英格兰地区绿道规划的一些成功之处在于:一是前期梳理了现状绿道和自然资源,对其进行分析评价,为后面的规划打下了基础;二是规划考虑了地区、市域、场地三个层级,将市域层面作为绿道规划的关键,规划的绿道主要是在这个尺度上具体实施的,将原有的景观纳入绿道网络中,并向外拓展;三是在具体的实施过程中将绿道分为自然保护、游憩开发、历史文化资源使用这三个分项规划进行,这三个分项规划始终将保护自然资源作为出发点,在功能上将之前绿道单一的游憩功能拓展成具有生态保护、历史文化利用、游憩娱乐等多目标的综合性绿道。

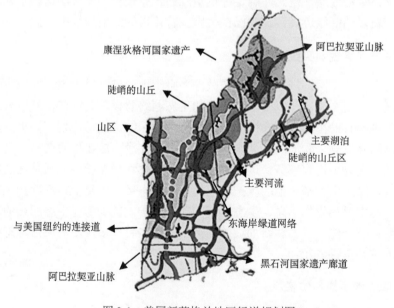

图 2-1　美国新英格兰地区绿道规划图

（图片来源：Nameless. Making Connection in a Digital Age. [2020-2-26].
https://www.umass.edu/greenway/Seniors/visionplan.html）

　　2001 年，美国实施了马里兰州绿色基础设施生态网络规划（Maryland's Green Print Program），这是关于绿色基础设施的一个生态网络计划，目的是减小城镇化导致的景观破碎等不利影响，通过识别重要的生态节点和廊道，在州域—区域—地方三个尺度下构建覆盖整个马里兰州的生态网络系统，成为又一个生态网络规划和实施的成功典范。

　　加拿大生态网络规划的实践方面，加拿大多伦多市于 1998 年完成了《加里森溪流链接规划》（*Garrison Creek Linkage Plan*），计划通过城市河流的生态修复，沿河建设绿化带连接现有的公园，建设集休闲、交通、绿化等功能于一体的生态网络。2005 年，加拿大埃德蒙顿市将全市的自然生态区整合为一个系统的网络（Edmonton's Green Network Strategy）（图 2-2），并通过自然、半自然的景观将各个自然区连接起来，对其进行整体的保护与管理，并在自然区周边用与其相协调的土地利用模式，实现经济增长和生态保护的双重目标。该网络系统主要目的在

图 2-2　加拿大埃德蒙顿市生态网络结构图

（图片来源：Douglas Olson. Breathe: Edmonton's Green Network Strategy. [2020-2-26]. https://www.oala.ca/oala_awards/breathe-edmontons-green-network-strategy/）

生物多样性保护，在结构上包括生物多样性核心区、区域生物廊道、连接区和基质4个组成部分，在项目中突出了两点联系：一是通过多种多样的功能性生物廊道加强自然区之间的联系，二是人与人之间的联系，实现全民共同参与生态网络的规划与保护。该项目明显提高了生境保护的有效性，增加了当地动植物的多样性，破碎的自然区得到恢复，公众参与的程度加深，取得了较理想的结果。埃德蒙顿生态网络规划的成功之处在于：每一个具体的规划都有足够的相关政策的支撑，有效地执行计划为生态网络的实施提供了可能；生态网络规划与其他规划之间相互衔接，如与交通规划、绿地系统规划相协调，而城市的产业布局也考虑了生态网络结构；增加了公众参与，促进管理部门与当地民众之间的合作，支持非政府组织的宣传、研究和监督作用。

2. 泛欧洲生态网络实践

近些年来，生态网络在欧洲也取得了快速发展。欧洲旨在在洲际尺度上建立一个多层次、开放性、用于国际合作的、指导和协调政策性行动的整体生态网络框架。

欧洲国家建立的生态网络包括自然2000生态网络（Natura 2000，欧盟成员国参与）、绿宝石生态网络（Emerald Network，非欧盟成员国参与）及泛欧洲生态网络等。其中，泛欧洲生态网络（图2-3）涉及54个国家和地区，以自然2000生态网络和绿宝石生态网络为基础，是全球影响最大、涉及区域面积最广的生态网络，目标是实现主要生态系统、栖息地和有价值景观的保护和恢复，在国家、区域、地方尺度上也得到贯彻实施，如波兰国家生态网络、荷兰国家生态网络以及伦敦东部绿色网络规划，都是泛欧洲生态网络框架下的国家和地区计划。由于各国家的自然资源和保护重点不同，在生态网络规划上存在一些差异。例如，比利时将小型的群落生境和线性栖息地斑块作为廊道，在捷克要根据历史、水文、物种组成等因素筛选自然区。在具体的生态网络实施中，不同的国家和区域的生态网络具有不同的法律效力，如捷克将生态网络纳入国家立法中，而比利时佛兰德只将生态网络纳入地方法律。目前，在泛欧洲生态网络的国家实践中，英国、德国、荷兰等显示了生态网络在欧洲自然保护中的巨大潜力。

伦敦东部绿色网络规划（图2-4）覆盖了伦敦东部地区约400km^{2}的城市区域，涉及约300万人口，通过绿色网络将城市中心、居住地、工作区、交通节点连接起来，绿色网络同时实现与穿城而过的泰晤士河相连，目的是在伦敦东部地区重建和增加绿地和开放空间，建立一个服务于人类和生物的高质量、高连通性、多功能的绿色开放空间网络。目前伦敦城市已基本形成了一个介于城乡之间的完整的生态网络，成为沟通城市与乡村之间生态系统的桥梁，充分发挥了城市生态网络的复合作用，针对生物多样性保护、气候变化和洪水灾害、文化传承、可达性、

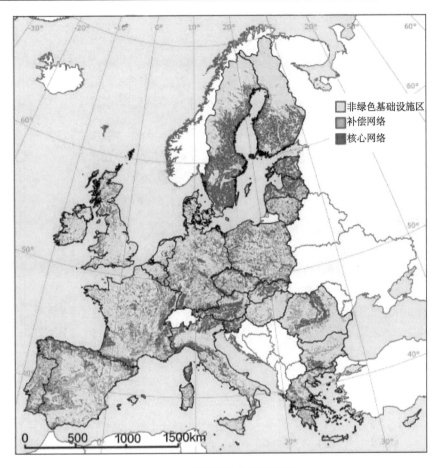

图 2-3　泛欧洲生态网络规划

（图片来源：Tonegawa S, Pignatelli M, Roy DS, Ryan TJ. Memory engram storage and retrieval. Curr Opin Neurobiol. 2015, 35: 101-9. doi: 10.1016/j.conb.2015.07.009）

生态可持续性等问题进行了规划，充分发挥了该地区的景观特色，提高了当地景观资源的识别度，同时可以缓解热岛效应对城市的影响以及降低洪水对该地区的威胁，加强了人文景观和自然景观、居民和开放空间的联系度，形成综合的、多功能的生态网络，为伦敦东部带来了生态、社会和经济效益。

3. 新加坡生态网络实践

新加坡同样是一个成功的典范，被称为"城市花园"。新加坡整个国家土地面积很狭小，城市建设用地占据了土地面积的绝大部分，因此十分注重高效利用有限的土地资源。新加坡公园连接道规划（图 2-5）以线型生态廊道连接具有休闲、游憩和保育功能的公园和绿地，形成一个全国性的公园绿地网络。该规划用

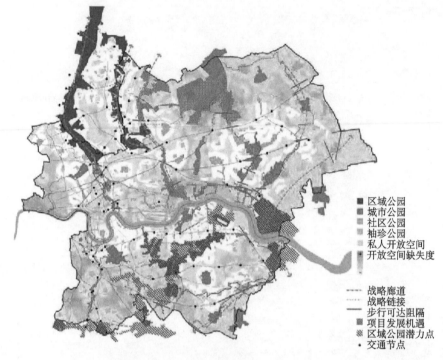

图 2-4　伦敦东部绿色网络战略框架

（图片来源：剧楚凝等，2018）

图 2-5　2002 年新加坡公园连接道规划

（图片来源：张天洁和李泽，2013）

公园和连接道（the park connector）连接全国的主要公园、自然保护区等，同时将居民区和主要公园相连，连接道与主要的道路、河流缓冲地、交通枢纽和学校相连。新加坡公园的连接道是新加坡生态网络的重要组成部分，它包括供市民休闲游憩的休息区、缓行道和环形道及距离标记等，在功能上可以作为居民休闲游憩的交通路线、动植物迁徙的自然廊道、自然教育的场所等。该规划完成后，市民更容易进入和使用新加坡的公园绿地，也可以通过生态网络到达新加坡的主要绿地，使整个城市的生活空间得到了扩展，该规划对用地紧张、人口众多的城市具有很重要的借鉴意义。

2.2　国内相关研究与实践

2.2.1　生态网络规划理论的产生及发展

1. 基础理论（生态学）的产生到网络格局（系统论、形态学）的发展

随着国外景观生态学理论的引入，"斑块-廊道-基质"等理论为国内生态网络规划提供了基础理论的支持，在 Forman 提出的"最优景观格局"的基础上，我国学者俞孔坚于 1995 年提出"景观安全格局"的理念，为生态网络规划提供了理论指导。

国内从对于生态廊道、绿道的研究逐步发展到对生态网络格局的研究，产生了一系列与生态网络相结合的理论方法。刘滨谊和吴敏（2012）基于"网络效能"理论体系的构建，分析城市生态网络空间形态与其功效发挥之间的关系。张浪（2009）基于"有机进化论"理论，探讨了上海市的城市绿地系统至生态网络系统的有机进化过程。刘滨谊和吴敏（2014）基于"空间效能理论"的视角，建构了城市生态网络引导下的城市空间生态系统，并针对此系统提出建立于"空间—效能"关联维度的网络评价三大指标：网络连接度、网络渗透度、网络密度，为生态网络系统评价提供科学的技术与方法。刘滨谊和卫丽亚（2015）提出"生态能级"概念、理论，分析县域绿地的时空特征及演变，并提出构建生境廊道网络、风景绿道网络和生态安全网络三大网络。王旭东等（2016）基于"空间绩效理论"，从生态系统服务、景观空间结构、生态敏感性及其累计耗费距离表面水文功能等空间绩效上，分析研究狸桥镇城市生态网络。吴敏和吴晓勤（2018）基于"生态融城"理念，通过连接性、渗透性、均衡性三大建构技术在各类空间中建立生态关联，从而引导城市整体形态与生态环境格局的和谐统一。

2. 从侧重空间结构到对功能关注的转变，以及从单一功能到复合功能的关注

卿凤婷和彭羽（2016）以北京市顺义区为例，在 GIS 和 RS 技术的支撑下，采用最小费用模型来定量表征模拟潜在廊道，叠加绿地、水系、道路网络，构建自然-经济相耦合的复合生态网络，并据此有针对性地提出复合生态网络的优化对策和建议。彭建等（2017）考虑到生态系统服务的供给和需求能够有效表征生态网络建设的生态本底与生态需求，以县域为研究单元，采用修正的生态系统服务价值量核算生态系统服务供给量，以土地利用开发程度、人口密度和地均 GDP 表征生态系统服务需求量，基于供需分析提出广东省生态网络建设分区方案。陆明和曲艺（2017）根据城市发展对生态系统服务功能的需求，初步构建了区域尺度生态系统服务功能指标体系；根据最小成本路径模型构建基于生态系统服务功能的生态网络。

3. 由大城市延伸至中小城市、小城镇，对市域、城区等不同空间层次进行研究，形成城乡一体

谷康和曹静怡（2010）等在城乡一体化的尺度下，以乌海市为例，提出了营造城市开放空间体系以及用廊道将城乡丰富的绿地资源有机串联的构思，并提出树状生态网络结构的策略。尹海伟等（2011）以湖南省城市群为例，在 RS 和 GIS 技术的支撑下，采用最小费用路径和情景分析方法，定量模拟了研究区的潜在生态廊道，基于重力模型对重要生态廊道进行了识别与提取，并就消费面模型对潜在生态网络结果产生的影响进行了分析，在此基础上有针对性地提出了生态网络优化的对策。郭微等（2012）在中心城区尺度下，基于景观连通性定量评价方法确定绿地系统核心斑块，并采用最小费用路径法构建了绿地系统潜在的生态廊道，同时还对生态网络各组分的景观格局特征进行了分析。过萍艳等（2014）在小城镇的尺度下，运用生态适宜性分析方法和最小费用距离模型，构建了城镇区绿地系统潜在的生态廊道。谢慧玮等（2014）从保护自然遗产角度地出发，在江苏省域尺度上构建了自然遗产地生态网络，指出生态网络的构建要受到不同土地利用类型景观阻力值、廊道宽度选择和社会文化因素三个方面的影响。闫水玉等（2018）在重庆市市域范围内，在整体分析区域生态状况以及评估生态服务功能的基础上通过网络结构分析方法，耦合城乡发展，构建了重庆市域生态网络。苏同向和王浩（2019）在生态保护红线区的尺度范围内，采用累积阻力模型的方法模拟和修正各生态资源的联系廊道，旨在寻求生态保护红线区与城乡生态网络的空间耦合关联，建立城乡一体化绿化格局。

4. 从对特定时间的研究到多时效的研究，以及对生态网络演化的研究

张浪和王浩（2008）以上海市为例，分析 20 世纪 90 年代以来上海的绿地系统规划，探讨基础动力、公共政策、城乡关系、内部结构、资源利用方式等"基因"及其变异对城市绿地系统进化的影响和在绿地系统布局结构上的体现。张浪基于"有机进化论"理论，结合编制背景、构建方法，对不同时期的上海市基本城市生态网络的演化特征进行研究，并提出了绿地网络向系统化、整体性、层次性进化的有机过程（张浪，2014a，2013，2012b）。金云峰等（2018）采用分形理论衍生的聚集维量化模型和形态维量化模型对上海 2008 年、2015 年游憩绿地系统进行演化特征的时空分析，并提出游憩绿地系统布局分形耦合重构的优化方案。刘杰等（2019）基于上海市 1983 年、1994 年和 2002 年城市绿地系统的规划背景、政策推进及建设成效等，结合形态维模型和聚集维模型，对中心城区绿地进化的多维特征进行定性和定量分析。刘兴坡等（2019）通过分析 2008 年和 2015 年上海的城市景观格局，采用最小阻力模型构建生态网络。金云峰等（2019）选取上海 2000～2015 年的城乡绿地系统空间相关数据，通过耗散结构理论分析上海城乡绿地系统的空间演化特征，最后提出优化策略。曹珍秀等（2020）基于 GIS 和 RS 技术，利用最小阻力距离法构建研究区 1988 年、2000 年、2009 年和 2017 年四个时期的生态网络，探讨海口市海岸带生态网络的演变趋势。

2.2.2　生态网络规划方法及评价指标

目前国内城市生态网络构建是基于景观生态学的"斑块-廊道-基质"理论，构建的关键问题是核心绿地斑块以及生态廊道的识别。常用的方法有形态学空间分析方法（MSPA）、最小累积阻力模型（MCR）、最小成本路径方法、重力模型等。生态网络的结构评价通常采用景观格局指数评价生态网络结构要素，以景观连通性为主要依据，利用网络分析法 α 指数、β 指数和 γ 指数与图论结合来评价各要素之间的连通性。景观功能评价方法通常包括景观中心度理论、相对生态重要性法、核密度分析法、相对城镇发展胁迫加权法等。但在实际规划过程中，仅通过某一种指数或模型方法已经不能满足于生态网络评价的需要。因此，根据不同的研究目标以及区域的景观异质性特征综合多种评价方法，从不同角度对现有或者潜在的生态结构单元进行分析评价，增强研究结果的实践指导意义已成为一大趋势。

1. 生态网络构建技术方法

吴未等（2000）提出城市生态网络的构建要从功能规划向效能规划转变。利用 TM 影像数据，通过对白鹭生境斑块的分析，得到了不同构建方法的生境网络

优化方案。刘滨谊和余畅（2001）等从建设绿道的理念入手，通过分析美国新英格兰地区绿道网络规划的进程，总结出对中国现阶段绿道建设的启示——在明确绿道网络框架的基础上，综合绿道网络的多功能规划，并协调好各种绿地规划的衔接。魏培东（2003）从城市生态网络的概念入手，提出城市生态网络中的物质流、人口流、信息流的构建原则。王海珍和张利权（2005）运用景观格局分析方法，对厦门本岛绿地系统的现状进行评价，并应用网络分析法构建优化生态网络的规划方案。戚仁海和熊斯顿（2007）等依据各种不同的网络形式构建多样的生态网络方案，通过 α 指数、β 指数、γ 指数等对不同生态网络方案中的网络分析指标和成本比指标等进行分析和比对，选出崇明岛最适宜的生态网络构建方案。孔繁花和尹海伟（2008）采用最短路径法，对济南市潜在的生态廊道进行构建，通过重力模型和景观指数对济南市不同绿地斑块之间产生影响的强度和分布状况进行定量分析。郭宏斌等（2010）以厦门市为例，通过网络结构分析法确定最优的生态网络，提出优化和建设方案。在 2011 年，其课题组又利用 Landsat-TM 影像对湖南省城市群生态网络进行构建和优化。许文雯等（2012）通过将景观阻力与网络分析相结合的方法对南京主城区的生态网络进行分析，识别出 7 个重要的节点斑块，并认为通过对这些重要节点斑块进行保留和修复不但能控制大型城市的过度扩张、提升城市居住品质与自然环境，也具有很强的可操作性。张蕾等（2014）利用熵权法综合评价不同景观类型结构和功能对生态功能流的影响，在 GIS 技术支撑下，采用最小耗费距离模型进行潜在廊道模拟，基于重力模型和网络结构指数对生态网络结构进行定量分析。邹泉等（2014）在研究河流与开放空间耦合关系的基础上，结合对城市生态网络含义、功能机制、评价指标的分析，以南阳市为例，提出河流与开放空间耦合的城市生态网络构建方法。吴臻和王浩（2015）利用遥感影像，基于最小耗费距离模型，构建扬州市生态网络，并基于重力模型和廊道曲度指数定量分析了网络结构，得出扬州市生态网络优化的建议。王越和林菁（2017）提出基于 MSPA 的生态规划的研究方向。韩婧等（2017）利用 AHP 法定量分析了珠海西区现状资源和绿地空间结构，采用最小费用路径法，确定核心生态斑块和生态廊道，进而构建了珠海西区生态网络。杨志广等（2018）以广州市为研究区，采用形态学空间分析方法和景观指数法，提取景观连通性较好的核心区作为生态源地，并基于最小累积阻力模型构建广州市生态廊道网络，通过重力模型和连通性指数定量分析生态网络结构，最后提出生态网络的优化对策。高宇等（2019）以招远市域绿色空间为研究对象，借助形态学空间格局分析方法来识别景观要素，从而筛选出核心区和潜力节点作为生态源，以最小路径方法得出场地内的潜力生态廊道，得出招远市域绿色空间发展结构，并提出科学的空间优化指引和发展建议。

2. 生态网络评价指标

王云才（2009）运用景观生态网络连接度理论，在城市景观生态网络构成分析的基础上，采用连接度指数、廊道密度和引入交通网络指数等建立起景观生态连接度评价方法和体系，对上海市的复合网络连接度进行评价。郭宏斌等（2010）等在 GIS 软件的支持下，运用熵值法，将各景观类型的结构和功能对于城市生态功能流的影响进行综合评价，并通过提取的最佳路径来分析研究生态网络的最佳框架。唐吕君等（2015）以长河镇航空影像为基础，结合 ArcGIS、Fragstats 等相关软件，对长河镇绿地景观格局进行分析，定性评价绿地斑块组成及破碎化程度。在此基础上，提出了长河镇 4 个生态网络预案。张远景和俞滨洋（2016）利用土地利用现状图，基于最小累积阻力模型构建哈尔滨市生态网络，通过 α 指数、β 指数、γ 指数等网络结构指数对其评价。陈小平和陈文波（2016）以鄱阳湖生态经济区为例，通过 GIS 技术手段，充分考虑景观类型、坡度和人类活动干扰的影响，基于重力模型分析评价了该潜在生态网络结构的连通性和闭合度。蒋思敏等（2016）选取境内生物多样性丰富的生境斑块，采用最小累积阻力模型模拟潜在生态廊道，构建了广州市生态网络体系，并对生态网络的连接度和土地利用结构进行了评价。傅强和顾朝林（2017）使用最小路径模型构建湿地和林地两用生态网格，通过图形理论中的 CL-PIOP 评价方法对结果数据作深入分析。

2.2.3　生态网络规划实践进展

1. 北京

2008 年，北京建造了奥林匹克森林公园。公园以北京五环路为界，公园分为南园和北园，两园之间建有一条横跨五环路的生态廊道，该生态廊道是中国第一座跨城市高速公路的人工模拟自然通道。Li（2005）等从城市、邻里、社区三个尺度，并结合景观生态学相关理论原则对北京市的绿色空间进行了综合规划。在景观尺度上将景观格局、斑块功能和自然过程糅合在一起，在区域尺度上规划了北京湾城市森林，在城市尺度上由西北部森林、京南生态缓冲带、隔离区、各种绿色廊道、公园等组成绿色生态网络系统，这一规划将城市森林、公园、廊道、农田等看成是一个有机的整体，强调了景观的生态功能，加强了北京地区生态网络的紧密性和联系性，对研究特大城市生态网络具有一定的借鉴意义。

2. 上海

由上海市规划和国土资源管理局、上海市绿化和市容管理局、上海市城市规划设计研究院编制的《上海市基本生态网络规划》于 2012 年通过上海市人民政府批准实施。规划与上海市总体建设目标相适应，通过"多层次、成网络、功能复合"的基本生态网络建设，改善城市环境品质，提高人居环境质量。上海市生态网络的主要结构包括中心城绿地、市域绿环、生态走廊、生态间隔带、生态保育5种空间，共划分1个近郊绿环、16条生态间隔带、9条生态走廊和10片生态保育区。同时在上海市的中心城区形成以"环、廊、楔、园"为主体，中心城周边地区以市域绿环、生态间隔带为锚固，市域范围以生态廊道、生态保育区为基底的"环形放射状"的生态网络体系（详见本书第7章）。

3. 广州

2009年，广东省编制完成了《珠江三角洲绿道网总体规划纲要》，广州开始进行大规模系统的绿道规划建设，编制了《广州市绿道网建设规划》。珠江三角洲绿道网由16条支线、4条连接线和6条区域绿道主线组合形成，串联了两百多处自然保护区、郊野公园、森林公园、滨水公园、风景名胜区、历史文化遗迹等节点，连接了深莞惠、珠中江和广佛肇三大都市区，是珠三角各城市中建成绿道最长、覆盖范围最广、服务人口最多、在中心城区分布最广的绿道网。

4. 深圳

深圳绿道网络是珠江三角洲绿道网络规划的二级网络系统，从市域绿道、城市绿道、区级绿道三个空间层次进行规划，并在各个层次上相互衔接。市域绿道将实现与生态系统的对接，城市绿道和区级绿道形成"一轴、四区"的规划结构，串联深圳市内重要的公园，服务范围覆盖6个行政区。其中，经过深圳的两条绿道形成"一横、两片"的结构，绿道主线长约300km，支线长约23km，直接服务人口约545万人。

2.3　国内外研究综合评价

2.3.1　国内外研究差异性分析

1. 研究尺度及侧重点

大都会区的建立、土地利用重组、大型交通网络的建设，造成了自然景观的严重破碎化、生物栖息地的丧失以及物种多样性的锐减，这些生态环境问题促进欧洲与北美洲从20世纪80年代开始，将生态网络规划纳入开放空间规划及国土规划。包含泛欧洲生态网络规划及各国生态网络规划在内的多种自然保护规划，研究尺度涉及国际-国家-区域-城市-场地5个层次。国际尺度的生态网络规划以发挥生态服务功能为主，国家尺度的研究则关注生物多样性的保护，区域尺度的生态网络规划通常关注破碎斑块的连接问题，而城市尺度的研究则更多关注城市生态系统的稳定性，城市尺度的研究多体现在微气候、生态适宜度等（张远景和俞滨洋，2016）。

国内城市生态网络规划，可以追溯到数十年前应对城市自然灾害时，建设的河流、道路廊道的绿带及农田防护林带等。生态网络规划的发展则是由城市生态环境的逐渐恶化、城市生态空间保护的紧迫性而促进的。目前，国内城市生态网络规划的研究尺度以城市为主，结合区域，也有研究涉及场地层次，但相对较少，而面向国际、国家尺度的生态网络研究较为缺乏。城市尺度的生态网络规划，研究侧重基于景观生态学的网络规划构建方法及途径，以协调城乡生态空间关系，维持生态安全格局。此外，城市建设用地范围内生态网络为居民提供的服务功能也是研究重点。而区域尺度的研究以生物多样性保护和生态系统服务功能的发挥为主要目的。

2. 理论基础及人地关系

国外的生态网络规划侧重以自然保护出发的物种保护和生境保护为主，理论以岛屿生物地理学、景观生态学、集合种群理论等为基础。经过长期、大量的生态网络实践，形成了包含生物多样性保护、生态过程与功能维持、历史文化、游憩娱乐等多目标的多层次网络规划。其中，欧洲的生态网络规划侧重高强度开发土地上的自然系统和自然环境的保护，而北美洲的生态网络规划注重城市以外生态空间的游憩和风景观赏，且逐渐向生态网络综合功能的发挥转化。

国内的城市生态网络理论体系尚不成熟，但国内学者将欧美的生态网络规划思想引入国内，并在结合国情的基础上，进行了不断探索。早期国内自然灾害产生的环境问题，尤其是频发的沙尘暴、雾霾、洪水泛滥、泥石流等，为生态网络规划带来发展的契机。随着城镇化的快速发展，国内在生态网络规划上逐渐把重点聚焦到人地关系。因此，在景观生态学理论的基础上，城市生态学理论、可持续发展理论、城乡一体化理论也逐渐渗透到城市生态网络规划的研究中。城市生态网络，通过生态廊道和生态斑块，将破碎化的斑块恢复为连续的有机体，以兼顾生态环境保护、物种多样性保护、人居环境改善和休闲游憩场所提供等功能。

3. 公众参与和政策保障

国外的城市生态网络规划更关注公众参与与心理感知。在大量城市生态网络的规划实践中，城市生态网络的规划和实施往往会和城市的发展产生矛盾，为了缓解这种矛盾，有学者开始在城市生态网络中引入对方的意见。例如，通过派发调查问卷、与当地的土地所有者进行讨论、走访调查等形式加强公众参与的程度，为城市生态网络规划提供了支撑。而在国内的相关研究中，生态网络规划多由政府决策，是一个由上而下的实施过程，缺乏公众参与，且研究团体在决策过程中所起的作用非常有限。

此外，欧美的不少国家都将生态网络作为自然保护的重要战略，具有较为完善的法律和政策保障。政府主动推进生态网络科学研究项目，形成了相对统一的、可参考的规划步骤及技术标准。相对而言，国内还处于生态网络规划的探索阶段，未形成完善的政策保障和管理机制，区域的差异性也导致各省市难于形成统一的方法体系，因此，在我国，将生态网络规划纳入城乡规划体系，保障生态网络的有效落实至关重要（张阁和张晋石，2017）。

2.3.2　研究趋势及展望

1. 国土空间规划视角下城市生态网络的转型

新时代背景下，国土空间规划是将原有的土地利用规划、主体功能区规划以及城乡规划等进行"多规合一"整合的规划，是推进生态文明建设的重要举措。国土空间规划视角下的生态网络规划，应呼应国土空间规划的层次，重视城镇开发边界内外的绿色空间建设和保护，以促进城乡协同、提高绿色空间品质（张云路等，2020）。在市域层面的生态网络规划，应从宏观视角，进行"山水林田湖草"和人居环境的有机整合，落实分解国家级、省级、市级国土空间规划的目标任务，并明确下一层次生态网络的规划任务，通过区域内生态空间整合，共同构建系统性、连续性的生态网络布局。在城镇开发边界以内，需要结合生态源地和绿色生态廊道的识别，优化城区绿色空间的布局，充分发挥其生态服务功能，建立完善的城市生态网络体系，与市域绿色空间有机串联。因此，新时期的城市生态网络规划具有多尺度、多层次、功能复合的特征，需要分级细化落实国土空间规划的相关要求，统筹整合城乡人居环境的绿色生态基底。

2. 基于定性和定量相结合的综合分析方法

城市生态网络规划常用的技术平台是地理信息系统和遥感信息技术，涵盖了从初期基础数据的处理，到中间现状评估，再到后期的网络结构的构建和优化。2020 年最新版《资源环境承载能力和国土空间开发适宜性评价指南（试行）》的发布，标志着国土空间规划编制有了统一的评价方法和指标体系。城市生态网络规划的基础数据就可以借助国土空间基础信息平台进行整理，能更好地结合资源约束和环境底线，分析研究区域开发利用的现状条件。在中期辅助决策阶段，运用地理信息技术、遥感技术、地理模拟和优化系统等构建多技术融合的技术平台，运用景观生态学理论、城市生态学理论等进行空间格局的分析和生态要素的评价。

在多尺度多目标生态网络的发展趋势下，在进行定量分析的基础上，还需结合社会、经济等功能进行综合分析，在关注生态网络生态功能的同时，也要关注人的需求，将人的可达性、避灾疏散通道、历史文化资源、经济因素等融入生态网络分析中，使城市生态网络评价体系成为包含景观、生态、社会、经济的综合型体系。多源数据的融合，理论方法、技术平台、模型应用的不断发展，都为城市生态网络规划从前期评价到后期构建与优化提供了技术支撑和科学依据，推进城市生态网络规划向更为科学化的方向发展。

3. 规划管控和政策保障的完善

随着中华人民共和国自然资源部（自然资源部）的成立及"多规合一"的推进，国土空间规划应完善相应的法律体系，构建相关的制度体系，以加强城市生态空间的管控力度。已有的法律规范体系涉及多层次、多机关、多法律关系，各种法律规范之间缺乏协同性，导致城市各类规划之间衔接困难，法律法规衔接之间容易出现混乱和模糊，使国土空间规划推进缓慢，难于落地实施。随着国土空间规划"五级三类四体系"顶层设计的形成，建立统一的编制审批体系、实施监督体系、法规政策体系和技术标准体系，是形成全国国土空间开发保护"一本规划、一张蓝图"的必要工作。城市生态网络规划与国土空间规划体系需要实现法定化对接，梳理完整的对接框架，以此建立完整统一的法规体系，实现立法保障，提高城市生态网络规划的权威性和执行力。市域范围内及各城市之间，协调好城镇开发边界内外绿色空间的协同建设关系，完善城乡规划管理系统，实现统一保护和合理利用。各相关部门之间，建立协作平台，使各部门之间的工作衔接，建立稳定的管理机制。此外，城市生态网络的建设需要听取多方民意，将居民对绿色空间的使用需求作为重要评价标准，推进城乡生态网络建设质量的提高，提升居民福祉。城市生态网络规划作为国土空间规划的专项规划之一，为更好地与国土空间规划相衔接，需要为过渡和转型做出更多探索，使其在生态文明建设和国土空间规划实践中发挥重要作用，推动生产空间集约高效、生活空间宜居宜业、生态空间山清水秀的可持续发展的国土空间格局的形成。

参 考 文 献

曹珍秀, 孙月, 谢跟踪, 等. 2020. 海口市海岸带生态网络演变趋势. 生态学报, 40(3): 1044-1054.

陈小平, 陈文波. 2016. 鄱阳湖生态经济区生态网络构建与评价. 应用生态学报, 27(5): 1611-1618.

傅强, 顾朝林. 2017. 基于 CL-PIOP 方法的青岛市生态网络结构要素评价. 生态学报, 37(5): 1729-1739.

高宇, 木皓可, 张云路, 等. 2019. 基于 MSPA 分析方法的市域尺度绿色网络体系构建路径优化研究——以招远市为例. 生态学报, 39(20): 7547-7556.

谷康, 曹静怡. 2010. 城乡一体化绿地生态网络规划初探——以乌海市为例. 西北林学院学报, 25(1): 175-180.

郭宏斌, 黄义雄, 叶功富, 等. 2010. 厦门城市生态功能网络评价及其优化研究. 自然资源学报, 25(1): 71–79.

郭微, 俞龙生, 孙延军, 等. 2012. 佛山市顺德中心城区城市绿地生态网络规划. 生态学杂志, 31(4): 1022-1027.

过萍艳, 蒋文伟, 吕渊. 2014. 浙江省慈溪市宗汉街道城镇绿地生态网络构建. 浙江农林大学学报, 31(1): 64-71.

韩婧, 李冲, 李颖怡. 2017. 基于 GIS 的珠海市西区绿地生态网络构建. 西北林学院学报, 32(5): 243-251.

蒋思敏, 张青年, 陶华超. 2016. 广州市绿地生态网络的构建与评价. 中山大学学报(自然科学版), 55(4): 162-170.

金云峰, 李涛, 王淳淳, 等. 2018. 城乡统筹视角下基于分形量化模型的游憩绿地系统布局优化. 风景园林, 25(12): 81-86.

金云峰, 李涛, 吴钰宾, 等. 2019. 基于耗散结构理论的上海城乡绿地系统空间演化特征. 中国城市林业, 17(1): 42-46.

剧楚凝, 周佳怡, 姚朋. 2018. 英国绿色基础设施规划及对中国城乡生态网络构建的启示. 风景园林, 25(10): 77-82.

孔繁花, 尹海伟. 2008. 济南城市绿地生态网络构建. 生态学报, (4): 1711-1719.

刘滨谊, 王鹏. 2010. 绿地生态网络规划的发展历程与中国研究前沿. 中国园林, 26(3): 1-5.

刘滨谊, 余畅. 2001. 美国绿道网络规划的发展与启示. 中国园林, (6): 77-81.

刘滨谊, 吴敏. 2012. "网络效能"与城市绿地生态网络空间格局形态的关联分析. 中国园林, 28(10): 66-70.

刘滨谊, 吴敏. 2014. 基于空间效能的城市绿地生态网络空间系统及其评价指标. 中国园林, 30(8): 46-50.

刘滨谊, 卫丽亚. 2015. 基于生态能级的县域绿地生态网络构建初探. 风景园林, (5): 44-52.

刘杰, 张浪, 季益文, 等. 2019. 基于分形模型的城市绿地系统时空进化分析——以上海市中心城区为例. 现代城市研究, (10): 12-19.

刘兴坡, 李璟, 周亦昀, 等. 2019. 上海城市景观生态格局演变与生态网络结构优化分析. 长江流域资源与环境, 28(10): 2340-2352.

陆明, 曲艺. 2017. 基于生态系统服务功能的区域生态网络构建——以哈尔滨为例. 中国园林, 33(10): 103-107.

彭建, 杨旸, 谢盼, 等. 2017. 基于生态系统服务供需的广东省绿地生态网络建设分区. 生态学报, 37(13): 4562-4572.

戚仁海, 熊斯顿. 2007. 基于景观格局和网络分析法的崇明绿地系统现状和规划的评价. 生态科学, (3): 208-214.

卿凤婷, 彭羽. 2016. 基于 RS 和 GIS 的北京市顺义区生态网络构建与优化. 应用与环境生物学报, 22(6): 1074-1081.

苏同向, 王浩. 2019. 基于生态红线划定的城乡绿地生态网络构建研究——以江苏省扬州市为例. 现代城市研究, (10): 20-27.

唐吕君, 蒋文伟, 李静. 2015. 基于景观格局分析的长河镇生态绿地网络优化研究. 西北林学院学报, 30(1): 245-250.

王海珍, 张利权. 2005. 基于 GIS、景观格局和网络分析的厦门本岛生态网络规. 植物生态学报, 29(1): 144-152.

王旭东, 陈尧, 陈闪, 等. 2016 基于空间绩效的城镇绿地生态网络构建——以安徽宣城狸桥为例. 中南林业科技大学学报. 36(3): 87-95.

王越, 林箐. 2017. 基于 MSPA 的城市绿地生态网络规划思路的转变与规划方法探究. 中国园林, 33(5): 68-73.

王云才. 2009. 上海市城市景观生态网络连接度评价. 地理研究, 28(2): 284-292.

魏培东. 2003. 构建可持续发展的城市生态网络. 中国人口·资源与环境, 13(4): 78-81.

吴敏, 吴晓勤. 2018. 基于"生态融城"理念的城市生态网络规划探索——兼论空间规划中生态功能的分割与再联系. 城市规划, 42(7): 9-17.

吴未, 郭洁, 吴祖宜. 2000. 城市生态网络与效能规划. 地域研究与开发, 19(2): 51-54.

吴榛, 王浩. 2015. 扬州市绿地生态网络构建与优化. 生态学杂志, 34(7): 1976-1985.

谢慧玮, 周年兴, 关健. 2014. 江苏省自然遗产地生态网络的构建与优化. 生态学报, 34(22): 6692-6700.

许文雯, 孙翔, 朱晓东, 等. 2012. 基于生态网络分析的南京主城区重要生态斑块识别. 生态学报, 32(4): 260-268.

闫水玉, 杨会会, 王昕皓. 2018. 重庆市域生态网络构建研究. 中国园林, 34(5): 57-63.

杨志广, 蒋志云, 郭程轩, 等. 2018. 基于形态空间格局分析和最小累积阻力模型的广州市生态网络构建. 应用生态学报, 29(10): 3367-3376.

尹海伟, 孔繁花, 祈毅, 等. 2011. 湖南省城市群生态网络构建与优化. 生态学报, 31(10): 2863-2874.

张阁, 张晋石. 2017. 德国生态网络规划与实施策略研究. 中国风景园林学会 2017 年会论文集.

张浪. 2009. 特大型城市绿地系统布局结构及其构建研究. 北京: 中国建筑工业出版社.

张浪. 2012a. 基于有机进化论的上海市生态网络系统构建. 中国园林, 28(10): 17-22.

张浪. 2012b. 基于基本生态网络构建的上海市绿地系统布局结构进化研究. 中国园林, 28(12): 65-68.

张浪. 2013. 上海市基本生态网络规划发展目标体系的研究. 上海建设科技, (1): 47-49.

张浪. 2014a. 上海市基本生态网络规划特点的研究. 中国园林, 30(6): 42-46.

张浪. 2014b. 上海市基本生态网络规划编制背景的研究. 上海建设科技, (1): 59-62.

张浪. 2018. 上海市多层次生态空间系统构建研究. 上海建设科技, (3): 1-5.

张浪, 王浩. 2008. 城市绿地系统有机进化的机制研究——以上海为例. 中国园林, (3): 82-86.

张蕾, 苏里, 汪景宽, 等. 2014. 基于景观生态学的鞍山市生态网络构建. 生态学杂志, 33(5): 1337-1343.

张天洁, 李泽. 2013. 高密度城市的多目标绿道网络——新加坡公园连接道系统. 城市规划, 37(5): 67-73.

张远景, 俞滨洋. 2016. 城市生态网络空间评价及其格局优化. 生态学报, 36(21): 6969-6984.

张云路, 马嘉, 李雄. 2020. 面向新时代国土空间规划的城乡绿地系统规划与管控路径探索. 风景园林, 27(1): 25-29.

邹泉, 胡艳芳, 田国行. 2014. 河流与开放空间耦合的城市绿地生态网络构建. 西南林业大学学报, 34(2): 84-88.

Christine L, Hawn J D, Herrmann S R, et al. 2018. Connectivity increases trophic subsidies in fragmented landscapes. Ecology Letters, 21(11).

Conine A, Xiang W N, Young J, et al. 2004. Planning for multi-purpose greenways in Concord, North Carolina. Landscape and Urban Planning, 68(2): 271-287.

Cook E A. 2002. Landscape structure indices for assessing urban ecological networks. Landscape and Urban Planning, 58(2-4): 269-280.

Erickson D L. 2004. The relationship of historic city form and contemporary greenway implementation: A comparison of Milwaukee, Wisconsin(USA)and Ottawa, Ontario(Canada). Journal of Architectural Engineering, 68(2-3): 199-221.

Fabos J G. 1968. Frederick founder of landscape architecture in America. Amberst: University of Massachusetts: 23-25.

Gurrutxaga M, Lozano P J, Gabriel, et al. 2010. Assessing Highway Permeability for the Restoration of Landscape Connectivity between Protected Areas in the Basque Country, Northern Spain. Landscape Research, 35(5): 529-550.

Hosseini M, Farashi A, Khani A, et al. 2019. Landscape connectivity for mammalian megafauna along the Iran-Turkmenistan-Afghanistan borderland. Journal for Nature Conservation, 125735.

Jongman R H G, Bouwma I M, Griffioen A, et al. 2011. The Pan European Ecological Network: PEEN. Landscape Ecology, 26(3): 311-326.

Knaapen J P, Scheffer M, Harms B. 1992. Estimating habitat isolation in landscape planning. Landscape and Urban Planning, 23(1): 1-16.

Levin N, Lahav H, Ramon U, et al. 2007. Landscape continuity analysis: A new approach to conservation planning in Israel. Landscape and Urban Planning, 79(1): 53-64.

Li F, Wang R, Paulussen J, et al. 2005. Comprehensive concept planning of urban greening based on ecological principles: A case study in Beijing, China. Landscape and Urban Planning, 72(4): 325-336.

Linehan J, Gross M, Finn J. 1995. Greenway planning: developing a landscape ecological network approach. Landscape and Urban Planning, 33(1-3): 179-193.

Liu S, Yin Y , Li J , et al. 2018. Using cross-scale landscape connectivity indices to identify key habitat resource patches for Asian elephants in Xishuangbanna, China. Landscape and Urban Planning, 171: 80-87.

Marulli J, Mallarach J M. 2005. A GIS met Comprehensive greenspace planning based on landscape ecology principles in compact Nanjing city, China hodology for assessing ecological connectivity: Application to the Barcelona Metropolitan Area. Landscape and Urban Planning, 71(2-4): 243-262.

Mcharg I L. 1969. Design with Nature. New York: John Wiley and Son Inc: 127-152.

Parker K, Head L, Chisholm L A, et al. 2008. A conceptual model of ecological connectivity in the Shellharbour Local Government Area New South Wales Australia. Landscape and Urban Planning, 86(1): 47-59.

Pascual H L, Saura S. 2006. Comparison and development of new graph-based landscape connectivity indices: Towards the priorization of habitat patches and corridors for conservation. Landscape Ecology, 21(7): 959-967.

Pietsch M. 2017. Contribution of connectivity metrics to the assessment of biodiversity- Some methodological considerations to improve landscape planning. Ecological Indicators, 94: 116-127.

Toccolini A, Fumagalli N, Senes G. 2006. Greenways planning in Italy: The Lambro River Valley Greenways System. Landscape and Urban Planning, 76: 98-111.

Walker R, Craighead L. 1997. Analyzing Wildlife Movement Corridors in Montana Using GIS. EsriUser Conference.

Zetterberg A, MoRtberg U M, Balfors B. 2010. Making graph theory operational for landscape ecological assessments, planning, and design. Landscape and Urban Planning, 95(4): 181-191.

Zhang Z Z, Meerow S, Newell J P, et al. 2019. Enhancing landscape connectivity through multifunctional green infrastructure corridor modeling and design. Urban Forestry and Urban Greening, 38: 305.

第 3 章 多尺度背景下要素的提取及与相关规划的衔接

3.1 多尺度生态网络规划（纵向协调）

3.1.1 国外生态网络规划尺度

国外生态空间规划尺度分国际-国家-区域-城市-场地 5 个层次。以泛欧洲生态网络规划为代表的国际空间尺度的研究，涵盖跨越国家边界的大型河流系统及其洪泛区，覆盖大范围森林生态系统的丘陵和山脉以及人烟稀少的近自然区或边境地区，面临自然环境恶化、生态系统破碎化、生物多样性锐减等问题。生态网络的规划根据生态系统服务功能确定网络要素，以生物多样性保护为首要目标，建立跨国际的生物多样性与景观多样性网络，为自然资源保护、农业与城市发展提供决策依据（曲艺和陆明，2016）。以德国等欧洲国家生态网络规划为代表的国家尺度的研究，以人口高度密集的精细化土地利用为特征，面临栖息地和生物多样性的严峻挑战。德国的生态网络规划在自然保护战略方面由保护孤立栖息地向建立连贯的生态网络系统转化，同时，逐渐形成一套较为成熟的生态网络构建方法体系和管理机制（张阁和张晋石，2018）。以比利时的佛兰德斯地区生态网络规划为代表的区域尺度研究，以保护生物多样性和文化娱乐价值为主要目的，根据生物多样性的热点，识别空缺，通过生态保护、恢复与管理优化生态网络结构，维持生态系统稳定（Jongman et al.，2004）。以东京绿地计划为代表的城市尺度的研究，既考虑城市建设用地内生态用地的布局，为居民提供良好的游憩环境，同时，在高度破碎化的景观中，需要为动物提供栖息生态斑块和迁徙生态廊道。以新加坡城市公园连接道系统为代表的场地尺度研究，以改善城市微气候、提升环境宜居品质、提高居民可达性等为主，兼顾公众教育、社会凝聚力和经济效益等功能，实现了高密度城市生态网络规划的多目标（张天洁和李泽，2013）。

3.1.2 国内生态网络规划尺度

我国的生态网络规划主要从区域-市域-城区 3 个尺度进行探讨。2020 年 11月，国家发改委正式发布《长三角生态绿色一体化发展示范区总体方案》，为国家区域尺度"三生空间"统筹、生态空间保护、资源高效配置、网络格局优化等探索路径。以湖南省城市群生态网络规划为代表的区域尺度研究，以修复大型生境斑块、保护区域生物多样性、维持生态系统服务功能为主要目的,通常包含大型林地、大型湿地以及各类自然保护区、森林公园、湿地公园等生态空间,规划可以为次级县市生态规划提供策略支持(尹海伟等,2011)。对于城市生态网络规划研究,主要从市域角度和城区尺度进行。以武汉市生态空间规划为代表的市域尺度研究,以保护重要生态要素、维护生态空间结构完整、确保城乡生态安全、发挥风景游憩和安全防护为主要目标,耦合协调建设用地与非建设用地、生态空间与建设空间之间的关系(夏巍等,2018)。以《深圳市绿地系统规划修编(2014—2030)》为例,市域生态网络规划是指市域范围内,对具有生态保育、风景游憩和安全防护等功能的有机网络体系进行规划。城区生态网络规划是指具有高密度人口的城区内,对具有生态、游憩、景观、防护等功能的生态网络系统进行规划,并与区域生态网络相联系。

对于国土空间规划体系构建而言,城市生态网络承担着生态环境保护和绿色空间合理利用的重要职责,在新时期空间规划体系革新和城乡统筹发展的背景下,城市生态网络规划需要与国土空间规划体系相衔接,在市域范围内构建"山水林田湖草"和人居环境的合理布局,以实现绿色协同发展。国内对于国际、国家和场地(社区)尺度的生态网络研究及实践相对欠缺,在当前,多尺度多功能复合的城市生态网络规划趋势,是我国绿色发展道路的必经途径。

3.2　多层次生态网络规划(横向协同)

2012 年,《上海市基本生态网络规划》成为国内首个以"多规合一"为支撑的城市生态空间可持续发展实践案例,实现了全市域层面绿地、耕地、林园地和湿地等多种生态空间要素融合发展。本书在借鉴国内外城市生态空间规划实践的

a. 市域基础生态空间　　b. 郊野生态空间　　c. 中心城周边地区生态系统　　d. 集中城市化地区绿化空间系统

图 3-1　多层次生态网络架构

(图片来源:张浪,2018)

基础上，在市域范围将生态空间划分为基础生态空间、郊野生态空间、中心城周边地区生态系统和集中城市化地区绿化空间系统 4 个层次（图 3-1）（张浪，2018，2013a，2013b）。

3.2.1　基础生态空间

基础生态空间是城市基础性生态源地和生态战略保障空间，是城市最外围的"保护伞"，包括重点水源地、湿地及与之相依存的自然保护区。基础生态空间重点保护城市市域范围内的各级自然保护区，这些基础生态空间将在维护城市水资源平衡、保护生物多样性及降低城市自然灾害风险等方面提供缓冲空间，为城市的生态安全提供基础保障。

3.2.2　郊野生态空间

郊野生态空间是指主城区外环绿带外的陆域地区，包括市域生态走廊和市域生态保育区，是城市基底性生态空间。市域生态走廊一般呈放射状，其主要作用是实现城市间隔，避免连绵建设，实现与中心城生态空间的互联互通。生态走廊建设突出基本农田保护，有机结合生态通廊建设。严禁现有成片建设区继续扩大，提高绿地覆盖面积，局部地区布置郊野公园。市域生态保育区以基本农田调整划定作为重要手段，对基本农田控制线实施管控。在这些区域内促进基本农田集中连片建设，适当提高林木覆盖面积，形成农田林网的复合生态空间，有效增强农地抵御灾害能力，充分发挥基本农田的农业生产和生态保护功能。郊野生态空间中实施分类管理，严格保护一级水源保护区、二级水源保护区和其他准水源保护区。

3.2.3　中心城周边地区生态系统

中心城周边地区生态系统主要包括市域"绿环"和中心城周边地区的生态间隔带，是中心城与外围自然生态空间互联互通的结构性生态用地。市域"绿环"，以建设环城林带为主，其主要作用是通过强化土地用途管制，限制城市蔓延。同时，充分保障必要的城市生态空间。生态间隔带是沟通联系中心城与外围绿化空间、限制主城区连绵发展的纵向间隔性绿带。每个地块详细划定生态控制线，制定生态空间管制与实施的政策措施和保障机制，为明确城市边界、强化控制手段、优化空间结构等目标的实现提供保障。

3.2.4　集中城市化地区绿化空间系统

集中城市化地区绿化空间系统包括中心城和郊区新城、新市镇等集中城市化地区绿化空间系统。规划重点落实中心城绿地格局，加强外环绿带、楔形绿地和沿江、沿河生态绿地的建设，提高公共绿地的覆盖率和服务水平。以降低热岛效应和消除绿地服务盲区为目标，集中公共绿地布局规划，确定中心城集中公共绿地的服务半径。规划重点在社区集中公共绿地服务盲区布置公园。中心城的公园绿地还可以与城市防灾相结合。楔形绿地、建设敏感区中的绿地以及外环大型绿地是保证城市生态安全、保持城市良好环境的生态性结构绿地，规划作为城市建设的长远目标进行控制。楔形公共绿地和外环线以内建设敏感区绿地作为重点区域加强落实，确保外环绿带的实施建设，使中心城的空间形态得到保障，防止城市的蔓延式发展。

综上所述，市域范围内多层次生态网络规划的内容和功能定位如表 3-1 所述。

表 3-1　市域生态网络规划结构

规划层次	包含内容	功能定位
基础生态空间	各级自然保护区	基础性生态源地和生态战略保障空间
郊野生态空间	生态保育区、生态走廊	保育全市基底性生态空间
中心城周边地区生态系统	城市绿环、生态间隔带	锚固市域空间结构，与外围自然生态空间互联互通的结构性生态用地
集中城市化地区绿化空间系统	中心城绿化空间、新城与新市镇绿化空间	与市域生态空间相互贯通、有序衔接

3.3　生态要素提取

城市绿色生态空间规划，以市域范围内各类生态用地的整合与连接为目标，以绿地系统为基础，各类生态资源为要素，以形成多种社会、经济和文化功能相结合的多尺度复合的城乡一体化生态空间网络体系（王甫园等，2017）。控制要素从单一的绿地要素转为广义的生态资源，跳出就绿地论绿地的思路，强调生态网络构建和生态空间管控。从统筹城乡建设、构建生态安全、保护生态资源的视角进行生态要素的提取和城市生态网络的建设。

3.3.1　生态空间要素分类

根据 2019 年住房和城乡建设部发布的《城市绿地规划标准》（GB/T 51346—2019），将市域范围内，生态系统服务功能重要、生态环境敏感的各类绿色生态空间要素进行归类（表 3-2）。

表 3-2　城市绿色生态空间要素表

要素类型		对应的生态空间要素
大类	小类	
生态保育	水资源保护	饮用水地表水源和地下水源保护区
	河流湖泊保护	河道、湖泊管理范围及其沿岸的防护林地
	林地保护	国家和地方公益林,其他需要保护的林地
	自然保护地	自然保护区
	水土保持	水土流失严重、生态脆弱的地区,水土流失重点预防区和重点治理区
	湿地保护	国家和地方重要湿地,其他需要保护的湿地
	生态网络保护	生态安全格局统筹下的市域、城区和城市生态网络格局完整的区域,对于保护重要生物种群具有重要意义的生态廊道、斑块和踏脚石
	其他生态保护	生态敏感区和生态脆弱区
风景游憩	风景名胜区	风景名胜区的保护区
	森林公园	各级森林公园
	国家地质公园	地质遗址保护区、科普教育区、自然生态区、游览区、公园管理区
	湿地公园	国家和城市湿地公园
	郊野公园	郊野公园
	遗址公园	遗址公园
防护隔离	地质灾害隔离	地质灾害易发区和危险区、地震活动断裂带及周边用于生态抚育和绿化建设的区域
	环卫设施防护	环卫设施防护林带
	交通和市政基础设施隔离	公路两侧及外围、铁路设施保护区及外围、高压输电线路走廊等电力设施保护区及其外围的防护绿地
	自然灾害防护	防风林、防沙林、海防林等自然灾害防护绿地
	工业、仓储用地隔离防护	工业、仓储用地卫生或安全防护距离中的防护绿地
	蓄滞洪区	经常使用的蓄滞洪区
	其他防护隔离	其他为规避灾害、保证安全、隔离污染而设的以绿化建设为主、限制城乡建设的区域
生态生产	生态生产空间	集中连片达到一定规模并发挥较大生态功能的农林生产空间

资料来源:《城市绿地规划标准》(GB/T 51346—2019)

3.3.2　生态要素用地分类

国土空间规划的资源要素,最终都要落实到土地上,才能保证国土空间规划的细化落实,而土地利用规划是保障空间规划落地实施的"工具"。生态要素的提取,需要用地分类作为基础支撑,以便各规划之间、各用地标准之间的无缝衔接,打破城市与乡村、建设用地与非建设用地之间的传统界线,实现市域范围内生态要素的统筹安排（张玉鑫，2013）。生态要素的构成包括非建设用地和建设用地内的生态要素。其中，非建设用地内包括水域、农林用地、风景名胜区及各类保护区等，建设用地包括公园绿地、防护绿地、附属绿地等（张浪，2012a，2012b，2013a）。中国现行的具有管理效力的分类体系主要是国土部门的土地利用现状分类和城市规划部门的规划用地分类，这两类用地体系涵盖了城乡用地范畴，将分类体系中的生态要素进行提取（表3-3、表3-4）。结合绿化部门的城市绿地分类，提供生态空间用地分类建议表（表3-5）。

表 3-3　土地利用现状分类生态要素提取表

一级类	二级类
耕地	水田、水浇地、旱地
园地	果园、茶园、橡胶园、其他园地（种植其他多年生作物的园地）
林地	乔木林地、竹林地、红树林地、森林沼泽、灌木林地、灌丛沼泽、其他林地（疏林地、未成林地、迹地、苗圃等林地）
草地	天然牧草地、人工牧草地、其他草地（生长草本植物为主，不用于放牧的草地）
公共管理与公共服务用地	公园和绿地
水域及水利设施用地	河流水面、湖泊水面、水库水面、坑塘水面、沿海滩涂、内陆滩涂、沟渠、沼泽地、水工建筑用地、冰川及永久积雪
其他土地	空闲地、设施农业用地、田坎、盐碱地、沙地、裸土地、裸岩石砾地

资料来源：《土地利用现状分类》（GB/T 21010—2017）

表 3-4　规划用地分类生态要素提取表

大类	中类	小类	范围
建设用地	城乡居民点建设用地	城市建设用地	绿地与广场用地
非建设用地	水域	自然水域	河流、湖泊、滩涂、冰川及永久积雪
		水库	人工拦截汇集而成的总库容不小于 10 万 m³的水库正常蓄水位岸线所围成的水面
		坑塘沟渠	蓄水量小于 10 万 m³的坑塘水面和人工修建用于引、排、灌的渠道
	农林用地		耕地、园地、林地、牧草地、设施农用地、田坎、农村道路等用地
	其他非建设用地		空闲地、盐碱地、沼泽地、沙地、裸地、不用于畜牧业的草地等用地

资料来源：《城市用地分类与规划建设用地标准》（GB 50137—2011）

表 3-5 生态空间用地分类建议表

类别代码			类别名称	内容
大类	中类	小类		
E			非建设用地	包括水域、农林生态用地、风景名胜区及各类保护区、各类生态公园、其他生态用地等在内的面积≥2000m²的非建设用地等
	E1		水域	河流、湖泊、水库、湿地、滩涂等
		E11	河流水面	指天然形成或人工开挖河流常水位岸线之间的水面，不包括被堤坝拦截后形成的水库水面
		E12	湖泊水面	指天然形成的集水区常水位岸线所围成的水面
		E13	水库水面	人工拦截汇集而成的总库容不小于10万m³的水库正常蓄水位岸线所围成的水面
		E14	湿地滩涂	指河流、湖泊常水位至洪水位间的湿地、滩地；时令湖、河洪水位以下的滩地；水库、坑塘的正常蓄水位与最大洪水位间滩地；生长芦苇的土地
		E15	沼泽	指经常积水或渍水，一般生长沼生、湿生植物的土地
	E2		农林生态用地	指耕地、园地、林地、牧草地、设施农用地等用地
		E21	林地	包括有林地、灌木林地、其他林地等用地
		E22	园地	果园、茶园等用地
		E23	耕地	包括水田、旱地、水浇地等用地
		E24	坑塘水面	指水面面积≥2000m²，人工开挖或天然形成的蓄水量<10万m³坑塘常水位岸线所围成的水面
		E25	沟渠	指渠道宽度≥2.0m，堤旁绿带宽度≥10m的用于引、排、灌的人工修建渠道
		E26	其他农林用地	指空闲地、盐碱地、沙地、裸地、草地、设施农用地等用地
	E3		风景名胜及保护区	包括风景名胜区、自然保护区、水源保护区等用地
		E31	风景名胜区	指风景资源集中、环境优美、具有一定规模和游览条件，可供人们游览欣赏、休憩娱乐或进行科学文化活动的地域
		E32	自然保护区	指对有代表性的自然生态系统、珍稀濒危野生动植物物种的天然集中分布、有特殊意义的自然遗迹等保护对象所在的陆地、陆地水域或海域，依法划出一定面积予以特殊保护和管理的区域
		E33	水源保护区	是指国家对某些特别重要的水体加以特殊保护而划定的区域
	E4		生态公园	指根据社会生态需求以及其他需求产生的一种新型的公园，包括森林公园、湿地公园、地质公园、野生动植物公园等
		E41	森林公园	是以大面积人工林或天然林为主体而建设的公园
		E42	湿地公园	指以水为主体的公园
		E43	地质公园	是以地质科学意义、珍奇秀丽和独特的地质景观为主，融合自然景观与人文景观的自然公园
		E44	野生动植物公园	指以珍稀野生动植物科普博览、保护繁殖、观光旅游功能为主的生态公园
		E45	其他公园	对生态环境质量、居民休闲生活、城市景观和生物多样性保护有直接影响的其他公园

续表

类别代码			类别名称	内容
大类	中类	小类		
E	E5		其他生态用地	经过修复后具有潜在生态意义的用地，包括矿产开采区、垃圾填埋区、污染弃置区等
H			建设用地	包括公园绿地、防护绿地、附属绿地、其他绿地在内的面积≥2000m² 的建设用地等
G	G1		公园绿地	向公众开放，以游憩为主要功能，有一定游憩设施和服务设施，兼具生态、美化、防灾减灾等综合作用的绿化用地
		G11	综合公园	内容丰富，有相应设施，适合于公众开展各类户外活动的规模较大的绿地
		G12	社区公园	为一定居住用地范围内的居民服务，具有一定活动内容和设施的集中绿地
		G13	专类公园	具有特定内容或形式，有一定游憩设施的绿地，包括儿童公园、动物园、植物园、历史名园、风景名胜公园、游乐公园等
		G14	游园	除以上各种公园绿地外，用地独立，规模较小或形状多样，方便居民就近进入，具有一定游憩功能的绿地
	G2		防护绿地	用地独立，具有卫生、隔离、安全、生态防护功能，游人不宜进入的绿地，包括卫生隔离防护绿地、道路及铁路防护绿地、高压走廊防护绿地、公用设施防护绿地等
	G3		广场用地	以游憩、纪念、集会和避险等功能为主的城市公共活动场地
	XG		附属绿地	附属于各类城市建设用地（除"绿地与广城用地"）的绿化用地，包括居住用地、公共管理与公共服务设施用地、商业服务业设施用地、工业用地、物流仓储用地、道路与交通设施用地、公用设施用地等用地中的绿地
	G4		其他生态绿地	对城市生态环境质量、居民休闲生活、城市景观和生物多样性保护有直接影响的其他生态绿地

3.4　与相关规划的衔接

建立和完善空间规划体系，是为了明确空间规划的层次，界定各种空间规划的功能定位和规划内容，进一步理顺现有空间规划之间的内在联系、相互关系和编制时序，形成以基础规划促主体规划、以主体规划带分支规划的编制格局，进一步加强空间规划的衔接和协调。空间规划体系大体包括三个层次。第一层次是主体功能区划，这是空间规划的基础。第二层次是区域规划（含国土规划）和带有区域性的特定空间内容的专项规划。其中，主要是城镇体系规划和土地利用总体规划，具有综合性、系统性、专项性的特征。这是空间规划的主体。由于有城市规划法、土地管理法等法规的支持，这两个规划的空间约束力很强。第三层次是带有空间布局内容的专项规划。这一层次的专项规划很多，主要有城市总体规划、港口总体规划、交通规划、水利规划、海洋规划、农业规划、林业规划、生态环境规划以及开发区（园区）、自然保护区规划等。

传统的规划体系，重编制，轻管理，难免存在规划类型过多、内容重叠重复、管理部门权责不明等问题。国土空间规划是对全国国土空间作出的全局安排，是国土空间保护、开发、利用、修复的政策和总纲，包含总体规划、详细规划和相关专项规划。国土空间总体规划是详细规划的依据、相关专项规划的基础。新的国土空间规划体系，综合考虑人口分布、经济布局、国土利用、生态环境保护等要素，科学布局生产空间、生活空间、生态空间，将"规划思维"转变为"管控思维"，是围绕监督和实施的体系（魏伟和张睿，2019；金忠民等，2010）。市域生态空间统筹在国土空间规划"多规合一"的背景下，应与主体功能区规划和土地利用规划、生态保护红线、永久基本农田保护红线、城镇开发边界等相协调，落实各类自然保护地的边界范围和保护管控规定。城市生态网络规划作为国土空间总体格局优化的重要专项规划，应做好与国土空间规划的衔接，同时协调与涉及绿色空间的相关规划的关系（图3-2）。

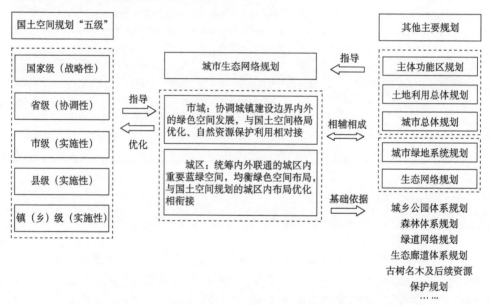

图 3-2　城市生态网络规划与国土空间规划及相关规划的关系示意

3.4.1　国土空间规划

2019年5月《若干意见》的发布，标志着国土空间规划体系顶层设计"四梁八柱"基本形成。国土空间规划体系"四梁八柱"的主要内容，可归纳为"五级三类四体系"（图3-3）。"五级"是从纵向看，对应我国的行政管理体系，分五个层级，国家级、省级、市级、县级、乡镇级。不同层级规划的侧重点和编制深度是不一样的, 其中国家级规划侧重战略性, 省级规划侧重协调性, 市县级和乡镇级规划侧重实施性。"三类"是指规划的类型, 分为总体规划、详细规划、相关的专项规划。总体规划强调的是规划的综合性, 是对一定区域, 如行政区全域范围涉及的国土空间保护、开发、利用、修复, 做全局性的安排。详细规划强调实施性, 一般是在市县以下组织编制, 是对具体地块用途和开发强度等作出的实施性安排。此次对城镇开发边界外的村庄进行详细规划, 进一步规范了村庄规划。相关的专项规划强调的是专门性, 特别是对特定的区域或者流域, 为体现特定功能对空间开发保护利用作出的专门性安排。国土空间规划的"四体系", 按照规划流程, 可以分成规划编制审批体系、规划实施监督体系; 从支撑规划运行角度包括法规政策体系和技术标准体系。

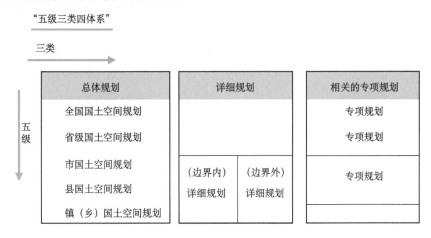

"五级三类四体系"

三类

五级

总体规划	详细规划	相关的专项规划
全国国土空间规划		专项规划
省级国土空间规划		专项规划
市国土空间规划		
县国土空间规划	(边界内)详细规划　(边界外)详细规划	专项规划
镇 (乡) 国土空间规划		

国土空间总体规划是详细规划的依据, 相关专项规划的基础; 相关专项规划要相互协调,
与详细规划做好衔接

四体系

图 3-3　国土空间规划体系总体框架图

国土空间规划是空间发展的行动指南和开发保护建设活动的基本依据。在生态文明发展理念指导下, 以"多规合一"为基础的国土空间规划对管控"生态空间"提出了更高的要求。《全国城市生态保护与建设规划 (2015—2020 年)》明确指出, 完善城市绿色生态网络, 加强城市自然山水格局保护, 合理布局绿心、绿楔、绿环、绿廊等城市结构性绿地, 构建城市绿色空间体系, 加强城市绿地与区

域内各类生态空间的衔接，将自然引入城市，构建完整连贯、覆盖城乡的绿色生态网络"。在现行国土空间规划的框架下，城市生态网络从市域和城区两个层面进行衔接，主动引导"山水林田湖草"格局、构建城乡连续生态网络、优化城区用地布局。

3.4.2　主体功能区规划

2007 年 7 月 26 日，《国务院关于编制全国主体功能区规划的意见》，提出编制主体功能区规划。2010 年，国务院印发了《全国主体功能区规划》，这是我国第一个国土空间开发规划。主体功能区规划，是指在对不同区域的资源环境承载能力、现有开发密度和发展潜力等要素进行综合分析的基础上，将特定区域确定为具有特定主体功能的地域空间单元的规划。按开发内容划分，国土空间划分为城市化地区、农产品主产区和重点生态功能区"三大格局"。按开发方式划分，国土空间则划分为优先开发、重点开发、限制开发和禁止开发四类主体功能区。限制开发区域分为农产品主产区和重点生态功能区两类。其中，限制开发的重点生态功能区包括大小兴安岭生态功能区等 25 个国家重点生态功能区。而禁止开发区是依法设立的各级各类自然文化资源保护区域，以及其他禁止进行城镇化开发、需要特殊保护的重点生态功能区，如国家层面的国家级自然保护区、国家级风景名胜区、国家森林公园、国家地质公园等和省级及以下的各类自然文化资源保护区域、重要水源等。

主体功能区规划是优化国土空间开发格局的基础性安排，是国土空间开发的战略性、基础性和约束性规划。通过统筹谋划人口分布、经济布局、国土利用和城镇化格局，确定不同区域的主体功能，并据此明确开发方向、控制开发强度、规范开发秩序，是优化国土空间开发格局的一项基础性、协调性的区域功能部署。

3.4.3　土地利用总体规划

土地利用总体规划是在一定区域内，根据国家社会经济可持续发展的要求和当地自然、经济、社会条件，对土地的开发、利用、治理、保护在空间上、时间上所作的总体安排和布局，是国家实行土地用途管制的基础。土地利用总体规划是统筹城乡用地布局的纲领性文件，是实施土地用途管制制度和最严格耕地保护制度的主要依据，在有效管控城市土地扩张强度、协调人地关系上发挥着重要作用（王婉晶等，2012；蒋仁开等，2013；田志强等，2015）。随着中国城镇化速度的加快和经济的快速发展，城镇扩张规模频繁地突破规划控制目标，大量侵占了耕地面积和生态空间，在空间布局上也呈现出无序蔓延状态，造成土地规划管制失灵、土地利用粗放等问题（乔伟峰等，2019）。

自 1986 年《中华人民共和国土地管理法》颁布以来，全国一共进行了三轮土地利用总体规划编制，在统筹空间资源优化配置，促进建设用地节约集约利用上发挥了一定作用。第一轮土地利用总体规划（1986~2000 年），建立了国家、省、市县级三个层次的编制体系，主旨是切实保护耕地，保证必要的建设用地，提高土地利用率和生产力，奠定了我国土地利用规划体系的基础。第二轮土地利用总体规划（1996~2010 年），确定了国家级、省级、市级、县级和乡镇级五级编制体系，确立了以耕地保护为主的目标，提出了耕地总量动态平衡做法，在工业化、城镇化加速发展的规划期内，建设占用耕地数量有所下降。第三轮土地利用总体规划（2006~2020 年），在国家级、省级、市级、县级和乡镇级均开展了土地利用总体规划的编制，以耕地保护倒逼土地利用总体规划的编制与实施，呈现出鲜明的坚守耕地红线意识、资源节约意识、统筹协调意识和共同责任意识，对规划期内我国土地开发、利用和保护作出了科学、合理的安排和部署，建立了全国土地利用规划的"一张图"。

2019 年 5 月 28 日，自然资源部印发《关于全面开展国土空间规划工作的通知》，明确了各地不再新编和报批主体功能区规划、土地利用总体规划、城镇体系规划、城市（镇）总体规划、海洋功能区划等。主体功能区规划、土地利用总体规划、城乡规划、海洋功能区划等统称为"国土空间规划"。

我国的土地利用规划形成了国家-省-市-县-乡镇的五级规划层级，指标管控、用途管制、项目预审、后续监督与执法实施相结合的管控手段保证了管理体制的高效率。2017 年，最新修订的《土地利用现状分类》（GB/T 21010—2017）（表 3-6），将土地利用分为耕地、园地、林地以及草地等 12 个一级类、73 个二级类，对应《中华人民共和国土地管理法》中的农用地、建设用地和未利用地的三大类型，侧重农用地和建设用地，并未列出生态用地的地类（表 3-7）。土地利用规划的内容和管理要素相对单一，缺乏空间的战略引导和布局优化的技术基础，且保护为主的技术路线与快速发展的城镇化态势冲突明显，对于城乡人居环境的精细化、差异化建设、管理考虑不足。土地利用规划与城市生态网络构建之间缺乏衔接，且在管理中也存在较大的交叉，这促使国土空间规划的"多规合一"，尤其是生态用地规划的"多规合一"成为重要的工作任务（常新等，2018）。

表 3-6　土地利用现状分类一览表（2017 年版）

序号	一级类	二级类
01	耕地	水田、水浇地、旱地
02	园地	果园、茶园、橡胶园、其他园地
03	林地	乔木林地、竹林地、红树林地、森林沼泽、灌木林地、灌丛沼泽、其他林地（疏林地、未成林地、迹地、苗圃等林地）
04	草地	天然牧草地、人工牧草地、其他草地
05	商服用地	零售商业用地、批发市场用地、餐饮用地、旅馆用地、商务金融用地、娱乐用地、其他商服用地

续表

序号	一级类	二级类
06	工矿仓储用地	工业用地、采矿用地、盐田、仓储用地
07	住宅用地	城镇住宅用地、农村宅基地
08	公共管理与公共服务用地	机关团体用地、新闻出版用地、教育用地、科研用地、医疗卫生用地、社会福利用地、文化设施用地、体育用地、公用设施用地、公园和绿地
09	特殊用地	军事设施用地、使领馆用地、监教场所用地、宗教用地、殡葬用地、风景名胜设施用地
10	交通运输用地	铁路用地、轨道交通用地、公路用地、城镇村道用地、交通服务场站用地、农村用地、机场用地、港口码头用地、管道运输用地
11	水域及水利设施用地	河流水面、湖泊水面、水库水面、坑塘水面、沿海滩涂、内陆滩涂、沟渠、沼泽地、水工建筑用地、冰川及永久积雪
12	其他土地	空闲地、设施农用地、田坎、盐碱地、沙地、裸土地、裸岩石砾地

资源来源:《土地利用现状分类》(GB/T 21010—2017)

表 3-7　土地利用现状分类与"三大类"对照表

三大类	土地利用现状分类
农用地	乔木林地、竹林地、红树林地、森林沼泽、灌木林地、灌丛沼泽、其他林地、天然牧草地、沼泽草地、人工牧草地、水库水面、坑塘水面、沟渠、设施农业用地、田坎
建设用地	零售业用地、批发市场用地、餐饮用地、旅馆用地、商务金融用地、娱乐用地、其他商服用地、工业用地、采矿用地、盐田、仓储用地、城镇住宅用地、农村宅基地、机关团体用地、新闻出版用地、教育用地、科研用地、医疗卫生用地、社会福利用地、文化设施用地、体育用地、公共设施用地、公园和绿地、军事设施用地、使领馆用地、监教场所用地、宗教用地、殡葬用地、风景名胜设施用地、铁路用地、轨道交通用地、公路用地、城镇村道路用地、交通服务场站用地、农村道路、机场用地、港口码头用地、管道运输用地、水工建筑用地、空闲地
未利用地	其他草地、河流水面、湖泊水面、沿海滩涂、内陆滩涂、沼泽地、冰川及永久积雪、盐碱地、沙地、裸土地、裸岩石砾地

资源来源:《土地利用现状分类》(GB/T 21010—2017)和《中华人民共和国土地管理法》

3.4.4　城市总体规划

　　以 19 世纪田园城市的提出为开端,现代城市规划经过近 200 年的发展,形成了丰富的科学理论成果。城市规划涉及的理论从传统的物质空间规划理论,逐步扩展到城市社会学、城市经济学、城市地理学、城市生态学、全球化城市理论等多元理论。20 世纪 60 年代以来,西方国家的城市规划侧重于研究城市发展的战略性问题,并对此做出长远性、轮廓性安排,并以分区的规划指导局部的具体建设。我国的城市总体规划是在考虑当地的自然环境、资源条件、人文历史等基底概况的基础上,结合城市国民经济和社会发展规划,为确定城市的发展方向及发展规模，协调城市土地利用及空间布局所作的一定期限内的综合部署和具体安排。城市总体规划是城市建设的依据，总体规划的期限一般为 20 年。在中华人民共和国成立后的数十年实践中，我国的城市规划形成了科学性强、系统完善的规划体系，法律法规相对齐全，但也存在"重编制、轻监督，重技术、轻政策"的现象，实施管理手段相对单一，强制性内容传递性差，尤其是对非建设用地缺乏有效的管控。2011 年，住房和城乡建设部发布了《城市用地分类与规划建设用地标准》（GB 50137—2011）。该版用地分类标准中，城乡用地分为 2 大类、9 中类、14 小类（表3-8），其中，城市建设用地又分为 8 大类、35 中类、42 小类。可见，新版

表 3-8　2011 年版城乡建设用地分类一览表

大类	中类	小类	范围
建设用地	城乡居民点建设用地	城市建设用地	居住用地、公共管理与公共服务用地、商业服务业设施用地、工业用地、物流仓储用地、交通设施用地、公用设施用地、绿地与广场用地
		镇建设用地	非县人民政府所在地镇的建设用地
		乡建设用地	乡人民政府驻地的建设用地
		村庄建设用地	农村居民点的建设用地
	区域交通设施用地	铁路用地	铁路编组站、线路等用地
		公路用地	高速公路、国道、省道、县道和乡道用地及附属设施用地
		港口用地	海港和河港的陆域部分，包括码头作业区、辅助生产区等用地
		机场用地	民用及军民合用的机场用地，包括飞行区、航站区等用地
		管道运输用地	运输煤炭、石油和天然气等地面管道运输用地
	区域公共设施用地		为区域服务的公用设施用地，包括区域性能源设施、水工设施、通讯设施、殡葬设施、环卫设施、排水设施等用地
	特殊用地	军事用地	专门用于军事目的的设施用地，不包括部队家属生活区和军民共用设施等用地
		安保用地	监狱、拘留所、劳改场所和安全保卫设施等用地，不包括公安局用地
	采矿用地		采矿、采石、采沙、盐田、砖瓦窑等地面生产用地及尾矿堆放地
	其他建设用地		除以上之外的建设用地，包括边境口岸和风景名胜区、森林公园等的管理及服务设施等用地
非建设用地	水域	自然水域	河流、湖泊、滩涂、冰川及永久积雪
		水库	人工拦截汇集而成的总库容不小于 10 万 m³的水库正常蓄水位岸线所围成的水面
		坑塘沟渠	蓄水量小于 10 万 m³的坑塘水面和人工修建用于引、排、灌的渠道
	农林用地		耕地、园地、林地、牧草地、设施农用地、田坎、农村道路等用地
	其他非建设用地		空闲地、盐碱地、沼泽地、沙地、裸地、不用于畜牧业的草地等用地

资料来源：《城市用地分类与规划建设用地标准》（GB 50137—2011）

标准侧重城市建设用地的管理，对城市生态空间并没有具体的描述，但建设用地中的绿地与非建设用地中的水域、农林用地及其他非建设用地的用地分类，基本形成了城市生态空间的重要组成部分。

城市发展是社会经济、自然生态等共同作用的结果，城市的发展扩张与生态空间保护在空间上呈博弈状态。当前人地关系紧张的情形下，城市生态网络的建构是平衡城市建设与生态保护两者关系的有效途径。现行城市规划受经济增长目标的驱使，通常致使生态空间保护让位于城市开发建设，城市绿地空间被建设用地蚕食、生态网络空间不断破碎化。此外，城市总体规划通常以城市建设需求为导向，城市绿地系统规划则通常被视为是对总体规划的深化和细化，是在后期被动介入的专项规划（吴岩，2017）。在以往的规划编制中，城市生态网络规划多通过城市绿地系统规划提出，城市生态网络是城市发展所必需的生态基础设施，其演进尊重生态系统运行的基本规律，一定程度上可以改变城市与环境的关系，并将城市开发为主转化为以环境为主导的规划，突出城市生态网络对于维持城市生态平衡、重塑城市景观风貌、恢复自然资源以及引导城市空间发展等方面的重要作用。因此，城市生态网络构建在城市发展过程中应给予优先考虑，将生态保护及修复引入城市建设的初期，而不是作为专项后期介入，以协调城市发展过程与自然生态过程的关系。改变经济驱动、建设优先的传统观点，整合城市发展中的各项引导性城市规划，以形成一个以开放的生态环境为主体、与城市建设空间相协调、功能复合的综合性生态网络（王琳和吴敏，2015）。

3.4.5　城市绿地系统规划

在 2002 年版《城市绿地分类标准》（CJJ/T 85—2002）中，城市绿地是指以自然植被和人工植被为主要存在形式的城市用地，既包括城市建设用地范围内用于绿化的土地，又包括城市建设用地之外，对城市生态、景观和居民休闲生活具有积极作用、绿化环境较好的区域。近年来，随着生态保护红线"一张图"顶层设计要求的提出及国土空间层面"多规合一"工作的不断开展，作为生态空间主要载体和生活生产空间重要组成的城市绿地，其生态服务功能及规划地位不断凸显。在城市绿地系统规划与城市总体规划、城市土地利用规划实现无缝衔接的环节，需要用地分类标准来提供基础性的技术支撑（徐波等，2017）。城市绿地的分类需要与国土分类标准规定的地类（主要是耕地、园地、林地、草地、水域等）之间相协调，同时，突出绿地的主体功能（包括生态环境保护、游憩康体休闲、安全防护等）。2017 年最新版《城市绿地分类标准》（CJJ/T 85—2017）（表 3-9）中，将"其他绿地"转化为"区域绿地"，绿地包括城市建设用地内的绿地与广场用地和城市建设用地外的"区域绿地"两部分。"区域绿地"的提出，表明城乡一体绿地体系的构建，但在此分类标准中，区域绿地不含耕地。

表 3-9　2017 年版城市绿地分类标准一览表

大类	中类
公园绿地	综合公园、社区公园、专类公园、游园
防护绿地	—
广场用地	—
附属绿地	居住用地附属绿地、公共管理与公共服务设施用地附属绿地、商业服务业设施用地附属绿地、工业用地附属绿地、物流仓储用地附属绿地、道路与交通设施用地附属绿地、公用设施用地附属绿地
区域绿地	风景游憩绿地、生态保育绿地、区域设施防护绿地、生产绿地

资料来源：《城市绿地分类标准》（CJJ/T 85—2017）

根据《风景园林基本术语标准》（CJJ/T 91—2017），城市绿地系统规划是对一定时期内各种城市绿地进行定性、定位、定量的统筹安排，形成具有合理结构的绿地空间系统，以最佳实现绿地所具有的生态保护、游憩休闲和社会文化等功能的活动。2019 年，住房和城乡建设部发布《城市绿地规划标准》（GB/T 51346—2019），标准中规定，城市总体规划中的绿地系统规划应明确发展目标，布局重要区域绿地，确定城区绿地率、人均公园绿地面积等指标，明确城区绿地系统结构和公园绿地分级配置要求，布局大型公园绿地、防护绿地和广场用地，确定重要公园绿地、防护绿地的绿线等。而城市绿地系统专项规划应以城市总体规划为依据，明确绿地系统发展的目标、指标、市域和城区的绿地系统布局结构，分类规划城区公园绿地、防护绿地和广场用地，提出附属绿地规划要求，编制专业规划和近期建设规划。城市总体规划中的城市绿地系统规划和单独编制的绿地系统专项规划的内容都包括市域和城区两个层次。同时，城市绿地系统专项规划应从市域生态空间管控、城区绿地布局结构和指标、各类绿地建设管养、绿线控制、专业规划实施等方面综合评价城市园林绿化现状发展水平。

规划内容及相关规划标准的更新，表明城市绿地系统规划从传统绿地系统的专项规划层面，提升到国土利用的上位规划层面。然而，在规划编制及实际操作中，城市绿地系统规划往往注重城区内绿地的布局结构，对城乡空间各绿地网络化结构及生态服务功能重视程度较为欠缺（王琳和吴敏，2015）。绿地生态网络规划是将具有生态价值的绿地生态廊道和绿地斑块进行有机连接，城郊一体的网络规划，不仅在空间上打破了行政区域的划分，从生态学、景观生态学、城市生态学角度等对城市网络结构进行了整体规划建设，是城市可持续发展的科学性新途径（刘滨谊，2010；张浪，2007；张浪等，2013）。

3.4.6　生态网络规划

生态网络（ecological network）的研究源于 20 世纪 80 年代的欧美国家。北

美洲的生态网络规划实践侧重游憩与观赏的"绿道网络"（Conine et al.，2004），
欧洲的生态网络主要关注生物多样性、生态栖息地及流域的保护与恢复（Jongman
et al.，2004）。在我国，生态网络规划是在"资源紧约束"大背景下，伴随着绿地
生态系统规划实践而逐步明晰，为促进城乡发展转型、维护城乡生态安全、提升
城乡生态服务系统而进行的城市生态网络体系构建，以生态学、景观生态学、城
市生态学和生物学等为理论基础。生态网络规划将城市生态系统与自然生态系统
有机结合的整体观，将生态效益、社会效益、经济效益统筹考虑的系统观，对生
态空间规划建设的发展观，是生态网络规划的基本特征。如何高效地为城市配置
生态基础设施，提供可持续的生态服务，是生态网络规划的关键问题。规划理念
由以人为本、改善城市环境向推动人与自然和谐相处、注重生物多样性转变；规
划区域不再局限于中心城区，而是关注市域范围内生态空间的统筹安排；管理方
式则由"环、楔、廊、园"的计划式建设管理向全域生态空间管控转化（郭淳彬，
2018）。生态网络规划中的城市生态空间，既包括规划绿地等城市建设地，也包括
林地、湿地、农用地等非建设用地。

　　城市生态网络规划以绿地为基础空间，统筹与主体功能区划、土地利用规划、
生态保护红线、永久基本农田保护红线、城镇开发边界等相协调。目前我国的生
态网络规划研究尚未成熟，构建体系和技术方法尚未统一，且相关的政策、法律
法规及管理机制并不完善。

3.4.7　城市其他主要相关专项规划

　　生态空间专项规划的规划重点是识别划定生态空间，制定以城乡开发建设管
控为主体内容的空间政策。在 2010 年的《全国主体功能区规划》及 2017 年的《自
然生态空间用途管制办法（试行）》中，生态空间的涵盖范围以森林、草原、湿地、
河流等自然生态空间为主。以市域为研究范畴，考虑生态空间的复合性，国家层
面定义的"三生空间"中的绿地均应纳入生态空间的范畴，包括近海海域、山体、
河流水系、林地、绿地、湿地、耕地等各类生态空间要素。区域生态空间的保护、
建设和治理是空间规划的基础前提和核心内容。生态空间规划在空间规划体系的
语境中将从背景走向前台，面临着地位跃迁的机遇和编制转型的挑战。

　　城乡公园体系规划是从市域视角，打破城乡二元，以保护区域生态空间、满
足市民休闲游憩需求为目标，以城市的山、水、林、田生态环境为基础的开放连
通的网络体系，既包括资源型风景名胜区、森林公园、湿地公园、郊野公园等风
景游憩绿地，也包括服务型的都市公园、社区村居公园等（刘颂，2018）。公园作
为生态空间的重要组成部分，城乡公园体系的构建有利于统筹城乡用地、加强网
络连接、增加绿色网络的可达性（李艳，2018）。

　　森林体系规划的主要任务是协调好市域范围内城市森林保护和建设的关系，

统筹各类具有不同功能特点的森林群落类型构成的复合多功能系统。森林系统是由城区绿地系统与城郊森林植被共同构成的有机体，在市域范围内与山、水、田等生态系统相互作用，有效改善城市的生态环境。20 世纪 60 年代，美国、加拿大首先进行了城市森林的理论研究和实践。国内，香港、上海、长春、广州等城市率先进行了"森林城"建设，建成了众多城郊公园和市域林带，产生了良好的生态效益和社会效益（肖化顺等，2005）。城市森林规划应与城市规划体系相协调，促进城市的生态化建设。

绿道网络规划是对城市市域范围内，具有生态、娱乐、文化等多种功能的绿色线性开敞公共空间的系统规划。自 19 世纪末至今，绿道研究由景观游憩、生态保护向历史文化保护演化。21 世纪初，绿道概念引入中国之后，在珠三角地区首先进行了绿道建设（高岳等，2014）。以上海市为例，绿道网络规划尝试改变以往严格控制生态用地边界的防守式保护思想，而以生态保护与资源高效利用为引导，为市民提供网络化的休闲游憩空间以及为生物提供连通性较好的生态环境。绿道网络规划是对城市绿地系统规划中布局优化的重要补充。

生态廊道体系规划是对市域范围内隔离城市组团、实现城乡生态空间互通的放射性廊道进行系统性规划。生态廊道体系规划是城市生态空间规划的重要子专项，规划以城市森林为主，主要目的是提高城市森林覆盖率以及生态系统服务价值。建设考虑生态优先、因地制宜以及适地适树。以上海市为例，从 1999 版的《上海市城市总体规划（1999—2020 年）》开始，生态建设就强调并始终延续"环、楔、廊、园、林"的总体设想，而森林建设主要围绕"环"（外环绿带）、"廊"（道路廊道、滨水廊道）、"林"（郊区片林）等空间展开。

古树名木及后续资源保护规划以古树、名木和古树后续资源的保护为主要目的。我国百年以上的古树主要分布在城区、城郊及风景名胜地，城市的无序蔓延使生态环境不断恶化，诸多因素导致古树名木不同程度的衰老及死亡（詹运洲和周凌，2016）。古树名木是城市在自然史的重要资料，对保持现今城市树种规划的多样性、地域性具有重要价值。

参 考 文 献

常新, 张杨, 宋家宁. 2018. 从自然资源部的组建看国土空间规划新时代. 中国土地, (5): 25-27.

高岳, 高凤姣, 苏红娟. 2014. 上海市绿道网络规划研究初探. 上海城市规划, (5): 63-71.

郭淳彬. 2018. "上海 2035"生态空间规划探索. 上海城市规划, (5): 118-124.

郭纪光, 蔡永立, 罗坤, 等. 2009. 基于目标种保护的生态廊道构建——以崇明岛为例. 生态学杂志, 28(8): 1668-1672.

蒋仁开, 张冰松, 肖宇, 等. 2013. 土地利用规划要引导和促进新型城镇化的健康发展: "新型城镇化背景下的土地利用规划研讨会"综述. 中国土地科学, 27(8): 93-96.

金忠民, 凌莉, 陶英胜. 2010. 上海市国土空间规划技术标准体系梳理优化研究. 上海城市规划, (4): 39-44.

李艳. 2018. 全球城市发展背景下上海市城乡公园体系建设思考. 上海城市规划, (3): 25-32.

刘滨谊. 2010. 城镇绿地生态网络规划研究. 建设科技, (10): 26-27.

刘颂, 谌诺君. 2018. 从城市公园系统到城乡公园体系构建. 见: 中国风景园林学会. 中国风景园林学会 2018 年会论文集. 北京: 中国建筑工业出版社. 307-310.

乔伟峰, 吴菊, 戈大专, 等. 2019. 快速城市化地区土地利用规划管控建设用地扩张成效评估——以南京市为例. 地理研究, 38(11): 2666-2680.

曲艺, 陆明. 2016. 生态网络规划研究进展与发展趋势. 城市发展研究, 23(8): 29-36.

田志强, 王亚华, 尚津津, 等. 2015. 基于土地利用规划实施的中心城区扩展监测评估研究: 以淮南市为例. 中国土地科学, 29(11): 56-62, 95.

王甫园, 王开泳, 陈田, 等. 2017. 城市生态空间研究进展与展望. 地理科学进展, 36(2): 207-218.

王琳, 吴敏. 2015. 绿网建构与现行城市规划编制的衔接方式. 中国园林, (4): 64-67.

王婉晶, 揣小伟, 黄贤金, 等. 2012. 中国土地利用规划实施评价研究进展与展望. 中国土地科学, 26(11): 91-96.

魏伟, 张睿. 2019. 基于主体功能区、国土空间规划、三生空间的国土空间优化路径探索. 城市建筑, 16(15): 45-51.

吴岩. 2017. 与城市总体规划协同编制的多层次生态网络构建探索实践与思考——基于鞍山的实践. 园林, (9): 28-31.

夏巍, 刘菁, 卢进东, 等. 2018. 城市生态空间规划管控模式探索——以《武汉市全域生态管控行动规划》为例. 城乡规划, (2): 115-121.

肖化顺, 曹世恩, 曾思齐. 2005. 广州市城市森林体系规划建设探讨. 中南林学院学报, (1): 60-65.

徐波, 郭竹梅, 贾俊. 2017. 《城市绿地分类标准》修订中的基本思考. 中国园林, (6): 64-66.

尹海伟, 孔繁花, 祈毅, 等. 2011. 湖南省城市群生态网络构建与优化. 生态学报, (10): 211-222.

詹运洲, 周凌. 2016. 生态文明背景下城市古树名木保护规划方法及实施机制的思考——以上海的实践为例. 城市规划学刊, (1): 106-115.

张阁, 张晋石. 2018. 德国生态网络构建方法及多层次规划研究. 风景园林, 25(4): 85-91.

张浪. 2007. 特大型城市绿地系统布局结构及其构建研究——以上海市为例. 南京: 南京林业大学博士学位论文.

张浪. 2012a. 上海市绿化建设规划指标与保障体系有机进化研究. 上海建设科技, (6): 43-46.

张浪. 2012b. 基于基本生态网络构建的上海市绿地系统布局结构进化研究. 中国园林, 28(12): 65-68.

张浪. 2013a. 上海市中心城周边地区生态空间系统构建重要措施研究. 上海建设科技, (6): 56-59.

张浪. 2013b. 上海市基本生态网络规划发展目标体系的研究. 上海建设科技, (1): 47-49.

张浪. 2018. 上海市多层次生态空间系统构建研究. 上海建设科技, (3): 1-14, 19.

张浪, 姚凯, 张岚. 2012. 上海市生态用地规划机制研究 以大治河生态廊道为例. 风景园林, (6): 95-98.

张浪, 姚凯, 张岚, 等. 2013. 上海市基本生态用地规划控制机制研究. 中国园林, 29(1): 95-97.

张天洁, 李泽. 2013. 高密度城市的多目标绿道网络——新加坡公园连接道系统. 城市规划, 37(5): 67-73.

张玉鑫. 2013. 快速城镇化背景下大都市生态空间规划创新探索. 上海城市规划, (5): 7-10.

Conine A, Xiang W N, Young J, et al. 2004. Planning for multi-purpose greenways in Concord, North Carolina. Landscape and Urban Planning, 68(2-3): 271-287.

Jongman R H G, Kulvik M, Kristiansen I. 2004. European ecological networks and greenways. Landscape and Urban Planning, 68(2): 305-319.

第4章 规划内容的编制及编制程序

4.1 规划编制内容

4.1.1 生态要素识别

1. 生态空间资源

基于城市生态区位分析的前提，识别现状生态空间资源，包括非建设用地中的水域、农林生态用地、风景名胜及保护区、生态公园、其他生态用地等，以及建设用地中的公园绿地、防护绿地、附属绿地、其他绿地等，通过基础生态空间、郊野生态空间、中心城周边地区生态系统、集中城市化地区绿化空间系统的空间管控，维护生态底线。

2. 生态空间要素

依据受人类干扰程度，市域范围内生态空间的现状布局、存在的问题，对市域范围内的林地、湿地、河湖水面的现状布局进行研究，同时对各类生态系统内的环境状况进行研究，确定水环境、生物环境等具体情况进行研究，确定重要生物栖息地的位置。在中心城范围内，分析城市市域范围内城市绿地的现状布局（表4-1）。

（1）基础型要素。生态空间资源中受人类活动影响最少的，对区域生态发展起最基础作用的自然生态要素。基础型要素为生态网络空间中的核心生态要素，包括自然保护区、风景名胜区、水源保护区、森林公园以及水库、河流、湖泊、湿地、滩涂等。

（2）利用型要素。生态空间资源中因人类发展的需求而发生改变或改造，具有潜在生态、景观、游憩功能的半自然生态要素。利用型要素与人类生存与生活紧密相连，包括城市公园绿地、地质公园、旅游景区、文化遗产地及遗产廊道、各种防护性生态廊道、游憩通道等。

（3）威胁型要素。生态空间资源中由于人类在生产、生活过程中的不合理利用超出了生态自修复极限，从而造成自然环境难以逆转的毁灭性破坏，形成不适宜动植物及人类生存的要素空间；或是部分因自然力的作用（如地质断层等）形成的不适宜人类居住生活的要素空间。威胁型要素属于已破坏和待恢复要素，包括水土流失区、地质灾害区、矿产开采区以及污染弃置地等。

表 4-1　生态空间主要构成要素一览表

序号	要素类型	生态空间构成要素	主要主管部门
1	基础型要素	自然保护区	自然保护区主管部门
		风景名胜区	建设行政主管部门
		水源保护区	水源保护区主管部门
		森林公园	林业行政主管部门
		水库、河流、湖泊	水、环境保护行政主管部门
		湿地、滩涂	水行政主管部门
		其他基础型生态用地	……
2	利用型要素	公园绿地	园林行政主管部门
		地质公园	国土资源行政主管部门
		旅游景区	旅游行政主管部门
		文化遗产地、遗产廊道	文化行政主管部门
		防护廊道	林业行政主管部门
		游憩通道	旅游、交通行政主管部门
		其他利用型生态用地	……
3	威胁型要素	水土流失区	水行政主管部门
		地质灾害区	国土资源行政主管部门
		矿产开采区	国土资源行政主管部门
		污染弃置地	环境保护行政主管部门
		其他威胁型生态用地	……

3. 生物多样性要素信息

生物多样性是指动物、植物、微生物的物种多样性、遗传基因多样性和生态系统的多样性，是人类社会赖以生存的物质基础。包括四个层次：基因（遗传）多样性、物种多样性、生态系统多样性和景观多样性。对于人口聚集、产业发达的城市地区来说，市域范围外的森林、水域以自然形态为主，物种丰富多样，其他区域更多以人工营造环境为主。城市化的结果往往导致生态系统的同质化和遗传基因的简化。对于城乡区域而言，环境质量的低下会显著改变物种的丰富性，因此，生态网络的构建，对进一步改进城市环境，加强相应植物保护和培育具有重要的意义。

4. 环境要素信息

环境要素主要包括"五岛效应"对城乡环境的影响。"五岛效应"主要是指热岛、雨岛、阴岛、干岛和湿岛，"五岛效应"给城市的发展和人们的生活造成了各种负面影响。通过城乡生态网络构建，可有效减缓城市"五岛效应"，减少雨水地表径流带来的相关污染，补充地下水资源，保护和改进城市环境质量。

同时还需要实地规划评估。规划评估主要分为两部分，规划实施评估和重点地区发展评估。规划实施评估主要针对已有规划的实施情况，进行总量和布局评估；重点地区发展评估主要针对中心城及周边地区、新城新市镇、郊野生态空间以及城市周边生态空间进行评估，包括现状评估和趋势评估。

4.1.2　生态安全评价

城市总体规划中划定空间管制主要针对城乡开发建设活动。通过对市域现状生态空间资源的生态敏感性评价与生态干扰评价的叠合分析，得出市域生态风险综合评价，形成市域生态安全格局的空间分布。

1. 生态敏感性评价

生态敏感性评价应首先构建评价体系并选取生态敏感性因子，明确评价模型及方法，确定评价标准并最终明确生态敏感性的空间分布（表 4-2）。

表 4-2　生态敏感性分析评价建议表

评价因素	评价因子	因子权重	极敏感 评价值 M_1	高敏感 评价值 M_2	中敏感 评价值 M_3	低敏感 评价值 M_4	不敏感 评价值 M_5
地形地貌	高程	权重 N_1					
	坡度	权重 N_2					
水文资源	河流水面	权重 N_3					
	湖泊水面	权重 N_4					
	水库水面	权重 N_5					
	湿地滩涂	权重 N_6					
	坑塘水面	权重 N_7					
	沟渠	权重 N_8					
生态资源	资源类型	权重 N_9					
	林地郁闭度	权重 N_{10}					
	……	权重 N_i					
自然灾害	洪水淹没	权重 N_{i+1}					
	地质灾害	权重 N_{i+2}					
	……	权重 N_j					

1）评价体系与因子提取

选取地形地貌、水文资源、生态资源、自然灾害等生态敏感性主因素，并结合各市生态与地域特征细化为生态敏感因子，如高程、坡度等地形地貌因子，河流水面、湖泊水面、水库水面、湿地滩涂、坑塘水面、沟渠等水文资源因子，林地、郁闭度、丰富度等生态资源因子，洪水淹没、地质灾害等自然灾害因子等，并构建由主因素与单因子所构成的生态敏感性评价体系。其中，城市生态敏感性具有其他特殊性的，可增加其他因子类型。

2）评价模型与方法

结合各生态敏感性因子开展单因子专项评价，并采用综合叠加分析法，结合因子权重进行加权叠合，得出综合生态敏感性评价。其中，因子权重（N）及敏感性评价值（M）应依据评价区的生态及地域特征具体确定。

3）评价标准及分区

依据生态及地域特征，对综合评价数值结果进行合理的区间划分，将评价区划分为生态极敏感区、高敏感区、中敏感区、低敏感区以及不敏感区，并形成生态敏感性的空间分布（表 4-3）。

表 4-3　生态敏感性评价分区汇总表

评价分区	极敏感区	高敏感区	中敏感区	低敏感区	不敏感区
评价标准	—	—	—	—	—
面积/hm²					
占比/%					

2. 生态干扰评价

生态干扰评价应首先构建评价体系并选取生态干扰因子，明确评价模型及方法，确定评价标准并最终明确生态干扰的空间分布（表 4-4）。

表 4-4　生态干扰分析评价建议表

评价因素	评价因子	因子权重	高干扰评价值 Y_1	较高干扰评价值 Y_2	中干扰评价值 Y_3	较低干扰评价值 Y_4	低干扰评价值 Y_5	备注
道路交通	铁路	权重 X_1						
	高速公路	权重 X_2						
	国道	权重 X_3						
	省道	权重 X_4						
	……	权重 X_i						

续表

评价因素	评价因子	因子权重	高干扰评价值 Y_1	较高干扰评价值 Y_2	中干扰评价值 Y_3	较低干扰评价值 Y_4	低干扰评价值 Y_5	备注
基础设施	220kV 高压廊道	权重 X_{i+1}						
	500kV 高压廊道	权重 X_{i+2}						
	800kV 高压廊道	权重 X_{i+3}						
	燃气管道	权重 X_{i+4}						
	……	权重 X_j						
土地利用	用地类型	权重 X_{j+1}						
	……	权重 X_k						
人工灾害	矿产废置	权重 X_{k+1}						
	污染弃置	权重 X_{k+2}						
	……	权重 X_l						

1）评价体系与因子提取

选取道路交通、基础设施、土地利用、人工灾害等以人类活动为主的生态干扰主因素，并结合各市生态与地域特征细化为生态干扰因子，如铁路、高速公路、国道、省道等道路交通因子，高压廊道、燃气管道等基础设施因子，用地类型等土地利用因子，矿产废置、污染弃置等人工灾害因子等，并构建由主因素与单因子所构成的生态干扰评价体系。其中，城市生态干扰具有其他特殊性的，可增加其他因子类型。

2）评价模型与方法

结合各生态干扰因子开展单因子专项评价，并采用综合叠加分析法，结合因子权重进行加权叠合，得出综合生态干扰评价。其中，因子权重（X）及干扰评价值（Y）应依据评价区的生态及地域特征具体确定。城市生态干扰具有其他特殊性的，可增加其他因子类型。

3）评价标准及分区

依据生态及地域特征，对综合评价数值结果进行合理的区间划分，将评价区划分为生态高干扰区、较高干扰区、中干扰区、较低干扰区、低干扰区，并形成生态干扰状况的空间分布（表4-5）。

3. 生态风险评价

生态风险评价应明确评价模型及方法，确定评价标准并明确生态风险的空间分布（表4-6）。

表 4-5　生态干扰评价分区汇总表

评价分区	高干扰区	较高干扰区	中干扰区	较低干扰区	低干扰区
评价标准	—	—	—	—	—
面积/hm²					
占比/%					

表 4-6　生态风险分析评价建议表

风险评价关联矩阵		评价赋值	生态干扰				
			高干扰 评价值 B1	较高干扰 评价值 B2	中干扰 评价值 B3	较低干扰 评价值 B4	低干扰 评价值 B5
生态敏感性	极敏感	评价值 A1					
	高敏感	评价值 A2					
	中敏感	评价值 A3					
	低敏感	评价值 A4					
	不敏感	评价值 A5					

1）评价模型与方法

采用矩阵分析法，针对生态敏感性评价及生态干扰评价展开关联叠合分析，得出生态风险综合评价。其中，生态敏感性评价值（A）及生态干扰评价值（B）应依据评价区具体状况合理确定。

2）评价标准及分区

依据生态及地域特征，对综合评价数值结果进行合理的区间划分，将评价区划分为生态高风险区、较高风险区、中风险区、较低风险区以及低风险区，形成生态风险状况的空间分布（表 4-7）。

表 4-7　生态风险评价分区汇总表

评价分区	高风险区	较高风险区	中风险区	较低风险区	低风险区
评价标准	—	—	—	—	—
面积/hm²					
占比/%					

4. 生态安全格局

基于生态风险综合评价分析，结合生态空间格局与生态系统过程，将区域划分为生态低安全区、较低安全区、中安全区、较高安全区以及高安全区，形成生态安全的宏观格局，并为生态网络的空间建构提供基本框架。生态网络规划以提升城市生态建设水平，发挥城市生态服务系统综合效益为目标，其设定应因地制宜、系统全面、远近结合。

4.1.3　市域生态网络构建

基于生态要素识别与生态安全格局，提出市域生态网络结构与市域生态网络规划。

1. 市域生态网络结构

明确核心林地、核心水域、核心生物栖息地等核心生态区域；明确生态发展轴、生态走廊等核心生态廊带；明确具有重要生态意义的生态节点。

2. 市域生态网络规划

依据市域生态网络结构，结合城市空间规划整合各类土地资源，以生态连接为核心手段，建立市域生态资源的空间联系，形成由生态斑块、生态廊道、生态基质等空间要素共同构建的网络化生态空间体系。

4.1.4　城区生态网络构建

基于生态分析评估及市域基本生态空间架构，提出城区生态网络构建方法，明确城区生态网络功能构建与空间构建内容。

1. 城区生态网络构建方法

结合城市空间规划整合各类土地资源，统筹社会经济发展、土地、资源、生态保护及城乡发展需要，构建结构合理、功能完善、系统稳定的城市生态空间格局，引导健康、高效的生态空间体系。城区生态网络构建主要有连接性构建、渗透性构建、均衡性构建三种技术方法。

1）接连性结构

以生态连接为核心手段，通过生态廊道的直接连接方式加强各要素的空间连续，或是通过暂栖地、生态溪沟等间接连接方式提升空间邻近程度，建立城市生态功能的有机联系，确保生态过程在不同生态要素间的顺利进行。

2）渗透性构建

以生态空间镶嵌为核心手段，通过空间蔓延格局与镶嵌形态等方式，加强生态向着其他空间类型的融合与渗入，促进生态系统与城市系统的耦合与渗透，推进生态网络综合功能效益的提升。

3）均衡性构建

以科学、合理的生态空间分布为核心手段，结合空间分析及发展需求，通过调整并优化生态空间集散程度与疏密关系，增强生态网络面向城市的整体功能效益，提升生态系统服务的有效性。

2. 城区生态网络功能构建

按照生态网络功能用途，分别构建生态安全型网络、生境保育型网络、缓冲防护型网络、风景游憩型网络以及农业生产型网络五种类型的功能性子网络（表 4-8）。

表 4-8　城区生态网络功能空间组成表

序号	子网络类型	子网络功能空间组成
1	生态安全型网络	雨洪管理体系
		灾害防治体系
		通风廊道
		……
2	生境保育型网络	生物栖息地
		生境廊道
		……
3	缓冲防护型网络	环城绿带
		道路交通防护带
		基础设施防护带
		河流防护带
		……
4	风景游憩型网络	自然公园体系
		人文游憩体系
		风景绿道
		……
5	农业生产型网络	水域
		林地
		园地
		耕地
		……

1）生态安全型网络

基于生态安全评价分别提出城市雨洪管理体系、灾害防治体系以及城市通风廊道等。雨洪管理体系结合地形地貌开展水文分析，得出汇水区域及淹没风险区域，结合海绵城市建设目标，选取城市绿地、水域等区域构建城市海绵体布局。

　　灾害防治体系建立在现状地质灾害类型分布的基础上，包括水土流失区、地质灾害区、矿产开采区以及污染废弃地等在内的区域，以生态修复为核心手段构建生态防治体系，同时结合避难所、避难通道的设置规划城市防灾避难格局。

　　通风廊道规划通过城区热岛强度与城市用地关系分析，寻找城市热源与热岛链，结合风源、风频、风向，规划城市冷源、氧源绿地，结合城市道路、河流廊道、基础设施廊道及其他带状生态空间设置缓解热岛效应的多级通风廊道，同时提出用地管控措施。

　　2）生境保育型网络

　　基于生境系统格局明确生境源地、生境廊道等。生境源地布局综合考虑现状及规划生态斑块的规模及其类型，由湿地生境源地、山地生境源地、水域生境源地、郊野公园生境源地以及城市绿地生境源地等组成。

　　生境廊道规划依据生物迁徙与物种传播的习惯，结合生境源地与其他生态空间的分布，寻找各级生态裂点，借助于景观阻力评价、最小费用路径的分析方法，借助生态廊道、垫脚石等生态连通措施并构建生物迁徙路径，进一步架构整体生境网络布局。

　　3）缓冲防护型网络

　　基于生态与城市的缓冲过渡、防护隔离等功能，明确环城绿带、道路交通防护带、基础设施防护带以及河流防护带等。环城绿带结合城市建成区外围的郊野公园、森林公园、湿地公园、自然保护区、风景名胜区以及林地、园地、耕地等农林生态用地共同组成，作为城市以外用于生态缓冲与限制建设的生态化区域，有效防止城市无序蔓延，并促进城乡空间合理过渡。

　　道路交通防护带结合城市交通及道路设施，依据相关规范要求，分别划定铁路防护绿带、高速公路防护绿带、快速路防护绿带、公路连接线防护绿带、城市道路绿带等，以保障城市道路交通环境及交通安全。基础设施防护带结合城市特定的基础设施，依据相关规范要求，于基础设施周边划定一定范围的防护隔离绿带，包括高压走廊，变电站、燃气管道、污水厂、环卫设施等防护绿带，以保障城市环境及城市安全。河流防护带结合城市河流水系，依据相关规范要求，同时考虑防洪规划、绿线规划等其他要求，划定河流两侧生态绿地，以保障河流生态环境以及水利生态安全。

　　4）风景游憩型网络

　　基于风景游憩资源整合以及游憩需求构建由自然公园体系、人文游憩体系及风景绿道等构成的风景游憩型网络体系。自然公园体系通过整合自然风景资源，构建包括自然保护区、风景名胜区、森林公园、湿地公园、郊野公园、地质公园等在内的自然型游憩空间体系。人文游憩体系通过整合人文游憩资源，构建包括历史村落、传统街区、遗迹景点、城市公共绿地等在内的人文型游憩空间体系。

风景绿道包括沿河、滨湖、溪谷、山脊、风景道路等自然和人工廊道，以及可供行人和骑行者进入的景观游憩廊道。

5）农业生产型网络

基于生态网络系统构建的需求明确农业生产型空间体系。整合城区农业空间中对于城市生态网络整体构建有必要纳入的农业生产型用地，依据土地利用总体规划确定的各类水域、各类林地、园地、耕地等，构建城郊农林复合生态系统。

3. 城区生态网络空间构建

通过对空间的解析，从而达到全程对生态格局管控的目的，各空间地区、基础设施、城镇发展地区、廊道地区等，依据生态安全格局，从生态与城市的空间关系角度划定永久性城市绿带、核心保护区、外围缓冲区、边缘交融区共四个生态网络空间类型。

1）永久性城市绿带

依据生态网络的空间结构与功能类型，将位于城市集中建设区外围的，宽度≥200m 的环状连续与楔形嵌入相结合的生态空间纳入城市永久性城市绿带，包含风景名胜区、自然保护区、森林公园、湿地公园、地质公园以及农林生态空间等在内的，具有防止城市蔓延扩展和缓冲城市建设行为等作用的生态绿化区域。永久性城市绿带划定具有其他特殊性的，可增加其他区域。

2）核心保护区

核心保护区包括生态保护红线范围内区域、城市绿线范围内区域，以及城市生态低安全区中对生态网络功能及结构均具有核心意义的生态化区域。

3）外围缓冲区

外围缓冲区包括位于核心保护区与边缘交融区之外，能够有效缓冲城市建设发展的生态化区域。

4）边缘交融区

边缘交融区包括位于规划建设用地与永久性城市外围，融合生态与城市发展的生态保护区域及其相兼容的生态建设用地。

4.1.5　生态网络管控

以保护生态环境资源、塑造城市空间特色、发掘生态环境关联效益为目标，按照功能引导、控用结合、刚弹结合原则，明确生态网络空间分级分类管控要求，确定控制指标体系，提出相应的生态治理措施与生态建设指引，提出保护、规划、建设和管控的精细化要求与具体措施、途径。

1. 永久性城市绿带管控

1）控制要求

遵循总量不减、占补平衡、生态功能不降原则，永久性城市绿带一经划定，任何单位和个人不得擅自占用或改变用途；不得随意改变永久性城市绿带边界；除国家、省级重大项目及民生类项目外，不得安排其他建设用地。

2）建设指引

永久性城市绿带范围内的建设项目，应参照生态保护红线相关技术规范中的管控要求进行建设控制。

2. 核心保护区管控

按照生态功能不降低、面积不减少、性质不改变原则，推进生态网络核心范围内的生态保护与修复，以严格的准入制度有效遏制人工干预。其中，生态保护红线内区域应依据生态保护红线相关技术规范执行，明确线内允许的各类开发建设活动要求和已依法批准的已建、在建和尚未开工的项目处理处置建议；城市绿线内区域应依据城市绿线管理办法执行，明确线内允许的建设活动类型及要求；其他城市低生态安全区域参照生态保护红线的相关技术规范执行。

3. 外围缓冲区管控

外围缓冲区建控应依据自然保护区条例中的有关缓冲区管控要求执行，明确区内禁止开发建设的要求以及允许开发建设的用地分类、用地规模、开发强度等指标要求。

4. 边缘交融区管控

依据生态空间的用途需求，将边缘交融区划分为生态保护区域与生态建设区域两大用途区，并分别针对两大用途区提出控制性指标与引导性指标，建立管控指标体系（表4-9）。

1）建立管控指标体系

控制性指标针对各类用途生态空间进行强制性规定，确保其生态主体性质不变；引导性指标考虑各类用途空间的生态功能定位、关键生态物种、空间布局要求以及产业发展方向等，保证生态结构的完整性和生态效益的最大化。管控指标可依据实际情况适当增加，特定条件下引导性内容可上升为强制性内容。

2）明确生态保护区域管控指标

控制性指标包括植被覆盖率、林地覆盖率、林地郁闭度、植被连通性、河岸缓冲带宽度、滨水绿带宽度、堤防保护线比例、生态驳岸比例、滨水绿化覆盖率、土壤入渗率等；引导性指标包括植被群落结构、生境类型丰富度、土壤环境质量、大气环境质量等。

表 4-9　边缘交融区管控指标体系建议表

生态空间类型	管控类型		管控指标	
			控制性指标	引导性指标
1. 整体控制			可兼容用地性质 建设用地边长与面积比 可兼容用地比例	布局结构
2. 分区控制	生态保护区域		植被覆盖率、林地覆盖率、林地郁闭度、植被连通性、河岸缓冲带宽度、滨水绿带宽度、堤防保护线比例、生态驳岸比例、滨水绿化覆盖率、土壤入渗率	植被群落结构、生境类型丰富度、土壤环境质量、大气环境质量
	生态建设区域	土地利用	地块编号、用地性质、用地面积、硬地率、构筑物占地比	
		建设管理	容积率、建筑密度、建筑限高、绿色建筑比例、建筑退界距离、建筑节能率	建筑风格、建筑材质、建筑尺度、建筑色彩、生态停车位
		生态控制	绿地率、绿化覆盖率、林地郁闭度、人均公园绿地、屋顶绿化率、生态绿地可达性、地表透水率、硬地率、生态驳岸比例、污染物排放量	主要生境类型、中水回用率、绿色能源使用率、大气环境质量、垃圾处理及管理、热岛强度与风环境、立体绿化率

3）明确生态建设区域管控指标

指标分为土地利用类指标、建设管理类以及生态控制类三类指标。土地利用类的控制性指标包括地块编号、用地性质、用地面积、硬地率、构筑物占地比等。建设管理类的控制性指标包括容积率、建筑密度、建筑限高、绿色建筑比例、建筑退界距离、建筑节能率等；引导性指标包括建筑风格、建筑材质、建筑尺度、建筑色彩、生态停车位等。

生态控制类的控制性指标包括绿地率、绿化覆盖率、林地郁闭度、人均公园绿地、屋顶绿化率、生态绿地可达性、地表透水率、硬地率、生态驳岸比例、污染物排放量等；引导性指标包括主要生境类型、中水回用率、绿色能源使用率、大气环境质量、垃圾处理及管理、热岛强度与风环境、立体绿化率等。

4.1.6　规划实施引导

1. 行动计划

拟定城市生态网络建设行动计划，确定行动方案，明确总体目标、建设标准、任务分解，提出组织架构、考核机制与保障体制等。

2. 项目库

以近期建设项目为主，建立城市生态网络建设项目库，提出建设时序安排与重点建设方向，科学谋划并实施项目。

3. 规划衔接

根据生态网络规划内容，明确与城市空间规划、城市总体规划等相关规划以及城市绿地系统规划等专项规划的衔接要求，同时明确与生态网络空间的详细规划、方案设计等相衔接的具体内容。

4. 运行机制与管理措施

生态网络的构建不应该仅仅是技术方法的探讨，对于城乡生态网络构建而言，在网络建设还未完成之前，考虑运行机制与管理措施也很重要。在进行网络设计的同时，结合考虑管理方面的问题，可以使人们在设计过程中就鉴别出那些需要进行恢复或潜在需要恢复的景观。另外，城市绿地系统规划作为政府宏观管理和调控土地利用的一种途径，随着城镇化建设的推进，从城市的附属物到重要组成部分，再到决定性因素，逐渐成为城乡可持续发展所依赖的重要自然系统，是维护城乡生态空间格局安全与健康的基本保障。城乡生态网络要与城市绿地系统进行整合，共同形成合力，才能更好地发挥其相应的功能作用。在管理机制上，更应体现生态网络的刚性约束作用，强化规划部门行使监督职权的独立性，同时建立跨行政区域和跨流域的相应监督管理协调机构。

4.2 规划成果要求

规划成果主要包括规划文本、规划图纸和规划附件，其中规划附件包括条文说明和专题研究报告。

4.2.1 规划文本

规划文本主要内容应包括：规划总则、识别与评价、市域生态网络规划、城区生态网络规划、生态网络建设管控、规划实施引导和附表，并应符合下列要求。

（1）规划总则应包括规划指导思想、基本原则和规划目标、规划意义与规划期限等内容。

（2）识别与评价应包括明确生态网络空间构成要素，开展生态安全评价，形成生态安全格局等内容。

（3）市域生态网络规划应包括市域生态安全格局、市域生态网络结构以及市域生态网络规划等内容。

（4）城区生态网络规划应包括城区生态网络用地组成、城区生态网络结构建构、城区生态网络功能建构、城区生态网络空间建构等规划内容。

（5）生态网络建设管控应包括永久性城市绿带管控导则、核心保护区管控导则、外围缓冲区管控导则以及边缘交融区管控导则等内容。

（6）规划实施引导应包括制定行动计划、确定行动方案、建立近期生态网络建设项目库、落实项目用地以及与相关规划衔接等内容。

（7）附表包括生态空间用地分类统计表、管控指标体系表及建设项目库表等汇总表或统计表。

4.2.2　规划图纸

规划图纸划分为市域部分与城区部分，各地可根据具体情况，适当增加表达分析、研究和规划内容的其他规划图纸。城市生态网络规划成果数据库应采用基于 GIS 技术的空间矢量数据，提交数据宜采用"2000 国家大地坐标系"。

1. 市域部分

（1）生态区位图。
（2）市域现状生态资源分布图。
（3）市域生态安全格局分析图。
（4）市域生态网络结构图。
（5）市域生态网络规划图。

2. 城区部分

（1）城区现状生态资源分布图。
（2）城区生态网络规划结构图。
（3）城区生态网络布局图。
（4）城区生态安全型网络规划图。
（5）城区生境保育型网络规划图。
（6）城区农业生产型网络规划图。
（7）城区缓冲防护型网络规划图。
（8）城区风景游憩型网络规划图。
（9）城区生态网络分区图。
（10）永久性城市绿带管理单元编号图。
（11）永久性城市绿带管理单元管控图。

（12）边缘交融区管理单元编号图。

（13）边缘交融区管理单元管控图。

4.2.3 规划附件

1. 条文说明

根据需要对规划文本中的条文进行必要分析、解释和说明，是对文本内容的细化和补充。

2. 专题研究报告

以文字报告形式表述对生态网络规划产生重大影响的专题研究成果。

参 考 文 献

安徽省住房和城乡建设厅. 2017. 安徽省城市生态网络规划导则(试行). 建规函〔2017〕. 2055号附件(20170905).

苏同向, 王浩. 2019. 基于生态红线划定的城乡绿地生态网络构建研究——以江苏省扬州市为例. 现代城市研究, (10): 20-27.

吴敏. 2016. 城市绿地生态网络空间增效途径研究. 北京: 中国建筑工业出版社. 20.

许春霞, 潘剑彬, 熊和平. 2014. 生态网络规划方法比较研究. 农业科技与信息(现代园林), (11): 66-72.

张波. 2019. "多规合一"背景下中小城市空间管制层次的探讨. 上海城市规划, 003(3): 102-106.

张阁, 张晋石. 2018. 德国生态网络构建方法及多层次规划研究. 风景园林, 153(4): 87-93.

张浪. 2012. 基于基本生态网络构建的上海市绿地系统布局结构进化研究. 中国园林, (12): 71-74.

第5章 城市生态网络的构建方法

5.1 资源调查及适应性评价

《中共中央 国务院关于建立国土空间规划体系并监督实施的若干意见》明确提出，坚持节约优先、保护优先、自然恢复为主的方针，在资源环境承载能力和国土空间开发适宜性评价（以下简称"双评价"）的基础上，科学有序统筹布局"三生空间"，划定"三区三线"。"双评价"是编制国土空间规划、完善空间治理的基础性工作。2020年1月，自然资源部正式发布《资源环境承载能力和国土空间开发适宜性评价指南（试行）》，目的在于分析区域资源禀赋与环境条件，研判国土空间开发利用问题和风险，识别生态保护极重要区（含生态系统服务功能极重要区和生态极脆弱区），明确农业生产、城镇建设等功能指向下的最大合理开发规模和适宜空间，为完善主体功能区战略，科学划定生态保护红线、永久基本农田、城镇开发边界等空间管控边界，统筹优化生态、农业、城镇等空间布局，为实施国土空间生态修复和国土综合整治重大工程提供基础支撑。

资源环境承载能力是指在特定发展阶段、经济技术水平、生产生活方式和生态保护目标，一定地域范围内资源环境要素能够支撑农业生产、城镇建设等人类活动的最大合理规模。国土空间开发适宜性则是指在维系生态系统健康和国土安全的前提下，综合考虑资源环境等要素条件，特定国土空间进行农业生产、城镇建设等人类活动的适宜程度。作为国土空间规划重要专项规划的城市生态网络规划，其统筹的生态要素是国土空间规划体系"双评价"的重要资源要素，参照"双评价"的工作流程，城市生态网络的资源调查及适应性评价既要做到与国土层面资源空间精细化管理的衔接，又要满足本体规划层级的基础性工作要求。基本工作流程满足基础数据库构建、资源环境承载力能力评价、空间开发适宜性评价、综合分析四个步骤。具体而言，可以在国土空间基础信息平台的基础上，通过资源环境承载力对市域范围内的生态空间格局和生态敏感性进行评价，通过国土空间开发适宜性进行城市生态网络构建适宜性的评价。可采取"区域基底条件-主导功能辨别-生态要素提取-单要素指标评价-综合等级评估-空间结构及功能评价-适应性分析（潜力分析和情景分析）-成果应用"的总体思路及技术流程（图5-1）。

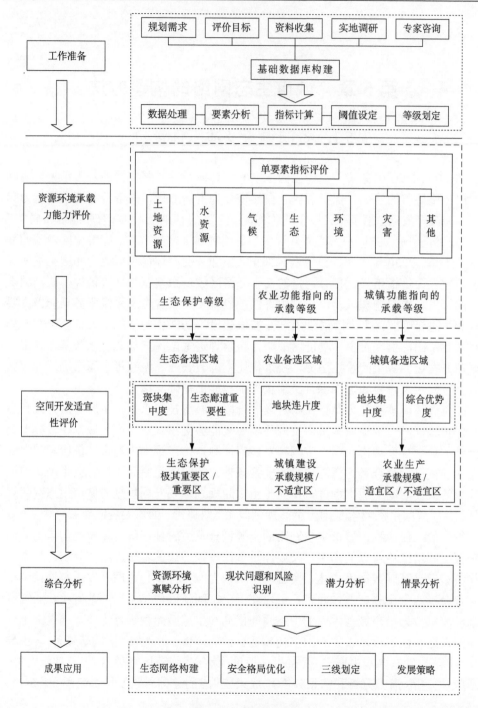

图 5-1　工作流程图

（图片来源：改绘自"双评价"技术路线）

5.1.1　基础数据库的构建

资源环境基础数据的获取及研究是服务和满足资源与空间精细化管理的发展需要。城市生态网络的构建是为了解决城市现有的生态环境问题，并避免未来可能出现的不良情景。资源调查应结合国土空间规划编制的需求，明确评价目标，多渠道开展数据收集工作，确定评价内容、技术路线、核心指标等。调查资料包括区位背景、自然地理条件、人文历史资料、社会经济状况等，实现多源数据的标准化智能分类，建立具有目标导向指标体系的数据库，是进行适应性评价的基础及关键。评价统一采用"2000 国家大地坐标系"（CGCS2000），高斯-克吕格投影，陆域部分采用 1985 国家高程基准，海域部分采用理论深度基准面高程基准。对于不同尺度、不同目标导向及不同城市环境下的规划，其调查的重点及调查深度又有侧重。大尺度（市域）的调查应借助地理信息技术等辅助手段进行现状资源的整合，全面厘清区域资源环境本底条件，科学评估空间开发的适宜性和限制性，引导地域功能定位的科学确定和调整，对重要节点、廊道进行分级、分类研究；中小尺度（县域及以下）的调查对资料精度的要求较高，应坚持应用目标导向，建立统一的生态要素体系结构，明确各个要素的位置和功能，周期性、动态性进行实地观察，以对监测调查数据形成有效补充和验证。

5.1.2　资源环境承载力评价

资源环境承载力是在保障生态系统自我维持与调节能力良性发展的前提下，衡量资源环境本体的发展适宜性以及测度人类活动是否处于资源环境承受范围之内的指标，是自然资源环境数量、质量以及人类生产和生活方式、类型、结构等共同构成的函数（周璞等，2017）。资源环境承载力的研究目的是构筑合理的人地关系，为高效配置土地资源、优化土地利用空间格局、实施资源环境差异化管理提供依据。评价分为本底评价和承载状态评价，单要素承载力评价是资源环境承载力评价工作的基础性步骤。普适性的单要素评价主要围绕土地资源、水资源、气候、生态、环境、灾害等要素，这类要素对国土空间具有全局性、普遍性，属于基础性要素。而面向城市生态网络构建时，主要是对斑块的集中度、生态廊道的重要性以及要素的生态敏感性进行评价。资源环境的承载力具有区域差异性，应按照不同区域的网络构建目标导向，确定相对应的资源要素承载类型，并对不同资源环境要素的功能适宜性评价权重、关键阈值进行一定范围内的弹性调整，使评价体系具有区域特色的同时，保障评价指标体系的科学性和相对统一。

5.1.3　空间开发适宜性评价

生态适宜性分析最早起源于英国，由 Malming 于 1916 年首次应用于城市土地选址工作，称为"筛网法"，方法的基本流程是将若干限制性因子作为"筛子"，将不符合规划要求的区域过滤掉，则剩余区域即符合规划要求（孔阳和王思元，2020）。麦克哈格在 1969 年《设计结合自然》（*Design with Nature*）中，提出了基于土地适宜性分析的"千层饼模式"，即土地的生态适宜性由土地具有的水文、地理、地形、地质、生物、人文等共同决定，采用的方法为要素叠加分析法（McHarg，1969）。基于适宜性评价的城市生态网络规划，是在明确城市生态网络规划的系统结构、功能基础上，进行科学的评价，以满足城市生态网络对用地选择的需要。在前文阐述的数据库整理和单要素资源环境承载力评价的基础上，选择适宜性的评价方法，确定各项指标的权重系数，编制适宜图。从生态系统服务功能重要性和生态脆弱性角度出发，确定生态保护的极重要区和重要区，在生态保护极重要区以外的区域，识别农业生产适宜区和不适宜区，同时，对不适宜城镇建设的区域进行识别。适宜性评价的方法主要有层次分析法、模糊综合评价模型、多因素综合评级模型和多目标适宜性评价法等。在综合评价模型中，各指标权重的确定是核心问题。主观赋权法主要包括层次分析法、专家调研法、环比评分法、比较矩阵法等，而客观分析方法主要包括主成分分析法、均方差法、多目标规划法、离差最大化法等。评价借助 ArcGIS 平台，将单因子的评价图加权生成适宜性图。

5.1.4　综合分析及成果应用

综合分析包括资源环境禀赋分析、现状问题和风险识别、潜力分析、情景分析四部分。资源环境禀赋分析，是对资源环境要素的数量、结构、分布等特征及变化趋势等进行分析。现状问题和风险识别，是将适宜性评价结果与现状对比，重点识别生态保护极重要区中的永久基本农田、园地、建设用地等，城镇建设不适宜区中的城镇用地，农业生产不适宜区中的耕地、永久基本农田。对比现状用地分布，根据相关评价因子，识别水体、生物多样性、湿地保护等方面的问题，研判未来变化趋势和存在风险。潜力分析是指根据土地利用现状和资源环境承载规模，扣除不适宜空间发展的区域外，明确可用于发展的潜力空间和规模。情景分析是在当前城市环境问题严峻、技术发展迅速的背景下，针对气候变化、生物多样性锐减、景观破碎化、生产生活方式转变等问题，对现状资源进行评估，并提出适应和应对措施建议，支持城市生态网络构建的多方案规划比对。评价成果在资源底线约束、高效发展需求的基础上，既要与上位评价成果衔接，又要对下位规划进行引导，支撑规划指标确定和分级实施。

5.2　指标体系的构建

5.2.1　构建原则

城市生态网络的构建，在国土层面，需要对接"三线"控制，调适"三生空间"；在城乡层面，需要保障生态网络连续，提升系统功能。城市生态网络是一个综合性的空间体系，立足于自然资源保护和生物多样性保护，同时，其规划还深入物质空间建设和社会文化发展等层面，指标的选取需要兼顾衔接性、综合性、科学性原则。

1. 衔接性

国土空间规划体系要求，自上而下编制各级国土空间规划，解决各类空间性规划存在的突出问题，提升空间规划编制质量和实施效率，下级规划要服从上级规划，相关的专项规划、详细规划应与总体规划确定的约束性指标和管控要求相一致。基于国土空间基础信息平台，对接资源环境承载力评价，城市生态网络评价指标包含生态系统服务重要性、生态敏感性等；对接国土空间开发适宜性评价，评价指标包含生态斑块集中度、生态廊道重要性等。同时，指标体系需协调各相关专项规划，健全整体统一、相互衔接的评价体系。

2. 综合性

城市生态网络在实体空间是各生态要素构成的完整有机体，作为人类生活、生产与游憩的重要空间环境，是城市生态系统的子系统，体现了环境生态、规划建设、社会发展的平衡与统一。城市生态网络，具有保持生态过程完整性、维持生物多样性的本体核心生态功能，同时，也具有生态格局优化、景观品质提升、游憩活动发展、经济消费拉动等外部化功能（刘滨谊和吴敏，2014）。因此，城市生态网络指标体系，既要考虑空间特质，也要将多种功能的评价纳入衡量指标体系（王云才等，2017）。

3. 科学性

由于地区差异性，生态要素数量众多、分布各异，评价指标体系在保障内涵科学、逻辑框架合理且具有可比性的前提下，可根据不同地域功能定位进行差异化的处理，既尊重了各个城市本身的特质，又尽可能地实现资源统筹。在指标阈值设定和权重赋值时，可根据各研究区情况设定弹性范围。

5.2.2　指标体系框架

本研究的城市生态网络指标体系,从资源保护、规划建设和社会发展三个方面进行构建。城市生态网络规划环境生态层面的思考,主要是在于维持自然环境过程和生态空间格局的评价。自然资源现状的评价,包含大气、植被、水体等环境系统,也包含生物栖息地、生物多样性、防灾避灾等。生态指标主要反映生态空间斑块的网络化、破碎化,廊道的连通度,以及人居环境的集约化程度。城市生态网络规划建设层面的思考,考虑土地开发适宜性、交通网络的影响,以及城市居民的游憩需求。城市生态网络规划社会发展层面,主要考虑资源的本底贡献及公众参与,以反映地方性和认同感。具体见表 5-1。

表 5-1　城市生态网络指标体系涵盖内容

分析层面	基本环节	主要内容	指标内容
资源保护层面	生态分析	自然资源分析	自然特征梳理,如植被、水体等
			生物多样性分析
			生态连通度分析
			稀缺生态资源分析
		生态效益	生物栖息地的创建、保护和恢复
			温度与城市热岛
	文化分析	历史遗存梳理	详细列出各类考古遗址和历史遗址
		历史保护要求	评估形成保护等级建议和保护要求说明
规划建设层面	游憩分析	游憩开展规律	分析游憩偏好、发展趋势和重要的游憩连接点
		游憩空间分析	结合近期规划和现状开放空间分析游憩空白区
	用地分析	地质条件分析	对现状地质情况进行分析,明确限制条件
		适宜性分析	基于地质限制条件的开发利用适宜性评价
	交通分析	交通需求分析	道路交通流量分析,现状和潜在的接入点分析
		交通容量分析	结合交通发展规划对停车方案和容量进行分析
社会发展层面	公众参与	推动智慧分享	分享知识、经验和未来发展概念
		辅助政策导向	形成土地分类管理、项目发展等顶层政策引导
		优化规划定位	通过公众参与对规划定位进行优化和巩固
	本底贡献	引入发展投资	在未来规划、监测、恢复等过程中提供投资
		传统文化传承	促进传统知识传承与实践发展
		生态智慧发扬	普及生态环境保护的重要性

5.3　布局结构的构建

5.3.1　布局结构的特征

　　城市生态网络的布局结构是城市生态网络系统内部要素之间、内部与外部要素之间能量运动的体现，是一种复杂的经济、文化现象和社会过程。在特定的地理环境和一定的社会发展阶段，自然因素和各种人为活动相互作用，形成生态网络布局结构（张浪，2013a）。城市生态网络布局结构的进化则是一种不断增长的复杂性和非线性的过程，基于有机进化论，对城市生态网络的进化特征进行归纳：从非系统形态到系统形态，从无机系统到有机系统，从单一分散到相互联系，从联系到融合，最终逐步走向网络连接、城郊融合（图 5-2）。整体呈现自然性、动态性、多样性、复合性、整体性、层次性和功能性（张浪，2008，2009，2012a，2012b，2015；刘杰等，2019）。

图 5-2　布局结构进化示意

（图片来源：张浪等，2009）

5.3.2　布局结构的构建路径

　　在新时代背景下，城市自然环境处于不断变化的生态过程中。坚持生态优先、绿色发展，尊重自然规律、经济规律、社会规律和城乡发展规律，因地制宜进行城市生态网络的布局构建。市域绿色空间在遵循上位规划以及协调与各专类规划的关系中，应以保护为基准，实现绿色空间的有机连接，并关注城市化建设与市域绿色空间的动态联系。城市生态网络布局结构的构建，需满足"多尺度、多层次、成网络、功能复合"的主要原则与目标。以发挥生物多样性保护、提供休闲游憩和引导城市空间发展的综合功能为导向，在规划中，以城市绿色空间布局统筹为基础，促进市域林地、绿地、湿地、水域等的融合发展，提高城市环境品质，提高居民生活环境质量。现状生态网络空间的布局评估是基础。在市域范围内，对林地、绿地、湿地、水域等空间的现状布局进行研究，同时对各生态系统内的环境状况进行研究，确定不同生态要素组成的绿色空间内生物环境，确定重要生物栖息地的位置。在城区范围内，重点对现状公园绿地的空间布局进行分析。在城市生态安全、城市环境品质及居民休闲需求的总体目标指导下,进行城市生态网络布局结构的构建及优化。城市生态网络布局结构研究的关键问题是生态斑块以及生态廊道的识别、网络结构的优化(张远景和俞滨洋,2016;周媛,2019)。以"生态-社会"综合服务功能为导向(王敏等,2019;安超和沈清基,2013),考虑规划的尺度性和层次性,基于地理信息技术平台,城市生态网络布局结构的构建路径如图 5-3 所示。城市生态网络的构建一般包括生态源的识别、生态阻力面的构建、生态廊道的识别与分级、生态网络构建 4 个步骤(阎凯等,2017),具体构建路径见图 5-3。

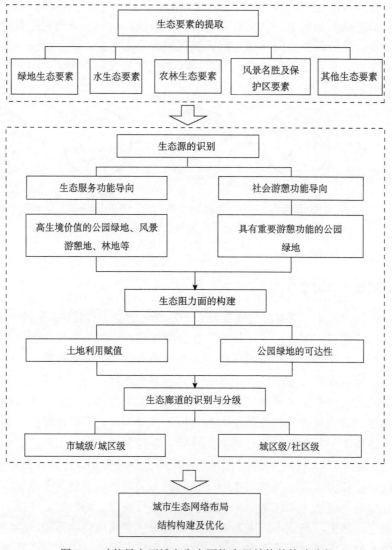

图 5-3   功能导向下城市生态网络布局结构的构建路径

5.4　连接度提升的方法

5.4.1　城市生态网络连接度的概念演化

　　景观连接度（connectivity）这一概念在 1984 年由 Merriam（1984）首次引用到景观生态学领域，认为是测定景观生态过程的一种测度指标，用以描述一定区域内景观结构特征与物种运动行为之间的相互影响作用。同年，Baudry（1984）首次提出了景观连通性（connectedness）的概念，并分析了景观连接度和景观连通性的区别与联系，即景观连通性强调景观要素在空间结构上的联系，而景观连接度是景观中各要素在功能和生态过程上的联系。Forman 和 Godron（1986）根据拓扑学中连接度的数学概念，将景观连接度定义为"描述景观中廊道或基质在空间上如何连接和延续的一种测定指标"。Schreiber（1987）则将景观连接度概括为生态系统中和生态系统之间关系的整体复杂性，它不仅包括群落中和生物之间的相互关系，而且包括生态系统生物与非生物环境之间物质流、能量流及其相互关系网。而后，景观生态学领域使用较为广泛的景观连接度的概念，是 Taylor 等（1993）提出"景观对生物体或某种生态过程在源斑块中运动的促进（或者阻碍）程度"。尽管上述概念的表达略有不同，但都强调景观连接度是对景观空间结构单元相互作用之间连续性的度量，侧重功能和生态过程。景观连接度的提出与应用，对于景观生态学在生物多样性保护与生物资源管理方面具有重要意义。

　　随着城市化程度的不断加快，景观破碎化程度日益加剧。城市生态网络作为生态环境的重要组成，由于长期与发展空间的博弈以及人为干扰，其破碎化问题尤为严重，威胁到生态系统的稳定性。在复杂的城市系统中，为维持城市居住、生活、生产空间与城市自然、社会属性的平衡，构建城市生态网络（柳清等，2017）。生态网络是生态源、生态廊道和生态节点相互联系而形成的自然景观结构体系，其分析和规划被认为是提高城市开敞空间系统生态质量的有效方法，在进行生态网络的分析和规划过程中，景观生态网络连接度作为测定景观生态过程的一种重要指标，是描述物质、能量或物种在景观生态网络中的流动程度的评价指标，实质代表着景观中的生态源彼此之间进行物质转换、能量传递或物种迁徙的能力（傅伯杰等，2001）。城市生态网络的建设，既要促进城市内生物的安全扩散，也要考虑人的绿色通达，因此，城市生态网络连接度的概念，内涵更为聚焦、功能更为丰富、构建更为复杂，表征城市生态斑块或绿色廊道在空间上连接或延续的程度，关注生物多样性的同时，考虑人的使用，以达到生态、文化、教育等多重功能。

5.4.2　城市生态网络连接度的类型

连接度是一个相对的测定指标,根据度量方法的不同可将景观连接度分为结构连接度和功能连接度两种类型(邬建国,2000)。仅从景观要素在空间结构上的连续性出发,而不考虑任何生态学功能的景观连接度称为结构连接度。相反,从生态学实体(生物个体、种群、物种等)的角度出发,考虑到某一特定生态过程的景观连接度则称之为功能连接度。结构连接度是景观在空间上表现出来的表观连续性,只关注景观的物理特征,如斑块大小、形状和位置,可根据卫星遥感图片(卫片)、航摄像片(航片)或各类地图来确定,这种方法往往具有较低的生物相关性(吴昌广等,2010)。功能连接度基于物种所感知和响应的尺度,涵盖了生物类群进入非栖息地的情况,其可能面临:更高的死亡率风险、不同的运动模式、跨过边界。针对当前生境破碎化趋势,恢复结构性连接相对困难,因此提高功能连接性更具有可操作性(Jonsen and Philip, 2000)。学者进一步将这两个基本类型细分为10个子类,分别是:是否存在廊道、距离、景观中生境数量、聚集或渗透、扩散成功、图论、移动概率、搜索新生境的时间、重新发现迁徙个体的概率、迁入率(Pavel and Burel, 2008)。此外,Calabrese和Fagan依据度量方法的复杂程度及其对数据的要求将功能连接度细分为潜在连接度和真实连接度两类。其中潜在连接度是在景观结构特征基础上结合了生物体的扩散行为,通过模型预测生物物种在景观中的连接度。真实连接度则是通过观察物种个体在斑块间的运动衡量生物物种在景观要素或斑块间的真实连续性(吴昌广等,2010)。这使得基于经验的功能性度量与结合实地数据和建模的功能性度量区别开来。城市生态网络连接度的类型可以参考景观连接度的分类。在生态斑块、生态廊道和基质组分研究的基础上,进行生物多样性保护和生物栖息地修复的同时,也需要考虑人的通达性,结合生态网络研究的尺度依赖性,将连接度提升的途径和策略应用到城市生态网络规划中。

5.4.3　提升方法

从生态结构角度出发,结构连接度对应的提升方法侧重空间结构的定量评价,并提出面向"斑块-廊道"层面的优化建议,这类优化基本不涉及生物活动,物理特性明显。王天明等(2004)以哈尔滨为例,对城市现状景观生态格局展开研究,提出了加强哈尔滨市绿地景观生态过程与格局连续性的关键途径:在景观生态战略点开辟新的绿色斑块;构建完善水系廊道;建立绿化网络;提高城市绿地系统的景观异质性和生物多样性;在城市规划过程中保护景观生态过程与格局的连续性。熊春妮等(2008)以重庆市都市区为研究区,选取整体连通性指数(integral index of connectivity, IIC)、可能连通性指数(probability of connectivity,

PC）和斑块对连通性的重要值对该区绿地景观的连通性进行了分析。提出在进行绿地规划和保护时，应首先考虑巨型斑块。同时也要考虑构建巨型斑块之间的小斑块，组成连通性廊道，提高整体景观的连通性。姜磊等（2012）选取了 9 个距离阈值，采用景观组分数（number of components, NC）、整体连通性指数、可能连通性指数和斑块重要性值（pach importance），对不同距离阈值下北京市朝阳区景观连接度和斑块重要性值的变化展开了研究，最终确定 500m 作为距离阈值，分析评估小型生态斑块对景观连通性的影响程度，提出小斑块虽然占生态斑块总面积较小，但是对提高区域景观连接度具有促进作用。因此，景观连接度具有尺度依赖性，在适宜的距离阈值内，小型生态斑块对于景观连接度的提升具有一定作用。陈春娣等（2015a）应用阻力赋值方式、景观粒度和景观整体破碎度的析因实验，研究不同景观格局下，不同阻力赋值方式对景观连接模拟结果产生的影响。结果表明，这 3 个因素均对景观连接模拟造成了明显影响。实际上，阻力赋值是连接模拟的最关键一环。结合研究目的以及城市规划、社会经济发展不同需求，针对研究区景观做阻力赋值对路径模拟的影响性分析，在此基础上确定阻力赋值能够有效提高连接度模拟精度。Marullih 和 Mallarach（2005）采用环境综合指数（environmental comprehensive index, ECI）对巴塞罗那中心区景观进行评价，确定了对该区具有重要连接度的区域以及提供高恢复潜力的景观连接和生态走廊网络，从而有针对性地提升区域景观连接度。Cook（2002）采用景观格局指数测度区域连接度，并进一步对美国菲尼克斯市的城市生态网络进行评价。在城市范围内由于部分自然廊道已被破坏，构建人工连接（建立文化衍生的廊道）是提高连接度的方法之一。

从生态功能角度出发，功能（潜在和真实）连接度的提升方法侧重对景观结构特征和目标生物体扩散能力的综合考虑。Singleton 等（2002）采用最小费用模型研究了华盛顿州以及不列颠哥伦比亚省和爱达荷州相邻地区的公路系统对狼、貂熊、猞猁、灰熊四种大型哺乳动物的景观渗透性影响，选取五大阻力因子（土地覆盖类型、道路密度、人口密度、海拔和坡度），发现该区的高速公路穿过了生物迁徙廊道，且部分道路已对物种生境造成一定破坏。研究表明，斑块之间是否存在廊道对景观连接度的提升具有重要影响。Bruinderink 等（2003）采用景观连接度指数对欧洲西南部大型哺乳动物栖息地的现状生态网络进行分析评价，依据生态网络中阻碍连通性的间隙和障碍，引导有效生态廊道的设计，以增加空间连通性。因此，保护和恢复大型栖息地斑块和关键廊道能够有效改善物种生境，提升景观连接度。Uezu 等（2005）选取有无廊道以及斑块的分离度作为结构连接度指数，选取物种运动作为功能连接度指数，研究了结构连接度和功能连接度对 7 种大西洋森林鸟类数目造成的影响的差异。研究表明，斑块之间距离越短，生物在斑块间的流动效率越高。小型斑块可以作为大型斑块之间的垫脚石，因此提升

景观连接度的方法还包括对小斑块、廊道以及不同类型基质的管理。陈利顶等
（1999）以卧龙自然保护区大熊猫的生境保护为目的，选取三种典型景观因子（地
形高度、坡度和食物来源）构建景观连接度评价模型，对研究区景观连接度水平
和适宜性作出评价，提出通过减少人类活动对适宜大熊猫生存的生境地的干扰，
维持生境完整性，从而促进大熊猫群体之间的物种交换。陈春娣等（2015b）以新
西兰基督城为例，利用景观发展强度指数建立阻力面，以乡土植物种子最大传播
距离作为距离阈值来模拟、评价网络连接，从而筛选出整个景观的关键连接，结
合现状确定应优先恢复的斑块。最后指出，连接度强弱与两端斑块面积之和没有
相关关系，面积大的源斑块之间的连接不一定是网络构建的关键连接。Teixeira
等（2013）在巴西南部 Proto Alegre 保护区的研究发现，林冠桥梁能有效帮助动
物穿越公路障碍，连接被公路分隔的栖息地。因此，可在此类生态断裂点处，补
植攀爬类乔木构建林冠桥梁，帮助目标种穿越公路，保障目标种的正常流动。因
此，修复生态断裂点对提高景观连接度具有重要意义。吴未等（2018）以苏州市、
无锡市、常州市为研究区，白鹭现状生境网络为基础，采用图论与斑块间平均移
动概率相结合的方法，基于恢复阈值和遴选阈值筛选出功能性连接特征显著的迁
移廊道，增加筑巢地和觅食地生境节点及对应迁移廊道，实现生境网络优化。

　　就城市生态网络的连接度而言，斑块的高连通度低连接度、动物与人的活动
需求，以及研究尺度和研究层次的融合等问题尤为突出。市域范围内，建设用地
内绿地与区域绿地之间、绿地与其他生态要素之间需要保持空间上的完整性和功
能上的衔接性，兼顾物种生境和人的活动。武剑锋等（2008）采用最小耗费距离
模型和障碍影响指数、景观连接度指数对深圳市的景观连接度进行评价，通过对
导致景观格局变化的内在影响因素及其驱动机制的分析提出了提升景观连接度水
平的有效策略：摈弃现有不合理的土地资源开发模式，利用现存生态资源辅以一
定的人工保护、恢复和建设措施提升无连接区域的景观连接度水平，通过加强建
成区内的绿地建设与保护提升城市内部的生态连接度水平。王云才（2009）采用
连接度指数、节点度数与廊道密度、交通网络指数等建立景观生态连接度评价体
系，对上海市城市景观生态网络连接度进行评价，并针对评价结果提出上海市景
观生态网络建设建议，即在增加线性连接的同时，提高网络的环状连接系统；增
加网络节点的数量及规模，提高其通达性和分布密度；在分别完善水系、道路和
绿地网络连接体系的同时，强调通过增加重要节点和有效生态桥开展三网之间连
接一体化的连接建设。吴榛和王浩（2015）通过分析景观连接度指数选取出重要
性值较高的斑块作为网络节点，采用最小耗费距离模型进行潜在生态廊道模拟，
构建扬州市绿地生态网络，并通过重力模型和廊道曲度指数对斑块之间的相互作
用强度及生态网络结构进行定量分析，提出扬州市绿地生态网络优化建议，即建
立与周边市域范围联系的生态网络系统，在不同尺度上优化生态网络；对生态断

裂点实施修复，保证生物的正常迁徙与扩散；在不同斑块间建设生态暂息地，提高景观连接度。张远景等（2015）在构建城市生态用地空间连接度评价基础模型的基础上，通过计算各个生态源形状指数、生态源度数或生态节点度数以及各类景观廊道的 γ、β、α 指数，得到研究区生态用地空间网络连接度评价分级结果。分析网络结构连接度的高低分布情况及作用，从而构建一个可以促进各源地间物质能量流动的城市生态网络系统，以该生态网络为基础，进行各类建设用地的布局，为城市生态景观格局规划提供理论依据。通过加强生态源地之间生态廊道的建立，提高各类生态源地与外界连接度；在未来城市生态景观格局规划中加强生态廊道的链接；对于生态廊道连接度较强地区保持现有发展态势，对于生态廊道连接度较弱地区，有针对性地制定城市景观生态规划及相关控制指标，加强城市景观空间连接度，从而提高城市生态景观内部整体生态效能；对研究区生态源、生态廊道和生态节点进行分级，完善其辅助生态流运行的功能。许峰等（2015）采用形态学空间格局分析方法，提取研究区内桥接区和核心区斑块，选取整体连通性指数（IIC）、可能连通性指数（PC）和斑块重要性值（PI）等景观指数对其进行景观连接度评价，并依据维持景观连通的重要性程度对斑块进行类型划分，进而采用最小路径方法构建研究区潜在生态网络，提出四川省巴中市西部新城生态网络优化建议，即综合考虑核心斑块空间分布，提高连通性较大斑块的生境质量，增加生态廊道连接；通过提高潜在生态廊道连接的有效性改善网络连接的有效性；增加踏脚石斑块数量，减短踏脚石斑块间距离。卿凤婷和彭羽（2016）采用最小费用模型模拟研究区生物迁移和经济流通的潜在廊道，将绿地、水系、道路网络进行叠加分析，构建复合生态网络，在此基础上提出顺义区生态网络优化对策，即修复生态断裂点，建设动物迁移通道和暂栖地，提高斑块连通性；加强对重要生境斑块的保护，提高大斑块的物种多样性和生境适宜性；对不同区域有针对性地进行规划建设。

5.5　实施管控方法

在规划层面，空间管控是以城市全域的空间资源合理利用、生态环境保护和城市协调发展为主要目的，优先保护区域自然环境与生态环境，重点划定非城镇建设区，避免城镇建设用地的盲目扩张，缓解空间资源压力，实现土地资源的有效配置（刘菁，2014）。将空间管控引入城市生态网络规划，即对市域范围内的绿色空间，从规划编制、管控模式和政策法规三个方面进行统筹，完善多尺度多层次的规划编制体系，提出针对不同层级、不同生态要素的刚弹结合的分区管控模式，并紧跟政策法规，形成制度保障（汪云和刘菁，2016）。

5.5.1　实践归纳

　　国内外实施空间管控的案例中,美国波特兰大都市区从 1977 年开始进行城市增长边界的管理,根据城市发展需求,引入情景模拟(图 5-4),弹性调整增长边界,并且分区而治,注重公众参与。香港在 1976 年以立法形式颁布《郊野公园条例》,实施郊野公园建设模式,在控制城市盲目扩张的同时,保持了高度的生物多样性,且满足了居民郊外休闲游憩的需求。北京在《北京市限建区规划(2006—2020 年)》中,制定了完善的建设限制分区导则,分为禁止建设区(绝对和相对)、限制建设区(严格和一般)和适宜建设区(适度和适宜),分区引导建设活动和开发强度。武汉市 2010 年编制完成了《武汉市全域生态框架保护规划》,实现了基本生态控制线的市域全覆盖,提出了面向生态空间的控规导则,建立全域“总规-控规-专项规划”的规划体系(图 5-5)。上海市实施的《上海市基本生态网络规划》中,对生态功能区块进行了划分,针对不同的生态空间用途,明确各类区块的生态功能,实施分类指导,并对生态功能区块进行编码,便于系统管制(张浪,2012c,2012d,2013b,2014)。

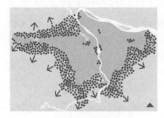

| a.边界增加及交通沿线紧凑开发情景 | b.无边界增加及交通沿线紧凑开发情景 | c.卫星城模式,周边潜在增长区域情景 |

图 5-4　城市增加边界情景模拟

5.5.2　体系框架

　　借鉴国外城市生态空间管控方法的实施,面向城市生态网络规划的空间管控,可采取“规划先行,边界划定;分区管控,刚弹结合;政策引导,法规跟进;部门合作,公众参与”的路径方法(图 5-6)。具体而言,“规划先行,边界划定”是指对城市生态网络进行规划指导,在相对合理统一的规划、建设及保护标准下,确定城市生态网络的空间布局结构。在生态空间范围内具有特殊重要生态功能、必须强制性严格保护的区域,通常包括具有重要水源涵养、生物多样性维护、水土保持、防风固沙等功能的生态功能重要区域,以及水土流失、土地沙化、石漠化等生态环境敏感脆弱区域,以此作为生态保护红线的划定依据。结合城市生态

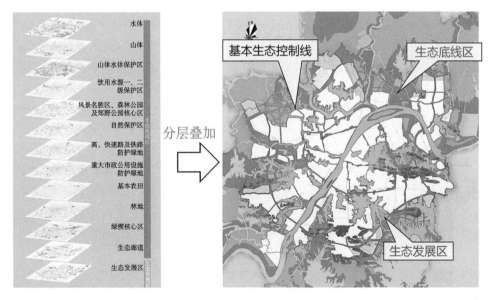

图 5-5　武汉市都市发展区基本生态控制线划定

（图片来源：刘菁，2014）

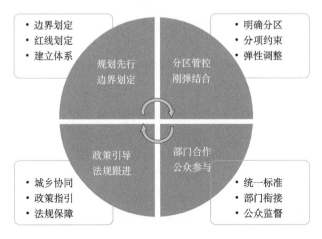

图 5-6　城市生态网络规划实施管控的体系框架

网络的构建方法，划定保护边界。确保保护边界内自然资源和生态环境不受外界威胁，同时，控制人类活动对生态源地的影响。"分区管控，刚弹结合"是指明确各生态要素组成的绿色空间的功能定位、各分区的允许建设范围和管控措施，针对不同区域的阶段性发展需求，安排生态发展区、弹性控制区的范围，通过专项规划的编制和实施，确保工作实效以及生态资源的"应保尽保"，促进规划的落地实施。"政策引导，法规跟进"是指积极配套法规政策，确保规划从技术文件到实施指导的转化。例如，武汉市颁布的《武汉市基本生态控制线管理规定》，提出了对城市生态框架保护、生态空间范围界定与线内规划管理的制度化管理，确保通过政策引导和立法完善加强空间的各项管控要求。"部门合作，公众参与"是指国土空间规划下多部门之间的工作衔接及协作，合理高效推进城市生态网络的建设与管理工作。同时，广纳公众游憩需求及意见反馈，提高公众对于高质量生态福祉建设的参与度及幸福感。

在"多规合一"的国土空间规划背景下，城市生态网络规划的管控是防止城市无序蔓延的红线划定的关键一环，是维护城市生态安全格局的重要步骤，也是维持生物多样性保护、提供居民休闲游憩场地的重要保障。分级分区引导、刚弹有序结合、政策法规跟进、部门协作及公众参与，能从根本上为生态网络规划的落地实施和常态化管理提供保障。

5.6　生物多样性保护

5.6.1　生物多样性与城市生态网络规划

20世纪80年代以来，地球生物危机引起了全球关注。城镇化、工业化加速使物种栖息地受到威胁，生态系统承受的压力增加。生物资源过度利用和无序开发对生物多样性的影响加剧。环境污染对水生和河岸生物多样性及物种栖息地造成影响。外来入侵物种和转基因生物的环境释放增加了生物安全的压力。生物燃料的生产对生物多样性保护形成新的威胁。气候变化对生物多样性的影响有待评估。1992年，在巴西里约热内卢举行的联合国环境与发展大会上签署了《生物多样性公约》，旨在保护濒临灭绝的动植物和地球上多种多样的生物资源。2010年中华人民共和国环境保护部印发《中国生物多样性保护战略与行动计划》（2011—2030年），提出要加强生物多样性保护体制，强化生态系统、生物物种和遗传资源保护能力，提高公众保护与参与意识，促进人与自然和谐。在2016年住房和城乡建设部、环境保护部印发的《全国城市生态保护与建设规划（2015—2020年）》中，城市生物多样性保护作为重点工程之一，规定了两项主要内容：一是构建城市生物栖息地网络体系，即结合自然保护区、风景名胜区、郊野公园、湿地公园等开展城市生物栖息地保护网络建设，重点开展珍稀濒危物种栖息地和迁徙廊道的保护和建设；二是加强城市生物多样性科研、监测和宣传，即加强科普植物园、城市生物栖息地、乡土野生植物群落恢复和生境重建等示范建设。

在科研领域，生态学家与生物保护学家普遍认为，不管在何种研究尺度上，生境破碎化是生物多样性的最大威胁（Forman，1995；Cook，2002；尹海伟等，2011）。生态网络基本的结构由核心区、廊道（连接体）、缓冲区及必要的自然修复区或发展区组成（刘海龙，2009）。快速的城市化使得区域大型生境斑块不断被蚕食和侵占，斑块间日益破碎化、连接度不断下降，土地利用效率越来越低。生态网络以岛屿生物地理学、景观生态学、集合种群理论及源-汇理论为基础，城市生态网络作为城市结构中的自然生产力主体，以植物资源的光合作用能力和城市土地资源的承载力、肥力为条件，以转化和固定太阳能为动力，通过植物、动物、真菌和细菌食物链（网），实现城市自然物流、能流的良性循环，为城市注入庇护（野生生物）的生态环境功能（吴人韦，1998）。城市生态网络是城市生物多样性的主要载体，一方面在于降低景观破碎化对生物多样性造成的威胁，建立完整的生物保护基础结构；另一方面在于协调保护与利用的关系，建立不同利益主体之间的合作平台。

5.6.2　生物多样性保护的城市生态网络规划途径

在本书 2.1.3 中，我们提到欧洲的生态网络侧重关注在高度开发的土地上加强生态保护、维持生物多样性、保育野生生物栖息地以及流域的保护与恢复（Jongman et al., 2004）。从 1992 年《欧盟生境保护指导方针》（*European Union's Habitat Directive, EC 92/43*）中形成的自然 2000 生态网络构建方案，到 1996 年的"泛欧洲生物和景观多样性战略"（the Pan-European Biological and Landscape Deversity Strategy）和"欧盟生物多样性战略"（the EU Biodiversity Strategy），进一步明确了跨欧洲的生物保护网络计划。目前，泛欧洲生态网络是欧洲最大的生态网络项目，也是欧洲已确立实施的各类生态网络项目的体系化集成，主要由自然 2000 生态网络和绿宝石生态网络构成。在核心保护区识别方面，泛欧洲生态网络以生物多样性保护为宗旨，根据物种和栖息地监测数据（图 5-7），对哺乳动物、鸟类保护物种的栖息地进行分析与识别，作为确定核心保护区的基本依据。

在我国，同济大学的吴人韦教授在 1998 年将培育生物多样性作为城市绿地系统规划的专题研究之一进行了分析，提出在城市中创建（确切讲是修复）横向生境结构、纵向生境结构、生物种群结构（表 5-2），为城市生物多样性提供结构性支撑。同时，提出了资源评价、确定共生规划目标、改善物流循环、完善生境布局、疏通瓶颈、引入自然群落、划分生态功能区、创建生态公园八大规划对策。北京大学的俞孔坚教授等在 1998 年阐释了生物多样性保护的景观规划途径，即通过以物种为中心的途径和以生态系统为中心的途径（Harris, 1984；Noss and Harris, 1986）。前者强调濒临物种本身的保护，后者则是注重景观系统和自然栖息地的整体保护。两种途径的规划途径见图 5-8。总结而言，基于生物多样性保护的景观规划途径，基本包括：①核心栖息地保护区的绝对保护；②建立缓冲区以减少人为干扰；③栖息地之间建立廊道；④增加景观的异质性；⑤在关键性的部位引入或恢复乡土景观斑块。此外，介绍了用以衡量栖息地岛屿隔离状态的最小累积阻力模型（minimum cumulative resistance, MCR），使规划途径更具有高效性和科学性。发展到当下，生物多样性保护的城市生态网络规划，涉及的理论包含了渗透理论、图论、景观指数（连通度指数、距离指数、斑块临近度指数、聚合度指数、分维度指数等指数形式进行概化）、阻力模型理论、电流理论等，涉及的技术平台包含了 GIS 平台、Fragstats 软件平台以及较常见的独立廊道模型工具，如 Conefor、Connecting Landscapes、FunConn 等（吴昌广等，2010；单楠等，2019）。

图 5-7　泛欧洲生态网络以濒危鸟类的栖息地为依据确定核心保护区范围

（图片来源：European Commission. Nature & Biodiversity. [2020-4-12].
http://ec.europa.eu/environment/nature/conservation/wildbirds/threatened/index_en.htm）

表 5-2　城市生物多样性绿地结构性支撑组成

生境结构	承载功能	构建途径
横向生境结构	在经济方面，有利于提高绿地系统的自然生产力，共同降解废弃物，使城市废弃物输出量减少、治理成本降低，环境容量扩大；在生态方面，疏通基因走廊，提高自然生态的自维持、抗干扰、进化演替能力，为物种扩大生存繁衍的生境；在社会文化方面，复兴自在、神秘的自然环境，更有效地降解现代城市的废弃信息流，为人们提供洗涤身心的理想天地	结构包括"绿道"，即绿地及游憩系统；"兰道"，即水网；"白道"，即气流通道。以应对在大量的外部输入、内部调配和物质、精神生产过程中，伴随的大量的废弃流输出，包括废弃物流（废渣、废气、废水）、废弃能流（热岛、有机物）、废弃信息流（噪声、广告刺激、工作紧张、生活价值背离等

续表

生境结构	承载功能	构建途径
纵向生境结构	城市生物与非生命的物质与能量（阳光、水、空气、土壤）之关系的支持结构。在城市中重建这些因工程建设而遭破坏的纵向生境联系，恢复城市生物与无机环境之间的良性关系，是培育城市生物多样性、进而改善城市生态环境的支持结构	重建林地、草地、湿地、水体生态区之间的纵向联系；保护野生动物栖息地；增加透水面积，减少地表径流，改善水文循环；绿化墙面、软化地面，减少城市热辐射；改善河床基质与水生植物布局，净化水体等
生物种群结构	恢复或建立适宜的物种结构、种群或群落类型结构，是城市生物多样性的内在要求。古树名木和乡土物种代表了自然选择或社会历史选择的结果，能促进生产者（绿色植物）、消费者（动物）、分解者（细菌、真菌）之间，生物与无机环境之间的相互作用关系达到良性循环	在掌握本地区特殊生态学规律的基础上，谨慎引进外地生物物种。近期优先按本地原生生态群落、次生生态群落、人工生态群落的适生要求，来规划、重建和维护适宜的种群或群落结构

资料来源：吴人韦，1998

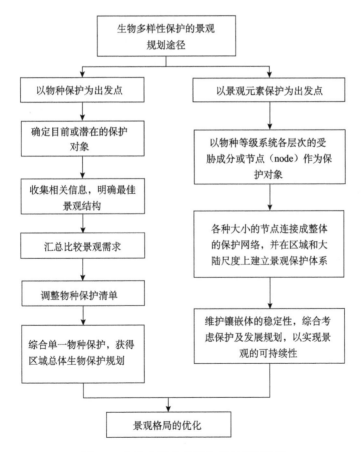

图 5-8　生物多样性保护的景观规划途径

在"山水林田湖草是生命共同体"理念下，城市生态网络的各类生态要素在系统论的思想上，成为生态保护与修复的关注热点（史芳宁等，2019）。在我国城市土地利用模式从"增量扩张"向"存量优化"转型的关键时期，通过统筹各生态要素，优化城市生态网络的布局结构，可以扩大城市生物多样性的承载容量，对生态环境和生物多样性保护都具有重要意义。生物多样性保护的生态网络规划，其本质是将破碎化的生境斑块进行连接，以达到动植物在斑块之间运动及增强种群连接度，实现连接生境、防止种群隔离、维持最小种群数量和保护生物多样性的目的。以岛屿生物地理学、景观生态学、城市生态学等为重要理论依据，结合生态过程研究的尺度依赖性和物种差异性，借助 RS、GIS 等技术平台，是进行生物多样性保护的生态网络优化的主要途径。将生物多样性保护纳入城市规划是维持城市生态安全、保护动植物资源的基本前提，而后期监管、政策和法规的跟进则是实施保障。

5.7 公 众 参 与

5.7.1 公众参与的实践模式

公众参与是城市生态网络规划实施的重要条件。在各个国家，由于生态网络所处大环境的差异性，公众参与的实施情况差异性较大。例如，在英国，国家公园的定义明确提到了休闲功能，而在世界自然保护联盟（IUCN）和德国的定义中，严格保护则是国家公园的最主要特征。受到多元化思想的影响，20 世纪 60 年代欧美国家开始对精英主导的城市规划工作进行反思，规划开始从强调技术性向社会协作和规划服务转化（Forester, 1980）。美国采取的是公众参与式情景规划模式。为了避免公众的"狭义参与"，兼顾预测、多层级、包容性的情景规划（scenario planning）的方式得到了发展（表 5-3）。在华盛顿和马里兰的参与式情景规划实践中，改变了传统依赖于公众展示或大众媒体等被动式的参与形式，而是让公众

表 5-3 美国传统规划与参与式情景规划的对比分析

要素	传统规划	情景规划
参与者	专业规划人员	规划人员、利益相关者（决策部门、社区代表、私人企业、公共机构、公众等不同利益主体）
程序	单向的	螺旋上升的
逻辑	过去断定未来	未来反推现在
变量关系	线性的、稳定的	非线性的、动态的
方法	宿命论、量化法	定性与定量结合、交叉影响和系统分析
未来图景	简单的、确定的、静态的	多重的、不确定的、适时调整的

可以直接参与所在城市或区域的未来发展规划,转化为主动的、创造性的参与形式。通过 GIS 平台、Index、TRANUS 等分析软件,将规划预期情景从交通、环境、就业等方面进行对比分析,以促进多个利益群体从对方的角度思考,展示了多种规划思路,为城市发展的侧重点提供了规划依据(章征涛等,2015)。

法国在 20 世纪 80 年代开始实行地方分权制度,将"公众参与"、"公众咨询"及"民主化"等理念相继编入立法,以促使公民享有平等的景观环境资源及保护公民的公众参与权。公众参与成为风景园林等相关规划设计行业项目流程的一部分,并以法律的形式确定下来(张春彦和纪茜,2019)。1983 年颁布的《公共调查民主化及环境保护法》,建立了一套完整的制度,保障市民的充分参与。法国南特岛的设计是一个公众共同参与协作完成的渐进式都市复兴项目,项目的动态变化是政策导向下专业设计师与居民共同交流的结果。在项目的推进过程中,不同阶段的方案通过机构进行展示,并接纳公众的咨询,且每个阶段通过所有参与者的商讨共同确定下一阶段的方案。公众参与的方案展示如图 5-9a 所示。图 5-9b 则展示了规划方案的动态演化过程,结合各影响及公众意见,每三个月进行一次调整。地块颜色代表发展的可能性,颜色越深,执行的可能性越大。公众参与为规划师的构思丰富了思路,同时,项目的实施也进一步激发了地区的活力。

 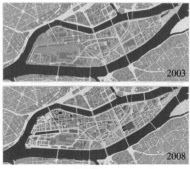

a. 规划方案展示　　　　　　　　　　　　　　　b. 规划方案演化

图 5-9　法国南特岛方案展示及演化

(图片来源:张春彦和纪茜,2019)

日本在《绿地总体规划(1996 年)》中,将规划内容公示进行了制度化。公众和相关部门共同参与整个规划的编制过程。规划内容的公示化及公众参与产生的背景包括:一是市民对生活环境的逐渐关注,且需求呈现多样化趋势;二是经过修订的《城市绿地保全法》中明确规定,绿地总体规划的内容必须公示,以得到各管理部门、企业和市民的积极协助。公示的渠道主要包括:①规划图和规划说明书的纵览;②将规划图和规划说明书的内容制作成册,进行发送;③登载在刊物上；④召开市议会、市民说明会、研讨会等进行讲解说明；⑤公布在各区街道告示板上。公示之后，征求市民意见，并进行归纳，制定基本方针，以构筑市民、企业、行政三位一体的伙伴关系，增强绿地规划的时效性（雷芸，2003）。

韩国的城市基本规划于 1981 年予以法定化。"2030 首尔规划"于 2009 年 1月正式启动。2010 年 5 月，通过开展问卷调查、收集自治区意见、各领域咨询会等方式收集意见，拟定城市基本规划草案。在规划审议过程中，尽管经过多种意见收集程序，仍注重过程中市民的实质性参与和合议过程。首尔市政府于 2011年 12 月，对城市基本规划的制定过程以及规划内容进行重审，秉承共享、创新、共存、复合的理念，将原来规划以行政人员和专家为主引入市民参与团队，共同参与规划方案的协商（燕雁和刘晟，2019）。市民参与的内容包括工作方案、规划愿景和目标战略的讨论。此外，市民团体根据规划阶段的不同，对团体的人员构成进行了明确界定（图 5-10）。

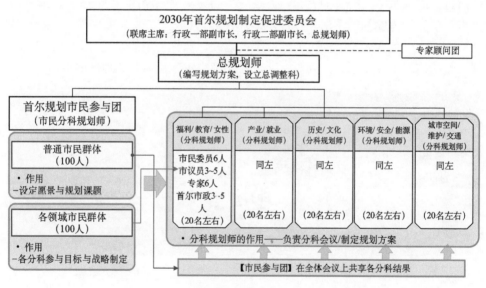

图 5-10　"2030 首尔规划"市民参与团的组成

（图片来源：燕雁和刘晟，2019）

2007 年，我国颁布的《中华人民共和国城乡规划法》，明确了公众参与的原则，并规定将公众参与纳入各层次规划的制定和修改之中。这意味着规划的公众参与机制被纳入法律层面考量。在《上海市城市总体规划（2017—2035 年）》（以下简称"上海 2035"）的编制过程中，公众参与工作贯穿了整个规划编制过程（图5-11）。公众参与以咨询团的形式参与，由具有代表性的各界人士组成，具有高规格聘请、制度化保障的特点，城市总体规划的编制专门制定《上海市新一轮城市总体规划公众参与咨询团议事规则》，发挥公众参与咨询团在政府与公众之间的桥梁和纽带作用。同时，公众参与咨询团全过程参与、全面性讨论、规范化结果、专业化建议，有效保证了规划信息的完整和准确表达。目前，国内的宁波、苏州等城市在编制城市总体规划的过程中也引入了公众参与咨询团，可见，公众参与是未来城市规划工作中的必要环节。

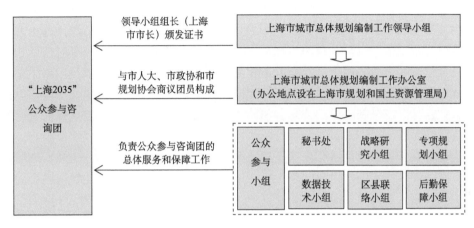

图 5-11　"上海 2035"公众参与咨询团工作机制

（图片来源：燕雁和刘晟，2019）

5.7.2　城市生态网络规划中的公众参与

公众参与是公众和政府共同制定政策和议案的行为。在一定程度上，个体或非政府社会组织通过合法的途径参与各类社会公共事务，涉及公共利益政策的制定及决策过程。本质上，公共参与是处理政府和公众之间的公共关系（Arnstein，1969；郝娟，2008）。城市生态网络作为一种具有保护生物多样性、恢复景观格局、保护生态环境和提升城市景观品质作用的公共空间，涵盖了市域范围内具有生态意义的生态斑块和生态廊道构成的网络化绿色空间，其本质上是一种公共物品，具有生态、经济和社会价值。城市生态网络空间是城市规划中资源分配的关键部分，在当前城市化进程不断加剧的过程中，"自上而下"的政策可能会导致生态要素在空间上的不平衡，促使城市化的偏态。而决策者由于认知的局限性难于驾驭综合的社会经济融合过程（顾朝林和吴莉娅，2008；周江评，2005）。弱势群体和边缘化群体不仅在生态空间的使用上受限，在规划决策中也仅仅有微弱的政治话语权（何盼等，2019）。在公共资源平等分配的视角下，公众参与城市生态网络规划过程是必须的。

在过去的几十年中，国际角度和国家层面的跨学科交流、跨领域合作、跨组织协作已经成为一种积极的合作发展趋势。但不可否认，长期的历史活动和人类活动的差异性、自然和文化系统互动的复杂性，会导致我们对生态环境、土地开发和保护、公众沟通等问题具有不同的理解。寻求共识、有效合作是一种未来的趋势，是确保公众参与对城市生态网络规划产生积极影响的必备条件。通过剖析国内外城市总体规划及城市绿地系统规划中的公众参与可得，在规划层面，公众参与主要体现在城市总体规划的实践中，而很少体现在城市生态网络方面或其他的相关专项规划中。以城市生态网络规划为例，公众是生态环境的直接感受者，生态环境遭受破坏时，公众的生存环境会受到直接影响。因此，应尽可能地让公众充分了解城市生态网络规划与城市相关规划之间的衔接关系，以及城市生态网络规划本体层面构建的关键性问题，如涉及的空间要素构成、构建方法等，以提出有效意见。在编制阶段，公众参与的实践主要体现在规划前期公众提供基础信息或反馈，或在规划方案的公示阶段收集反馈意见。而在编制过程中，很难高效地整合公众参与，这是社会高度专业化分工导致的知识体系分散。因此，在城市生态网络规划的实施过程中，应积极征询公众建议，以实现间断性参与向全周期的参与转变。在人员构成上，如果以个体参与为单位，可以体现平等性，但不确定、不稳定的群体组成容易导致信息利用性差、参与程度低、重复成本高、时间周期长等问题（武磊和党安荣，2005）。Howe 在 2006 年提出了众包（crowdsourcing）的概念，即"以公开召集的形式外包给非特定的（通常是大型的）大众网络的做法"。我们可以理解为，在大数据时代，将特定任务分配给自愿参加的不特定大众群体从而达到互惠互利，使规划更体现公众诉求（万耀璘等，2019）。结合我们提到的上海市总体规划中体现的"公众团体"，也可以在一定程度上很好地解决"个体参与"引起的若干问题。可见，如何协调效率与公平的关系，是城市生态网络规划中体现公众参与需要解决的重点问题，以真正体现生态网络的"空间正义"。

5.8　规划评价优化方法

（1）发展的。形态与功能的动态耦合是城市生态网络规划优化的主要目标。生态网络源于生物保护领域。城市生态网络规划是降低自然系统破碎化、增加物种及能量连通性的有效措施，同时，网络的构建可以缓解城市的无序蔓延，协调人地关系，建立不同利益主体之间的合作平台，解决发展与保护的矛盾。城市生态网络承载的功能是逐渐丰富的，以生态功能为主转为兼顾生态功能、社会功能和经济功能。城市生态网络规划的基础理论是逐渐充实的，生态学、景观生态学、城市生态学为城市生态网络研究提供了扎实的基础。同时，城市生态网络的构建途径是逐渐完善的，定性与定量相结合、跨学科技术平台相融合。

（2）明晰的。城市生态网络规划是多尺度、多层次的生态网络规划，在市域尺度、城区尺度的规划重点和服务对象是有所侧重的。在市域范围内，城市生态网络规划是将"山水林田湖草"和人居环境有机整合，通过建设用地内外绿色空间的整合，构建系统性、连续性的生态网络。在城镇开发边界以内，城市生态网络规划是对生态源地和绿色生态廊道进行识别，优化城区绿色空间的布局，建立完善的城市生态网络体系，与市域绿色空间有机串联。在不同的目标导向下，物种的生境保护、居民的游憩需求是规划中需要进行平衡的，但优化目标无法进行精确量化，因此，多目标导向下区间优化存在一定的变量值，相应的评价指标体系也是可调整的、各有侧重的，以使评价结果更加具体、准确。

（3）高效的。景观格局的评价，通常基于景观格局指数进行。景观格局指数的选取不是盲目、机械的，而是结合研究区域的空间特征，在斑块、类型和景观三个层次上分别选取格局指数，如可采用非空间组分指数和空间配置指数相结合的方式。对于生态网络的评价，通常采用表征生态过程的连接度和连通度指数进行衡量，如常用的 γ、α、β 指数等。对于生态网络，通常采用最小路径的方法构建阻力面，进行网络构建。在市域和城区范围内，景观格局及生态网络具有明显的差异性，将不同的评价指标结合，可以使评价结果更加客观、高效。

（4）操作性强的。城市生态网络规划作为国土空间规划的专项规划之一，城市生态网络规划的评价指标体系参照国土空间规划层面的"双评价"指标体系，其依托的数据平台是国土空间规划数据平台的重要组成，这为城市生态网络规划的横向和纵向构建、评价提供了基础。城市生态网络规划与国土空间规划体系需要实现法定化对接，以使城市生态网络规划具有明确的建设引导。各相关部门之间，建立协作平台，形成稳定的管理机制，这是城市生态网络规划落地实施的基本保障。同时，将城市居民的游憩需求作为重要考虑因素，引入城市生态网络规划，也是新时期城市绿色空间格局不断优化的重要条件。

参 考 文 献

安超, 沈清基. 2013. 基于空间利用生态绩效的绿色基础设施网络构建方法. 风景园林, (2): 22-31.

陈春娣, Colin M D, Maria I E, 等. 2015a. 城市生态网络功能性连接辨识方法. 生态学报, 35(19): 6414-6424.

陈春娣, 吴胜军, Douglas M C, 等. 2015b. 阻力赋值对景观连接模拟的影响. 生态学报, 35(22): 7367-7376.

陈利顶, 刘雪华, 傅伯杰. 1999. 卧龙自然保护区大熊猫生境破碎化研究. 生态学报, (3): 3-9.

傅伯杰, 陈利顶, 马克明, 等. 2001. 景观生态学原理及应用. 北京: 北京科学出版社.

顾朝林, 吴莉娅. 2008. 中国城市化研究主要成果综述. 城市问题, (12): 2-12.

郝娟. 2008. 提高公众参与能力 推进公众参与城市规划进程. 城市发展研究, (1): 50-55.

何盼, 陈蔚镇, 程强, 等. 2019. 国内外城市绿地空间正义研究进展. 中国园林, 35(5): 28-33.

姜磊, 岳德鹏, 曹睿, 等. 2012. 北京市朝阳区景观连接度距离阈值研究. 林业调查规划, 37(2): 18-22.

孔阳, 王思元. 2020. 基于 MSPA 模型的北京市延庆区城乡生态网络构建. 北京林业大学学报, 42(7): 113-121.

雷芸. 2003. 日本的城市绿地系统规划和公众参与. 中国园林, (11): 34-37.

刘滨谊, 吴敏. 2014. 基于空间效能的城市绿地生态网络空间系统及其评价指标. 中国园林, 30(8): 46-50.

刘海龙. 2009. 连接与合作: 生态网络规划的欧洲及荷兰经验. 中国园林, 2009, 25(9): 31-35.

刘杰, 张浪, 季益文, 等. 2019. 基于分形模型的城市绿地系统时空进化分析——以上海市中心城区为例. 现代城市研究, (10): 12-19.

刘菁. 2014. 武汉城市生态空间管控路径探索. 见: 中国城市规划学会编. 城乡治理与规划改革——2014 中国城市规划年会论文集. 北京: 中国建筑工业出版社.

柳清, 陆明, 刘海礁. 2017. 基于城乡网络连接度的城乡一体化网络规划框架探讨. 规划师, 33(5): 95-100.

卿凤婷, 彭羽. 2016. 基于 RS 和 GIS 的北京市顺义区生态网络构建与优化. 应用与环境生物学报, 22(6): 1074-1081.

曲艺, 陆明. 2018. 生态网络视角下的市域生态空间规划与管控策略——以哈尔滨市为例. 城市建筑, (18): 124-126.

单楠, 周可新, 潘扬, 等. 2019. 生物多样性保护廊道构建方法研究进展. 生态学报, 39(2): 411-420.

史芳宁, 刘世梁, 安毅, 等. 2019. 基于生态网络的山水林田湖草生物多样性保护研究——以广西左右江为例. 生态学报, 39(23): 8930-8938.

万耀璘, 徐晴雯, 廖彬超, 等. 2019. 众包在城市规划中的应用与展望. 清华大学学报(自然科学版), 59(5): 409-416.

汪云, 刘菁. 2016. 特大城市生态空间规划管控模式与实施路径. 规划师, 32(3): 89-93.

王敏, 梁爽, 王云才. 2019. 城市双修背景下绿地生态网络构建的情景比较与综合——基于"社会-生态"功能复合的视角. 南方建筑, (3): 1-8.

王天明, 王晓春, 国庆喜, 等. 2004. 哈尔滨市绿地景观格局与过程的连通性和完整性. 应用与环境生物学报, (4): 402-407.

王云才. 2009. 上海市城市景观生态网络连接度评价. 地理研究, 28(2): 284-292.

王云才, 申佳可, 象伟宁. 2017. 基于生态系统服务的景观空间绩效评价体系. 风景园林, (1): 35-44.

邬建国. 2000. 景观生态学——概念与理论. 生态学杂志, (1): 42-52.

吴昌广, 周志翔, 王鹏程, 等. 2010. 景观连接度的概念、度量及其应用. 生态学报, 30(7): 1903-1910.

吴人韦. 1998. 培育生物多样性——城市绿地系统规划专题研究之一. 中国园林, (4): 2-4.

吴未, 冯佳凝, 欧名豪. 2018. 基于景观功能性连接度的生境网络优化研究——以苏锡常地区白鹭为例. 生态学报, 38(23): 8336-8344.

吴榛, 王浩. 2015. 扬州市绿地生态网络构建与优化. 生态学杂志, 34(7): 1976-1985.

武剑锋, 曾辉, 刘雅琴. 2008. 深圳地区景观生态连接度评估. 生态学报, (4): 1691-1701.

武磊, 党安荣. 2005. 公众参与城市规划的技术方法. 北京规划建设, (6): 20-22.

熊春妮, 魏虹, 兰明娟. 2008. 重庆市都市区绿地景观的连通性. 生态学报, (5): 2237-2244.

许峰, 尹海伟, 孔繁花, 等. 2015. 基于 MSPA 与最小路径方法的巴中西部新城生态网络构建.
　　生态学报, 35(19): 6425-6434.

阎凯, 王宝强, 沈清基. 2017. 上海市生态网络体系评价方法研究. 上海城市规划, (2): 82-89.

燕雁, 刘晟. 2019. "团体形式"公众参与在城市总体规划中的作用研究——首尔经验与上海实
　　践. 上海城市规划, (5): 68-74.

尹海伟, 孔繁花, 祈毅, 等. 2011. 湖南省城市群生态网络构建与优化. 生态学报, 31(10):
　　2863-2874.

俞孔坚, 李迪华, 段铁武. 1998. 生物多样性保护的景观规划途径. 生物多样性, (3): 45-52.

张春彦, 纪茜. 2019. 政策法规下的法国风景园林正义探究. 中国园林, 35(5): 23-27.

张浪. 2007. 特大型城市绿地系统布局结构及其构建研究——以上海为例. 南京: 南京林业大学
　　博士学位论文.

张浪. 2008. 试论城市绿地系统有机进化论. 中国园林, (1): 87-90.

张浪. 2009. 特大型城市绿地系统布局结构及其构建研究. 北京: 中国建筑工业出版社.

张浪. 2012a. 上海市绿化建设规划指标与保障体系有机进化研究. 上海建设科技, (6): 43-46.

张浪. 2012b. 上海绿地系统进化的作用机制和过程. 中国园林, 28(11): 74-77.

张浪. 2012c. 基于有机进化论的上海市生态网络系统构建. 中国园林, 28(10): 17-22.

张浪. 2012d. 基于基本生态网络构建的上海市绿地系统布局结构进化研究. 中国园林, 28(12):
　　65-68.

张浪. 2013a. 上海市中心城周边地区生态空间系统构建重要措施研究. 上海建设科技, (6):
　　56-59.

张浪. 2013b. 上海市基本生态网络规划发展目标体系的研究. 上海建设科技, (1): 47-49.

张浪. 2014. 上海市基本生态网络规划特点的研究. 中国园林, 30(6): 42-46.

张浪. 2015. 城市绿地系统布局结构模式的对比研究. 中国园林, 31(4): 50-54.

张浪, 王浩. 2008. 城市绿地系统有机进化的机制研究——以上海为例. 中国园林, (3): 82-86.

张浪, 李静, 傅莉. 2009. 城市绿地系统布局结构进化特征及趋势研究——以上海为例. 城市规
　　划, (3): 32-36.

张浪, 姚凯, 张岚, 等. 2013. 上海市基本生态用地规划控制机制研究. 中国园林, 29(1): 95-97.

张远景, 俞滨洋. 2016. 城市生态网络空间评价及其格局优化. 生态学报, 36(21): 6969-6984.

张远景, 柳清, 刘海礁. 2015. 城市生态用地空间连接度评价——以哈尔滨为例. 城市发展研究,
　　22(9): 15-22, 2.

章征涛, 宋彦, 阿纳博·查克拉博蒂. 2015. 公众参与式情景规划的组织和实践——基于美国公
　　众参与规划的经验及对我国规划参与的启示. 国际城市规划, 30(5): 47-51.

周江评. 2005. 城市规划和发展决策中的公众参与——西方有关文献及启示国外城市规划. 国

外城市规划, (4): 42.

周璞, 王昊, 刘天科, 等. 2017. 自然资源环境承载力评价技术方法优化研究——基于中小尺度的思考与建议. 国土资源情报, (2): 19-24, 18.

周媛. 2019. 多元目标导向下的成都中心城区绿地生态网络构建. 浙江农林大学学报, 36(2): 359-365.

Arnstein S R. 1969. A Ladder of Citizen Participation. Journal of the American Institute of Planners, 35(4): 216-224.

Baudry J. 1984. Effects of landscape structure on biological communities: The case of hedgerow network landscapes. In Brandt J. and Agger P. (eds): Methodology in landscape ecological research and Planning. Vol. 1. Theme: Landscape ecological concepts. Roskilde University Center. Denmark. 55-65.

Brandt J, Agger P. 1984. Methodology in landscape ecological research and planning. Landscape and Urban Planning, (1): 55-65.

Bruinderink G G, Sluis T V D, Lammertsma D, et al. 2003. Designing a Coherent Ecological Network for Large Mammals in Northwestern Europe. Conservation Biology, 17(2): 549-557.

Cook E A. 2002. Landscape structure indices for assessing urban ecological networks. Landscape and Urban Planning, 58(2-4): 261-280.

Forester J. 1980. What Do Planning Analysts Do? Planning and Policy Analysis as Organizing. Policy Studies Journal, 9(4): 595-604.

Forman R T T. 1995. Land mosaics: The ecology of landscapes and regions. New York: Cambridge University Press.

Forman R T T, Godron M. 1986. Landscape Ecology. NewYork: John Wiley and Sons.

Harris L D. 1984. The fragmented forest: Island biogeography theory and the preservation of biotic diversity. Chicago: University of Chicago Press.

Jongman R H G, Kulvik M, Kristiansen I. 2004. European ecological networks and greenways. Landscape and Urban Planning, 68(2-3): 305-319.

Jonsen L D, Philip D T. 2000. Fine-scale movement behaviors of calopterygid damselflies are influenced by landscape structure: an experimental manipulation. Oikos, 88(3): 553-562.

Kindlmann P, Burel F. 2008. Connectivity measures: A review. Landscape Ecology, 23(8): 879-890.

Marullih J, Mallarach J. 2005. A GIS methodology for assessing ecological connectivity: Application to the Barcelona Metropolitan Area. Landscape and Urban Planning, 71(4): 243-262.

McHarg I L. 1969. Design with Nature. New York: Doubleday Natural History Press.

Merriam H G. 1984. Connectivity: A fundamental characteristic of landscape pattern//Brandt J. and Agger P. eds. Methodology in landscape ecological Research and Planning. Vol. 1. Theme: Landscape ecological concepts. Denmark: Roskilde University Center: 5-15.

Noss R F, Harris L D. 1986. Nodes, networks, and MUMs: Preserving diversity at all scales. Environmental Management, 10(3): 299-309.

Pavel K, Burel F. 2008. Connectivity measures: a review. Landscape Ecology, 23: 879-890.

Schreiber K F. 1987. Connectivity in landscape ecology//Proceedings of the 2nd International Seminar of the International Association for Landscape Ecology. Munster: Munstersche Geographische Arbeiten, 29: 11-15.

Singleton P H, Gaines W L, Lehmkuhl J F J F . 2002. Landscape permeability for large carnivores in Washington: A geographic information system weighted-distance and least-cost corridor assessment. Usda Forest Service Pacific Northwest Research Station, 22(549): 1.

Taylor P D, Fahrig L, Henein K, et al. 1993. Connectivity is a vital element of landscape structure. Oikos, 68: 571-573.

Teixeira F Z, Printes R C, Fagundes J C G, et al. 2013. Canopy bridges as road overpasses for wildlife in urban fragmented landscapes. Biota Neotropica, 13(1): 117-123.

Uezu A, Metzger J P, Vielliard J M E. 2005. Effects of structural and functional connectivity and patch size on the abundance of seven Atlantic Forest bird species. Biological conservation, 123(4): 507-519.

第6章　涉及的主要支撑技术及应用

6.1　ArcGIS 平台

地理信息系统（geographic information system，GIS）是一门结合地理学、测绘学、地图学、信息系统、城市科学、测绘遥感学、环境科学等学科的综合性学科。

GIS 起源于 20 世纪 60 年代初的西方国家，1963 年加拿大测量学家 R.T. Tomlinson 首次提出"GIS"这一术语，建立了全球第一个地理信息系统（加拿大 1∶5000CGIS），用于自然资源的管理和规划。随后，各国与 GIS 相关的研究组织和机构相继建立。例如，1966 年美国城市与区域信息系统协会（URISA）成立；1968 年国际地理联合会（International Geographical Union，IGU）设立了地理数据收集和处理委员会（CGDSP）；1969 年美国州信息系统全国协会（National Association of State Information System，NASIS）成立。这些组织机构的成立对 GIS 知识的传播以及 GIS 技术的发展起到了推动作用。70 年代以后，GIS 进入了快速发展阶段，GIS 建设在各发达国家中展开。例如，法国建立了深部地球物理信息系统和地理数据库系统（GITAN）；美国地质调查局（United States Geological Survey，USGS）建立了典型的地理信息系统（GIRAS）等。这一阶段地理信息的生产逐渐标准化、商业化，地理空间分析模型的应用逐渐广泛。

20 世纪 90 年代以来为 GIS 的社会化阶段，随着地理信息产业的形成以及全世界范围内数字化产品的普及，GIS 作为基础性技术已与其他科学技术结合，广泛应用于各行各业。此期间的地理信息系统发展具有三维 GIS、四维 GIS、组件式 GIS、移动 GIS、WebGIS 的发展特点（肖蓓等，2007）。其广泛应用于收集、存储、管理、分析评价和展示所有类型的空间或地理数据，既是分析空间信息的科学技术和工具，又是处理空间问题的"资源"（刘明皓，2009）。它通过地理位置和相关属性信息的结合，为土地利用、环境监测、交通运输、城市设计、生态网络构建等提供了科技支撑。

GIS 为描述与分析景观空间格局、模拟与分析景观生态过程，以及景观制图提供了一个极为有效的工具（刘海燕，1995），GIS 的数据处理过程见图 6-1。目前，在国土空间规划层面，我国已经发布的技术文件如《若干意见》《省级国土空间规划编制技术规程》《市县国土空间总体规划编制指南》等，均强调通过 GIS 平台实现数据的管理、分析（表 6-1）。

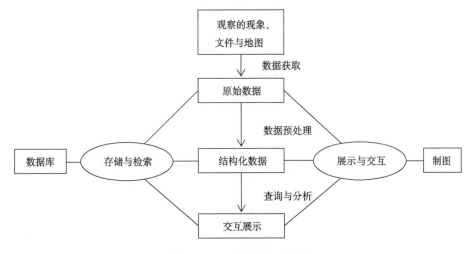

图 6-1 GIS 的数据处理过程

表 6-1 GIS 平台在国土空间规划中的应用

规划阶段	GIS 平台应用
数据管理与检测	a.基础资料（自然资源、社会经济、历史文化等）；b.相关部门的规划成果、审批数据；c.现状调查数据；d.多规分析数据；e.多规结果数据；f.多规合一冲突检测数据；g.多规合一成果数据
综合分析	a.拓扑检查；b.多规冲突分析；c.空间统计分析；d.交通网络构建和设施服务区分析；e.设施优化分析；f.交通可达性分析；g.空间格局分析；h.空间回归分析；i.规划大数据分析；j.资源环境承载力分析；k.国土空间适宜性分析
规划辅助（制图表达）	省级国土空间规划：a.主导功能区划分（城镇发展功能区划分、农产品生产功能区划分、重点生态功能区划分）；b.“三线”控制；c.专题统计分析；d.专题制图输出（水、土地、森林、草原、海洋、矿产等各类自然资源，能源、综合交通、防震减灾等各类基础设施）市县级国土空间规划：a.国土空间格局；b.城镇功能结构优化；c.乡村振兴发展；d.土地利用控制；e.绿色高效综合交通体系；f.城市文化与风貌保护；g.安全韧性与基础设施；h.绿色市政基础设施；i.国土空间生态修复
规划评估	a.多方案展示；b.预测和评价不同规划方案实施结果（土地价值分析、风险评估等）；c.动态监测；d.定期评估；e.冲突检测
规划传导	a.上位规划传导；b.下位规划引导与控制；c.专项规划引导与控制

资料来源：牛强. [2020.4.23]. https://v.kuaishou.com/s/xm2UcqcI

　　在生态学研究领域，借助 GIS 的数据管理和分析功能能够实现各类生态数据的定量化分析，为生态空间研究提供科学依据（李晓策等，2020）。GIS 技术支持下的生态空间分析方法是基于生态系统空间数据，研究其空间格局和动态变化的方法，主要包括空间形态分析、空间分布分析和空间关系分析等。在生态空间的相关研究应用进展中，王智勇和黄亚平（2014）以武鄂黄黄都市连绵区为研究区域，选取区位指数、土地现状、地形条件（高程、坡度）、水文条件、景观价值、道路交通六大类生态因子，借助 GIS 平台对研究区生态空间状况进行测度评价，依据测度结果对区域进行生态敏感性分级，并指出区域生态空间的现状问题。

在绿道的相关研究应用进展中，借助 GIS 的图形分析和处理功能，可以更精准地选取出城市绿道，针对不同因子进行定量化叠加分析。刘岳等（2012）以长沙市大河西先导区作为研究对象，借助 GIS 平台，选取洪水淹没区、土壤适宜度、生境斑块面积、土地利用类型、水源地、区域开发程度和地形坡度 7 种代表性因子，对研究区绿道网络展开了适宜性分析。基于 GIS 平台，葡萄牙里斯本阿赞布雅绿道规划研究（Pena et al., 2010）分别对研究区动植物的适宜性分布进行了分析制图，该研究强调景观的生态、文化功能。借助 GIS 平台，美国新英格兰地区中部绿道规划研究（Linehan et al., 1995）在适宜性分析的基础上，通过结构指数方法对区域的生物多样性以及绿道节点展开研究，模拟出 6 种可能的绿道网络连接图。在绿色基础设施的相关研究应用进展中，GIS 技术主要应用于自然资源的统计以及最小成本路径廊道的确定。以美国马里兰绿图计划为例，该规划借助 GIS 平台，采用空间数据多层叠加法对研究区域进行研究，确定绿色基础设施网络中心和连接廊道，选出符合要求的区域，通过 GIS 的最小成本路径模型确定廊道路径，建立绿色基础设施评价模型。研究证明，基于 GIS 平台构建绿色基础设施评价体系对自然资源保护和生态规划具有指导意义（付喜娥和吴人韦，2009）。

生态网络的构建通常为大区域尺度研究，客观的优化评价是生态网络构建的重要过程，结合 GIS 技术进行生态网络规划能够有效提高规划的科学性（张浪，2014）。

在生态网络构建过程中，GIS 技术主要应用于：①多元数据的收集和处理；②结合遥感等技术的土地利用格局调查以及景观生态格局分析；③生态网络图的形成，包括适宜性分析、最小成本路径模型、生态廊道确定、潜在生态网络构建等；④通过景观指数法对生态网络进行评价。城市生态网络是聚焦于城市尺度下的包含物种、生态和文化三个方面内容的宏观绿色生态网络系统，其目标是在促进物种保护的同时，形成一个维持城市可持续发展的绿色空间网络结构，在方案阶段结合 GIS 技术平台科学量化构建策略是推进城市生态网络构建的关键环节。王海珍和张利权（2005）以 GIS 技术为基础将厦门本岛绿地系统现状分布图和绿地系统规划图转换为数字化栅格数据，利用 GIS 查询功能选取绿地节点构建厦门本岛的生态网络，应用景观指数对厦门本岛绿地系统的现状和已有规划展开了评价。岳德鹏等（2007）以北京西北地区为研究区域，基于 GIS 平台，以研究区 1989 年、1996 年、2005 年三期遥感图为基础，通过景观指数计算，分析研究区景观格局时空变化特征与规律。在此基础上借助 GIS 技术构建累积耗费距离模型，识别生态源地，得到生态廊道和生态节点等景观组分的空间分布，提出景观格局优化方案。

　　GIS 的发展促进了城市生态网络实践研究，借助 GIS 平台将各类非空间数据转换成空间数据能够有效提高项目规划设计效率（张浪，2019）。此外数字化时代信息技术的高速发展也为城市生态网络构建提供了新的研究方法和更丰富的数据源。

6.2　大数据融合

6.2.1　多层级社会–经济–生态数据

　　大数据即大规模数据的诞生与科学研究发现有关，也就是我们所了解的科学数据（Howe et al.，2008）。早在 2001 年分析师 DougLaney 就用"3V"解释了数据增长的机遇和挑战，即数据量（volume）、数据产生速度（velocity）和数据种类（variety）（Mauro et al.，2016）。之后 Mauro 等（2016）学者认为应在"3V"的基础上加入价值（value），强调可以通过某些技术和分析方法实现其价值转化。定义为"为了更经济更有效地从高频率、大容量、不同结构和类型的数据中获取价值而设计的新一代架构和技术，用它来描述和定义信息爆炸时代产生的海量数据，并命名与之相关的技术发展与创新。"具有海量化、快速化、多样化、价值化（"4V"）四大特点和规模大、价值高、交叉利用、全息可见四大特征。

　　2015 年国务院印发的《促进大数据发展行动纲要》中提出，大数据是以容量大、类型多、存取速度快、应用价值高为主要特征的数据集合，正快速发展为对数量巨大、来源分散、格式多样的数据进行采集、存储和关联分析，从中发现新知识、创造新价值、提升新能力的新一代信息技术和服务业态。当前，信息技术飞速发展引起了数据量的极速增长，"大数据"的发展和应用已成为学术界的研究热点。

　　随着国土资源领域从信息收集到处理也进入数字化时代，国土资源大数据受到越来越多的关注。2016 年国土资源部发布的《关于促进国土资源大数据应用发展的实施意见》中指出，在新一代信息技术高速发展的背景下，要创新国土资源管理方式，提高科学决策能力（甄峰等，2015）。从国土空间规划编制方面来看，国土资源承载力评价主要是测度各类自然资源所能支撑人类开发活动和社会环境可持续发展的最大支持能力，现有研究多针对自然资源自身进行评估，涉及人类活动较少。然而在进行国土空间开发适宜性评价时，除了对空间资源自身属性的评估，还应当充分考虑国土资源与现状社会经济活动的相互影响，通过采集人类活动位置、移动轨迹、偏好和城市各环节运转大数据，建立包含各类社会经济活动的适宜性指标体系，综合评估国土空间适宜性，从而合理优化配置国土资源与社会经济空间资源（秦萧等，2019）。此外，国土空间规划编制还包括管理制度与措施制定，该部分较少涉及技术创新。

　　具体到生态空间、农业空间及城镇空间三大类国土空间的适宜性评价。生态空间适宜性评价主要包括对生态斑块和生态廊道的分析评价。农业空间适宜性评价主要针对地块连片度进行分析。城镇空间适宜性评价主要包含对斑块集中度和综合优势度的评价。前者主要是对城镇斑块数据自身属性的评价，后者则是对城镇空间综合优势的评价，一方面是城镇物质空间优势，如区位条件、交通路网密度、产业布局、公共服务设施布局和共享性。另一方面是城镇活动空间优势，如人口活动分布、产业活动联系。大数据在国土空间适宜性评价中的应用过程见表6-2。

表 6-2　大数据在国土空间适宜性评价中的应用

空间类型		大数据应用
生态空间适宜性评价	斑块集中度	斑块矢量数据
		生态景观指数
	生态廊道重要性	距离成本阻力分析
		生态安全评价数据
农业空间适宜性评价	地块连片度	斑块矢量数据
		生态景观指数
城镇空间适宜性评价	综合优势度	人口联系（居民活动位置大数据、社会网络分析）
		产业联系（企业 POI 及股权大数据、文本分析、社会网络分析）
		公共设施共享度（POI 及居民评论大数据、差异度分析引力模型）
		人口分布密度（居民活动位置大数据、核密度分析）
		产业布局密度（企业 POI 大数据、核密度分析）
		公服设施布局密度（公服设施 POI 大数据、核密度分析）
		区位条件（可达性数据、可达性分析）
		交通网络密度（路网数据、线密度分析）
	斑块集中度	斑块矢量数据
		城市形态指数

资料来源：秦萧等，2019

　　在国土空间规划相关的应用进展中，袁源等（2019）以互联网基于位置的服务（location based services, LBS）数据（人口迁徙和热力数据）作为数据源，采用人口流动格局分析和存量建设用地潜力评估分别对不同尺度区域展开研究。研究发现，将多源地理大数据应用于国土空间规划编制过程有助于提高空间规划编制的科学性和工作效率。王韬等（2018）基于绍兴市电子导航大数据，利用 GIS 的空间分析功能，提取绍兴市各区的 POI 数据分类信息，结合各区面积及人口数据，研究各类 POI 的分布规律，从而判断绍兴市各区域发展水平，提出城市可持续发展建议。包婷等（2015）基于智能手机所产生的用户移动轨迹大数据，分析了上海城市人口流动情况。王波等（2015）基于微博签到的地理位置大数据，分析南京市居民活动时间规律以及城市活动空间的动态变化规律，并在此基础上划分城市活动空间，分析其影响因素。

生态空间规划主要包括生态空间承载力评价与适宜性评价、生态空间结构规划、生态用地布局规划。其中生态空间结构规划和生态用地布局规划受人类活动影响较大（张浪，2018）。因此，在进行具体规划时应当把生态空间与人类活动之间的关系作为重点，综合界定各类生态资源的等级、准确判断生态用地类型和规模、合理优化生态网络（秦萧等，2019）（表 6-3）。

表 6-3　大数据在生态空间规划中的应用

规划阶段		大数据应用
生态空间结构规划	等级体系	空间活力测试（居民活动位置大数据；因子分析、核密度分析）
		空间规模及重要性（斑块及重要性评价数据；空间判别）
	生态网络	人文生态流测度（居民活动位置大数据；社会网络分析）
		自然生态流测度（水、风、生物迁移等数据；仿真模拟）
生态用地布局规划	用地类型	用地类型感知（居民感知及评价大数据；图片分析、文本分析）
		用地类型识别（遥感数据、用地数据；遥感解译）
	用地规模	用地规模感知（居民感知及评价数据；图片分析、文本分析）
		用地规模识别（遥感数据、用地数据；遥感解译）

资料来源：秦萧等，2019

在生态学研究相关的应用进展中，宋晓龙等（2012）将 90m 分辨率的数字高程模型（digital elevation model，DEM），水系和道路、水坝、居民点、城镇分布等社会经济数据，全国湿地数据，TM 遥感影像，土地利用类型分布和地貌数据，物种分布数据等，利用 GIS 技术矢量化为空间数据，并综合已有的空间数据建立地理信息系统数据库，对黄淮海地区跨流域湿地生态系统保护网络体系进行研究、评估与优化。岳文泽等（2019）以百度地图的建筑基底数据、城市 POI 数据、夜晚灯光数据、遥感数据等多源大数据为基础，并辅以杭州市行政边界矢量数据和社会经济统计数据，建立了综合社会、经济、生态系统的城市开发强度测度体系，测度了杭州市主城及副城的开发强度并研究了其空间分布规律。吴文菁等（2019）基于 Landsat8 影像数据、微博平台大数据、统计年鉴及空间基础数据等，构建了台风灾害影响下的海岸带城市社会-生态系统脆弱性指标体系,评估台风灾害对厦门不同地区的影响，同时利用微博用户的定位数据，对灾情进行了跟踪及分析。在绿道规划相关的应用进展中，李方正等（2017）以回龙观社区为例，基于社区反映社会基础设施分布的电子地图兴趣点（point of interest, POI）大数据，确定研究范围内绿道优先连接的社会基础设施分布区域，建立了以提高社区社会基础设施使用和服务效率为目的的绿道规划。

此外，大数据在生态环境领域的应用也较为广泛。生态环境大数据是在对生态环境要素"空天地一体"的连续观测的基础上，集成海量的多源多尺度信息，借助云计算、人工智能及模型模拟等大数据分析技术，实现生态环境大数据的集成分析和信息挖掘（刘丽香等，2017）。生态环境大数据在生态网络研究方面主要应用于生态系统长期定位观测网络，如美国国家生态观测站网络、中国陆地生态系统通量观测研究网络（China FLUX）、中国森林生态系统定位观测研究网络（CFERN）等（赵苗苗等，2017）。生态网络观测的优点主要体现在以下 3 点：①提供各个时间尺度、空间尺度，以及各个生物组织层次的研究和观测设施；②建立高速的生态环境大数据平台，联合多个生态系统观测设施，使用户通过远程登录方便地查询并开展相关工作；③研究人员可通过大数据共享和综合分析，运用模型模拟来预测不同的政策和人类活动对自然生态系统行为和环境所造成的影响（赵士洞，2005）。特别的，2016 年 3 月，我国环境保护部办公厅在关于印发《生态环境大数据建设总体方案》的通知中指出，由于生态环境数据受到生态系统结构与功能的动态变化影响，具有强烈的时空异质性，因此多表现为流式数据特征，需要动态新数据与已有历史数据相结合处理分析，确保数据的准确性和时效性（刘丽香等，2017）。以千烟洲中亚热带人工林生态系统为例，李士美等（2010）利用由中国生态系统研究网络（CERN）提供的基础数据以及由中国陆地生态系统通量观测研究网络提供的碳通量和潜热通量数据，研究了 4 类典型生态系统服务流量过程。李天宏和郑丽娜（2012）以黄土高原典型丘陵沟壑区延河流域为研究区域，基于 2001～2010 年延河流域水文站月降雨量数据和月输沙率数据、DEM 数据、MODIS NDVI 数据、土壤类型和土地利用数据，计算了研究区各年的土壤侵蚀模数，分析了延河流域土壤侵蚀强度的时空变化规律。

6.2.2　多分辨率、三维遥感影像

遥感一词起源于英语"remote sensing"，是 20 世纪 60 年代发展起来的一门对地观测综合性技术。遥感的科学定义通常有两种解释，广义上遥感被认为是一切与目标对象不接触的远距离的探测方法。狭义上遥感被认为是运用现代电子学、光学的探测仪器，不与目标对象接触，从远距离把目标对象的电磁波谱特性记录下来，通过分析处理揭示出目标物本身的特征属性及变化规律（刘纪远和布和敖斯尔，2000）。根据遥感平台的不同可以将遥感分类为，地面遥感，即把传感器设置在地面上（如船载、车载、手提、高架平台的设置等）；航空遥感，即把传感器设置在航空仪器上（如气球、飞艇、飞机及其他航空器等）；航天遥感，即把传感

器设置在航天器上（如卫星、宇宙飞船、宇宙空间站等）。根据遥感的工作方式可以将遥感划分为主动式遥感，即由传感器主动地向所需探测的目标对象发射电磁波，然后接收并记录反射回来的电磁波；被动式遥感，即传感器直接接收并记录目标对象反射的太阳辐射电磁波或目标对象本身所发射出的电磁波。根据遥感工作波段可以将遥感分类为紫外遥感、可见光遥感、红外遥感、微波遥感、多光谱遥感、高光谱遥感、超光谱遥感（王一达等，2006）。多光谱光谱分辨率在 0.1 数量级，传感器在可见光和近红外区域一般只有几个波段。高光谱光谱分辨率在 0.01 数量级，传感器在可见光和近红外区域有几个到数百个波段，光谱分辨率可达纳米级，具有分辨率高、图谱合一的特点（王桥等，2005）。

现代遥感技术提供的观测数据具有高时空分辨率、高光谱分辨率、动态、实时、高效的特点，是 GIS 的重要数据源和数据变化检测手段（李德仁，2003）。如何充分利用遥感数据的应用潜力，发展高效的遥感影像分析与解释方法，为自然资源调查、地理国情监测、环境监测、地图测绘、国土规划、城市规划、空间数据库更新、生态网络构建等领域提供数据和科技支持，是当前遥感研究的重点之一（傅煜和张浪，2018）。

以多分、高光谱遥感影像数据在生态网络方面的应用为例，刘兴坡等（2019）以上海市 2 个时相的 Landsat 遥感影像（2008 年 2 月 9 日、2015 年 8 月 3 日）作为研究基础数据，比较 2008 年和 2015 年城市景观格局和景观格局指数的演变，构建了上海市城市生态网络，提出了城市生态网络发展建议。刘杰等（2019）基于上海市总体规划和绿地系统规划资料及遥感影像数据对中心城区绿地进化的多维特征进行了研究分析。郭微等（2012）以佛山市顺德区中心城区 2009 年 QuickBird 高分辨率遥感影像为基础数据，辅以土地利用数据，构建了研究区绿地生态网络。吴榛和王浩（2015）以 2014 年扬州市 Landsat 遥感影像数据等为基础，构建了扬州市城市生态网络体系。郝丽君等（2019）以郑州市 2017 年遥感影像为基础，得到郑州市土地利用现状数据，结合城市规划数据，构建了郑州市中心城区绿道生态网络。周媛（2019）以 2016 年成都三环内的 QuickBird 高分辨率遥感影像为基础，构建了研究区城市生态网络。

无人机高光谱遥感技术，是以无人驾驶飞行器作为载体，通过搭载相机、光谱成像仪、激光雷达扫描仪等各种成像与非成像传感器，获取高分辨率光学影像、视频、激光雷达点云等空间遥感数据的新型遥感技术（金伟等，2009）。其不仅具备无人机平台的优势（执行任务灵活、不受云遮挡、成本低、智能化等），而且可以获取高空间、高光谱和高时间分辨率以及多尺度的遥感数据，常用于小区域范围的应急或高频次遥感调查。随着相关技术的发展，其应用领域涉及精准农业、大地测量、海洋监测、灾害监测、国土资源监测、生境监测、植物病虫害监测、森林资源调查、动物行为和数量调查等（胡健波和张健，2018）。激光雷达（light detection and ranging，LiDAR）即激光探测与测距系统，是一种能够直接、快速、精准地获取研究对象三维地理坐标的新兴主动遥感技术（Lefsky et al., 2002）。它通过测定传感器发出的激光在传感器与目标物体之间的传播距离，分析目标物表面的反射能量大小、反射波谱的幅度、频率和相位等信息，获取目标物的空间数据，实现对目标物的定位、识别及检测。具有：快速、非破坏性、穿透性、主动性、高精度、数字化、自动化等特征。因此，激光雷达遥感在应用于不同空间尺度范围以及偏远、陡峭区域时，与传统人力监测手段和被动遥感技术相比具有极大优势（郭庆华等，2014）。

Getzin 等（2012）利用无人机对德国的 10 个温带森林样地内的林窗进行了空间定位、形状确定和面积测算。Rodríguez 等（2012）利用飞行数据记录器和无人机监测的生境数据分析了区域鸟类物种分布规律。冯家莉等（2015）利用小型无人机对英罗港港湾两侧红树林资源进行调查，提取了高精度的红树林空间分布信息。方天纵等（2018）以天津市蓟州区 2016 年 6 月 22 日高分辨率遥感影像数据（包括分辨率为 8m 的 4 波段多光谱影像与分辨率为 2m 的全色影像）为基础，提出多源遥感数据融合的高时空分辨率绿色植被覆盖度(半月尺度,空间分辨率 2m)估算方法，并与半月尺度的降水因子匹配应用于中国土壤流失方程（Chinese soil loss equation，CSLE），开展了天津市蓟州区的土壤侵蚀监测。Baccini 等（2008）利用 LiDAR 数据对非洲热带森林地区的生物量展开研究,得到非洲热带生物量分布图。Nelson 等（2005）依据先验知识（即狐狸松鼠常以林分密度较大且林下空旷的场地作为栖息地），以 LiDAR 数据为数据源预测了该物种的潜在生境，提出以物种保护为目的的栖息地规划。

6.3　高精度动态可视化技术

6.3.1　虚拟现实技术

虚拟现实技术（virtual reality，VR）是一种可以创建和体验虚拟世界的计算机仿真系统，它利用计算机生成一种实时三维立体空间（通常叫做虚拟现实环境或模拟环境)，是一种多源信息融合的交互式的三维动态视景和实体行为的系统仿真。可借助头盔式显示系统、数据手套、数据衣等传感设备模拟人在自然环境中视、听、触、嗅等行为对生成的这个客观世界进行观察、分析和操控，从而实现用户与该环境中对象的自然交互，使人和计算机合为一体，给体验者以"身临其境"的感受。虚拟现实技术是一门结合计算机图形技术、人机接口技术、多媒体技术、传感技术、仿真技术、人工智能、网络技术等多种技术的高度集成技术（邹湘军等，2004），VR 系统的组成见图 6-2。

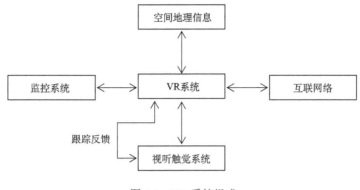

图 6-2　VR 系统组成

　　与传统的多媒体相比，VR 技术提供了直观的人机交互模式，使用户能够亲身体验模拟环境。一方面打破了时间和空间的限制，另一方面能够有效降低风险、节约成本、提高设计效率并检验设计的合理性、实现公众参与。因此，VR 技术在仿真训练、城市建设、可视化设计、交互体验等领域都有着极大的应用前景。

　　虚拟现实地理信息系统（VRGIS）是 VR 技术与 GIS 相结合的一门新技术，是用于研究地球科学或是以地球系统为研究对象的，集合虚拟现实、地理信息系统、多媒体等多种新技术的综合学科（Turner，1992）。VRGIS 把 GIS 所具有的空间数据的存储、处理、查询和分析功能集成到了虚拟环境中，同时也为用户提供了可视化用户界面对空间信息进行管理，增强了地学信息的显示功能，提高了用户处理和分析数据的效率，拓展了 GIS 的应用领域。与传统的二维地理信息系统相比，VRGIS 具有多学科的集成性、空间特征、实用性与动态特征，是现代GIS 研究的一个重要方向（张晶和邬伦，2002）。三维 GIS（即空间数据模型三维化、空间分析操作三维化的 GIS 系统）是 VRGIS 研究的重点方向，空间决策支持系统是三维 GIS 的典型发展方向。四维 GIS（即时态 GIS）是在三维 GIS 的基础上叠加时间参数产生的时空数据模型。其不仅可以监测地理环境或地理信息随着时间变化而产生的动态变化，还能针对特定时间段或时间节点的空间数据展开分析，实现对环境资源的动态管理与模拟（刘佳，2010）。

　　当前，在 RS 技术与 GPS 的支持下，利用 VR 技术将实时三维仿真图形与 CAD、GIS 信息集成在一起展开的实践应用已在建筑设计、城市设计、生态网络构建等领域受到关注，上海、北京、南京等地的研究机构和院校都已相继开展研究。相关研究主要包括：城市景观的预评价与模拟仿真；城市建筑群的三维建模；虚拟城市规划（图 6-3）；城市自然灾害的动态模拟和突发性自然灾害的实时监测；城市时空变化的动态模拟与监测；国土资源动态变化的模拟与监测等。

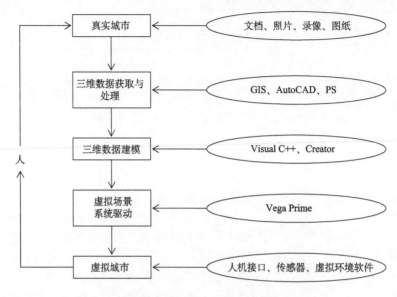

图 6-3　虚拟城市简要流程（修改自李成，2010）

6.3.2　增强现实技术

增强现实（augmented reality，AR）这一概念最早由波音公司的研究员 Thomas Caudell 提出，是将计算机生成的虚拟信息叠加到用户所在的真实世界的一种新兴技术（Caudell and Mizell, 2002）。增强现实的通用定义有两种，一是 Paul Milgram 于 1994 年提出的现实-虚拟连续统一体（reality-virtuality continuum）模型，即将真实环境与虚拟环境放置在两端，其中靠近真实环境的是增强现实（augmented reality），靠近虚拟环境的是增强虚拟（augmented virtuality），位于它们中间的是混合现实（mixed reality）。另一种定义是 Ronald Azuma 于 1997 年提出的，是以虚拟物与现实结合、实时交互、三维注册为特征，对真实世界进行增强的技术。综合以上两种定义和学术界相关阐述，可将增强现实定义为，将计算机生成的二维和三维的虚拟数字信息（虚拟三维模型、动画、视频、图片、声音、文本等）实时叠加到真实场景中并与现实物体或用户实现自然互动的人机交互技术。AR 能够对海量三维数据进行处理和可视化显示，其基本流程见图 6-4。

增强现实与虚拟现实的区别在于：VR 是投影到虚拟环境中的，AR 是投影到现实环境中的。与 VR 相比，AR 提供了更加真实的表达效果和体验感受，且适用范围更广。对于增强现实系统来说，实现虚拟与现实场景的融合主要依赖于显示技术、跟踪和定位技术、界面技术以及标定技术 4 个关键技术（齐越和马红妹，2004）。

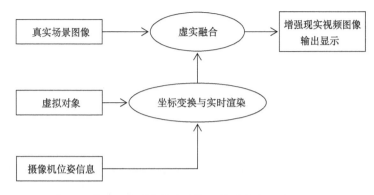

图 6-4　增强现实系统基本流程（修改自余日季，2014）

增强现实地理信息系统（augment reality geographical information system，ARGIS）是 AR 技术与 GIS 平台相结合的技术，其定义为"是对客观地理世界进行数字化描述、存储、管理，同时又能将这种描述与真实世界的景象融为一体、并给出指定对象的空间信息、提供户外移动式信息交互的一类地理信息系统"（孙敏等，2004），是 GIS 研究的热点之一。

当前，增强现实技术已得到学术界和社会的广泛关注。在国土空间规划方面，规划编制及实施过程需要大量的基础地图数据作支撑，与传统利用二维地图对地理数据进行描述的方法相比，基于 VR 和 AR 技术的地理信息可视化技术改变了传统的地理数据表现形式，地理数据在真实环境中的可视化表达可以使用户获得更加直观、有效的认知体验，有助于非专业用户对地理信息内涵的正确理解，提高决策者的工作效率（陈科等，2009）。在数字化遗产保护方面，澳大利亚巴拉瑞特城市历史景观的数字化遗产景观档案建设项目（杨晨，2017）基于建筑信息模型和 GIS 平台构建了"巴拉瑞特可视化地理信息数据库"，同时尝试结合 VR 和 AR 技术，以三维可视化形式展现城市历史景观，为公众提供更加真实的游览体验。在生态学方面，Ghadirian 和 Bishop（2008）应用 GIS 和离线 VR 技术把虚拟变化模型叠加在真实的全景视频影像上，对澳大利亚维多利亚省 Cudgewa 山谷野草生长的动态过程进行了模拟。通过建立 GIS 模型和视频帧之间的联系，实现了对模型动态变化过程的可视化显示，体现了其在地理数据动态显示方面的优势。此外，动物栖息地的相关研究也可以借助 VR 和 AR 技术，通过构建模型对生物的时空动态变化过程进行模拟，为栖息地规划提供参考（张文涵等，2019）。

总的来说，虽然增强现实技术仍有待研究，但大量的应用研究表明，它具有广泛的应用前景。在未来的发展中，随着科技的进步，移动互联网时代将为 AR 技术带来广阔的应用群体。AR 技术的应用，特别是在移动智能终端上的应用是现代 AR 技术应用的重点方向。随着 AR 技术的发展，未来增强现实技术将在很大程度上改变人类生产、生活方式，为人类创造更为真实的虚实融合世界。

6.3.3　谷歌街景

谷歌街景（google street view）是嵌入在谷歌地图及谷歌地球中的一项功能，是能够提供街道水平方向及城市景观垂直方向纵断面照片的一种地图服务方式。该服务通过网络地图和基于位置的服务（LBS）实现其实时性。

在与街景评估研究相关的应用进展中，Garré 等（2009）基于街景图像数据，采用视域、形状和天空作为评估景观视觉质量的量化指标。Li 等（2015）修改了现有的绿色视觉指数（GVI）公式，结合街道实景图像对纽约曼哈顿区东村地区的街道绿化进行了评估，研究证明与 GVI 相结合的街景数据可以有效提高评估效率和准确性，从而更科学地指导城市景观规划和管理。在生态学方面，Rousselet 等（2013）利用谷歌街景的实时图像，通过目视识别幼虫的巢，获得了该物种在法国政区中心地带的分布情况。在城市研究方面，Torii 等（2009）利用谷歌街景数据开展了三维城市建模研究。

此外，利用谷歌街景大数据还可以将人与城市的交互体验与地图结合。以西班牙巴塞罗那雅虎实验室为例，研究人员基于谷歌街景图片数据建立数据库并发布在网站上，以访问者对城市内不同位置美丽程度的评价大数据为基础建立导航算法，制定了风景更宜人的旅游路线（Quercia et al., 2014）。Degraen（2016）以格网为单位，按照街景数据内容主题对其分类，制定了个性化的旅游路线。

6.3.4　空间决策支持系统

空间决策支持系统（SDSS）是决策支持系统（DSS）与具有空间特性的地理信息系统（GIS）融合发展的新兴科学技术领域。决策支持系统是以管理学、运筹学、控制论、行为科学和人工智能为基础，运用信息仿真和计算机手段，综合利用各种数据库、信息和模型来辅助决策者或决策分析人员解决结构化、半结构化和非结构化问题的人机交互系统（王家耀等，2003）。空间决策支持系统是用于解决难以具体描述和模拟的空间问题的决策支持系统（常晋义和张渊智，1996）。基于 GIS 的空间决策支持系统的基本框架见图 6-5。

空间决策支持系统是支持决策的自适应系统。它能够快速的为决策者明确决策目标，建立修改决策模型和空间复合运算，并对提供的多种可选方案进行评价和优选，从而为正确决策提供帮助（常晋义和张渊智，1996）。在国土空间规划方面，SDSS 能够为科学的规划提供精确、系统、全面的基础信息。专用的国土空间决策支持系统能够为决策者提供空间决策、数量决策、管理决策，提高了土地开发整治工作效率。在生态环境规划领域，应用 SDSS 可以对生态环境的空间问题进行分析评价、模拟预测以及辅助决策。

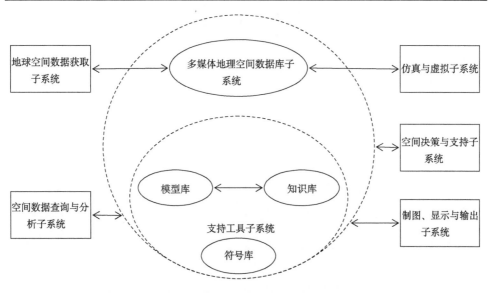

图 6-5　基于 GIS 的空间决策支持系统

　　近年来，国内外诸多学者对 SDSS 进行了大量的应用研究。Zhu 等（1996）利用 SDSS 构建了土地利用的空间决策支持系统。Ferretti 和 Pomarico（2013）采用多指标空间决策支持系统进行了生态连接性指数计算。Patel 等（2011）利用 SDSS 设计了海洋综合决策分析系统，并在伯利兹六个海洋保护区进行了应用。结果发现，SDSS 通过情景分析和建立模型促进了区域生态环境的研究与保护，并进一步提高了保护区自然资源管理水平。

6.4　多尺度模型耦合

6.4.1　景观生态网络模型

1. Fragstats

　　Fragstats 最初是美国俄勒冈州立大学森林科学系为研究景观空间构成而设计研发的空间模拟分析程序，现已成为一款功能强大的景观格局指数计算软件。它通过对景观镶嵌模型地图进行空间分析来表示景观结构。通常来说，计算的步骤首先是输入获得到的经 GIS 处理过的栅格分类图，之后设置相关处理参数，最后选择相应的分析指标对每个斑块、斑块类型、整个景观进行计算。具体构建流程如图 6-6 所示。

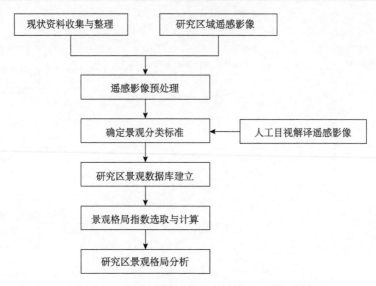

图 6-6　利用 Fragstats 分析景观格局的流程图

　　最新的 Fragstats 4.2 软件可以准确地计算出近 200 多个景观指数，这些景观指数可以按尺度水平分为三个层次，同时可以按所测内容分为八大类别（表 6-4）。斑块级别（patch-level）的景观格局指数反映景观中单个斑块的结构特征，斑块级别指数不能解释整体景观结构，一般只作为计算其他景观级别指标的基础。具体包括斑块面积（PA）、斑块周长（PERIM）、核心斑块面积（CORE）等指标。斑块类型层级（class-level）的景观格局指数直接反映景观中不同斑块类型各自的结

表 6-4　景观指数分类表

	分类方式	类型
景观指数	按尺度水平分类	斑块尺度水平
		斑块类型尺度水平
		景观尺度水平
	按所测内容分类	面积/密度/边缘指数
		形状指数
		核心面积指数
		对比度指数
		独立/邻近度指数
		蔓延/离散度指数
		连通性指数
		多样性指数

构特征和景观生态状况。具体包括斑块类型面积（CA）、斑块所占景观面积比例
（PLAND）、拼块数量（NP）、拼块密度（PD）等指标。景观层级（landscape-level）
的景观格局指数分析可以从全局的角度对于研究区的整体结构特征和景观生态水
平进行分析。它除了斑块类型水平指数所包含的指数以外，还包括了其他能够体
现景观格局整体特性的指数，如多样性指数（SHDI）、均匀度指数（SHEI）、分
维数指数（PAFRAC）等。具体包括景观面积（TA）、最大拼块面积占景观面积
比例（LPI）、总边缘长度（TE）、景观形状指标（LSI）等指标。

在土地利用规划的相关研究中，利用 Fragstats 景观格局指数分析土地利用景
观空间格局特征或动态变化、进行土地生态质量评价研究等。李欢等（2011）基
于 1987 年和 2007 年两个典型时期的遥感影像，利用 Fragstats 分析蒙阴县的景观
格局动态，以了解土地利用景观格局的动态变化特征。杭佳等（2013）以多时相
Landsat 4 期遥感影像数据为基础，借助 GIS 技术和景观生态学方法，分析彭阳县
1991～2010 年的土地利用变化动态及景观格局变化。王观湧等（2014）以唐山市
曹妃甸新区为研究区，利用 Fragstats，运用景观生态学理论和主成分分析方法，
探讨了曹妃甸新区景观格局变化的驱动力因素。于佳和张磊（2016）基于 Fragstats
软件，以长春市 1984 年和 2014 年土地利用调查数据，分析了该研究区近 30 年各
土地利用景观空间格局动态变化。于婧等（2020）利用 GIS 和 Fragstats，从土地
生态系统的景观特征、生境质量的抗干扰能力和社会经济效益 3 个方面对湖北仙
桃市土地生态质量进行综合评价。

在绿道、生态廊道规划的相关研究中，利用 Fragstats 景观格局指数分析绿道
或生态廊道现状，并构建绿道网络。罗坤等（2009）利用 Fragstats 从崇明岛绿色
河流廊道景观构成和廊道网络结构两个方面详细分析崇明岛内各行政区域的不同
绿色河流廊道的景观格局。邵国权等（2014）通过 Fragstats 对南京市景观格局进
行计算，分析南京市近 20 年的景观格局演变特征，通过最小距离耗费模型构建南
京市廊道生态网络。赵岩和陈紫园（2019）通过 Fragstats 对 353 省道绿地进行景
观格局指数分析，在此基础上进行生态服务价值评价以及生态位适宜度评价，最
终提出景观格局优化的建议。

在城市绿地的相关研究中，利用 Fragstats 景观格局指数进行城市绿地景观格
局特征分析与优化、城市绿地的景观格局动态变化及驱动力研究，城市景观格局
的尺度及尺度效应研究，进行城市生态网络构建等。①在城市绿地景观格局的特
征分析与优化研究上，马琳和陆玉麒（2010）通过 Fragstats 计算南京市主城区公
园绿地的景观格局指数，对其布局特征和内在机制进行分析，并提出优化建议。
付晖等（2014）运用 Fragstats 对海口市中心城区公共绿地景观构成和景观格局进
行分析，以期为海口市的公共绿地建设提供借鉴。魏绪英等（2018）以南昌市主
城区的公园绿地为研究对象，利用 Fragstats 计算相应的景观指数对现有的南昌市

公园绿地景观格局进行定量分析，在此基础上提出优化策略与方案，并对优化后的景观格局进行评价。②在城市绿地景观格局的动态变化及驱动力研究上，李莹莹等（2016）运用 Fragstats 移动窗口法对上海 5 个时期的绿色空间景观格局进行计算，对其景观格局梯度和多样性时空动态进行分析。③在城市生态网络研究上，利用 Fragstats 对现状绿地景观格局或一定时期内景观格局变化进行分析，并根据分析的结果进行城市生态网络构建。王海珍和张利权（2005）利用 Fragstats 对厦门进行景观格局分析，评价了厦门绿地系统的现状。在此基础上进行生态网络的构建。戚仁海和熊斯顿（2007）先根据网络分析法构建了多种生态网络方案，再运用 Fragstats 在斑块类型层次上和景观层次上对崇明岛绿地现状和优化后的生态网络规划方案进行分析，并提出完善的建议。唐吕君等（2015）以长河镇为研究区域，利用 Fragstats 对长河镇绿地景观格局进行分析，定性评价绿地斑块组成及破碎化程度，在此基础上构建长河镇生态绿地网络构建最优预案。吴远翔等（2019）使用 Fragstats 对哈尔滨市南岗区进行评价指标计算，并提出一系列的城市生态网络修复策略。刘兴坡等（2019）通过 Fragstats 比较了城市景观格局和景观格局指数的演变，并应用最小成本路径模型构建城市生态网络，提出相应的发展建议。

景观格局的分析方法在景观生态研究中具有重要的地位，用景观指数描述景观格局及变化，建立格局与景观过程之间的联系，是景观生态学最常用的定量化研究方法。但是，使用 Fragstats 进行景观格局分析仍存在一些不足。

（1）分析过程的不确定性。陈建军认为景观格局定量分析的数据源、方法、定量分析过程和解释都存在不确定性，并在不同分析阶段进行传递和累积。因此，如何克服定量地分析景观格局过程中的不确定性，是景观生态学重要的研究课题。在引用这些定量分析方法时，合理选择景观指数，加强分析过程的验证是控制和减少不确定性的有效途径。

（2）缺乏统一标准来评判景观指数是否"好"、适应性和描述性是否"强"。许多学者在用景观指数描述景观结构、对景观过程进行生态学解释时，发现有些景观指数的生态学意义并不明确，甚至有相互矛盾的现象，且不同指数之间存在很高的相关性，因此同时采用多个指数（特别是同一类型的指数）进行比较往往并不能增加新的信息。基于上述原因，景观格局指数的选择需针对研究区绿地景观的自身特点和绿地系统规划的需求，选择易于量化、具有代表性、便于获取又能充分说明研究区绿地状况的指标进行分析。

2. 独立廊道模型

廊道作为物种的生活、移动或迁移的重要通道，可以促进和维持孤立栖息地斑块之间生境的连接，使物种能通过廊道在破碎化生境之间自由扩散、迁徙，增加物种基因交流，防止种群隔离，维持最小种群数量并保护生物多样性。

　　廊道构建过程中的理论基础包括渗透理论、图论、景观指数、阻力模型和电流理论。其中，图论将斑块、廊道、基质抽象成图形，丰富了廊道连接的度量方法，是近 20 年使用最多的廊道构建理论。景观指数中的连通性指数、聚合度指数、距离指数、斑块邻近度指数，可以定量化描述廊道在位置和数量上的有效性、连续性及完整性以及识别重要连接度的区域。由阻力模型延伸出的最小成本距离分析，针对路径分析的最小成本路径模型和距离成本模型成为构建潜在廊道的主要方法。电流理论发展较晚，实现了基于物种运动的廊道模拟。

　　基于廊道构建理论已衍生出 17 种主要的廊道构建模型工具，主要分为独立廊道模型工具和基于 GIS 平台的廊道构建模型工具两大类型。常见的独立廊道模型工具有 Conefor、Connecting Landscapes、FunConn、Fragstats 等。该类模型工具无须依赖任何商业 GIS 工具软件，操作简单，计算过程便捷，但大多数均缺少空间显示功能，需借助第三方软件工具进行可视化的空间表达。Saura 和 Torné（2009）基于图论和阻力模型理论提出了 Conefor 模型，主要运用于在景观尺度上测量栖息地之间的可达性、连接性指数转换、特定目标物种的详细分析和功能连通性评价。Carroll 等（2012）基于景观指数理论提出了 Connectivity Analysis Toolkit 模型，主要应用于栖息地重要性排序、源与目标栖息地斑块之间的廊道制图。Leonard 等（2017）基于电流理论提出了 GFLOW 模型，主要针对廊道模拟的大尺度、跨平台和高性能计算。Foltête 等（2012）基于图论理论提出了 Graphab 模型，主要应用于栖息地之间的连通性创建和连通性指标计算。Galpern 等（2012）基于阻力模型理论提出了 Grainscape 模型，主要运用于高移动性物种的迁徙廊道模拟。Brás 等（2013）基于阻力模型理论提出了 MulTyLink 模型，主要运用于阻隔面的分类和经验模型的导入。Landguth 等（2012）基于阻力模型理论提出了 UNICOR 模型，主要运用于廊道与障碍区的识别以及物种潜在的源、汇区识别。常见的基于 GIS 平台的廊道构建模型工具有 CircuitScape（ArcGIS）、MulTyLink（ArcGIS）、LandScape Corridors（GRASS GIS）。该类模型工具继承了 GIS 强大的功能，模拟可靠性高。McRae 等（2008）基于电流理论提出了 CircuitScape 模型，主要模拟计算不同节点之间的多条廊道。Shirk 和 McRae（2013）基于电流理论提出了 Gnarly Landscape Utilities 模型，主要用于栖息地图层与阻力面图层的制作。Breckheimer 和 Milt（2012）基于电流理论和阻力模型理论提出了 Connect 模型，主要用于多功能廊道模拟平台、连通性恢复区确定、多情景方案评估。Majka 等（2007）基于阻力模型理论提出了 Corridor Design 模型，是基于 ArcGIS 的野生动物走廊设计工具包。Theobald 等（2006）基于阻力模型理论提出了 FunConn 模型，主要用于非样本数据的复杂景观网络建模和大尺度功能性连接模拟。Vogt 和 Riitters（2017）基于阻力模型理论提出了 GuidosToolbox 模型，主要用于栅格数据分析，结构连通性评价和距离成本分析。2017 年，巴西空间生态学和保护实验室基于阻力模型理论提出了 Landscape Corridors 模型，主要用于目标斑块间的多通道计算，包含物种生境要求信息，可应用随机理论进行模拟。McRae 等（2013）基于阻力模型理论提出了 Linkage Mapper 模型，主要用于核心区之间的复合廊道计算和确定夹点及障碍区域便于廊道恢复；与 Circuitscape 工具联合使用。

　　在廊道的建模过程中，耦合多种理论方法应用于生物多样性保护廊道的构建过程，考虑人类活动对自然和物种的影响将成为今后廊道构建的趋势。在廊道构建中，仍有一些不足：不同的理论模型的可靠性和精度往往取决于其理论基础的成熟度和赋值的合理性；廊道的模拟结果也无法得到有效地验证；尺度问题是生物多样性保护廊道构建方法中面临的主要问题，尺度的选取将直接影响廊道模拟的准确性和可靠性。

6.4.2　土地利用变化模拟模型

1. GeoSOS

　　地理模拟与优化系统（geographical simulation and optimization system，GeoSOS），是指在计算机软、硬件支持下，通过自下而上的虚拟模拟实验，对复杂自然系统进行模拟、预测、优化和显示的技术。它是探索和分析地理现象的格局形成、演变过程以及进行知识发现的有效工具（黎夏等，2009）。系统由黎夏教授、叶嘉安院士、刘小平教授及其团队多年在空间优化研究、地理元胞自动机以及多智能体的研究基础上，由黎夏教授提出的。GeoSOS 系统已被全球 40 余个国家和地区的用户用于超过 100 个地理研究实例中，其中国内用户遍及近 30 个省、自治区和直辖市。

　　该系统由 3 个重要模块组成：地理元胞自动机（CA）、多智能体系统（MAS）和生物智能（SI）。其中地理元胞自动机模块中不仅包含了常用的 CA 模型，也包括 MCE-CA、PCA-CA、Logistic-CA、ANN-CA、Decision-tree CA 等，为用户提供了一种选择最佳模拟模型的方便途径（图 6-7）。作为模拟优化平台，GeoSOS 是 ArcGIS 的重要补充工具，可以弥补 GIS 平台在对过程进行模拟和优化方面的不足。

　　GeoSOS 目前已经应用于分析土地利用变化情况、预测城市扩张趋势、公共设施选址选线、生态保护红线和城市增长边界划定等地理模拟和空间优化问题，可成为城市化发展分析的理论和技术基础。在分析土地利用变化上，陈逸敏等（2010）通过 GeoSOS 中的 CA 模型对广东番禺的城市发展格局进行低速增长情景、基准情景和高速增长情景三个情景的模拟，为番禺区农田保护提供预警。吴大放等（2014）以珠海市为研究区域，利用 GeoSOS 分析 1973～2008 年珠海市耕地动态变化，在总结其时空变化特征的基础上，使用 Logistic-CA 模型从空间角度深入

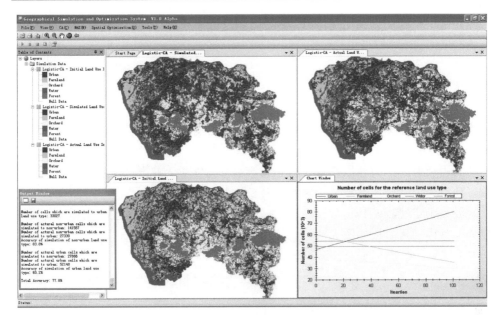

图 6-7　GeoSOS 逻辑回归 CA 示例

（图片来源：黎夏. [2020-3-11]. http://www.geosimulation.cn）

分析了珠海市耕地变化的机制。史焱文等（2018）运用 ArcGIS 和 GeoSOS 软件对长垣县两个时段内土地利用变化过程进行模拟分析。在预测城市扩张趋势上，马世发和艾彬（2015）利用 GeoSOS 中的 CA 模型进行城市扩张模拟，分析城市扩张对生态敏感区的潜在影响，并进行生态适宜性评价，利用蚁群智能空间优化配置模型得出一种优化的城市空间布局方案。在城市增长边界划定上，马世发和黎夏（2019）以长株潭城市群为研究区域，阐述了 GeoSOS 模型在城市群开发边界识别中的应用效果。在公共设施选址选线上，黎夏等（2009）利用 GeoSOS 和 ACO 模型生成路径，研究公共设施的选址选线。在生态保护红线划定上，黎夏等（2010）将城市元胞自动机与 ACO 耦合，以广州市为例，在不断变化的景观下对自然保护区进行分区。

GeoSOS 是在深入研究复杂人地关系时空演变过程机制基础上设计的地学分析仿真系统，利用地理模拟系统可以预测土地未来的发展趋势。当前我国已开展省级空间规划工作，要求基于生态控制线、基本农田保护线和城市增长边界划定生态、农业和城镇空间，作为典型的空间模拟与优化问题，地理模拟优化系统能够为区域空间规划提供理论和工具支撑，也可为基于"多规合一"的新工作模式提供参考。针对复杂的人地关系调控和国土空间规划体系构建需求，未来还需要发展多尺度地理协同（区域、国家乃至全球）和多主题要素联合（城市、农业、生态、水文、气候等）的精细化过程（土地利用、人类轨迹、消费行为等）模型，才能为国土空间规划决策提供科学依据。

2. FLUS

未来土地利用模拟（future land use simulation，FLUS）模型是由中山大学刘小平教授团队所开发，在传统元胞自动机（CA）的基础上做出了改进，通过耦合人类活动和自然生态效应，提取研究区土地利用变化规则，模拟未来土地利用的模型。FLUS 模型采用土地利用类型的适宜性概率、土地利用类型转换适宜性和土地利用类型之间的邻域关系来估算土地利用类型变化的概率。采样的方式能够较好地避免误差传递的发生，能够解决多种土地利用类型互相转化时存在的复杂性以及不确定性，使其具有较高的模拟精度，提高了预测长时段土地利用变化的能力。具体构建流程如图 6-8 所示。

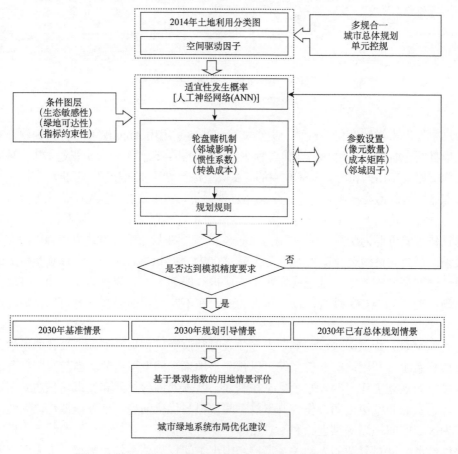

图 6-8　FLUS 模型用于城市绿地布局发展模拟的技术流程图

（资料来源：Liu et al., 2019）

FLUS 模型目前主要应用于土地利用模拟、城市扩张模拟和城市增长边界的划定等方面。在土地利用模拟方面，王保盛等（2019）以闽三角城市群 2030 年土地利用模拟为例，针对 FULS 模型邻域权重参数提出一种基于历史情景的设置方法。朱寿红等（2019）将重要规划节点的区位因素纳入 FLUS 模型，以南京市溧水区为例，对考虑规划区位因素模型的模拟结果进行检验，对 2030 年生态用地空间布局进行模拟和预测。刘杰等（2019）以许昌市为研究区域，将城市绿地演化耦合于城市用地发展，基于 FLUS 模型模拟了 2030 年城市绿地的布局方案。王旭等（2020）以湖北省为研究区域，利用 FLUS 模型基于湖北省的土地利用数据及 15 种驱动因子，对湖北省生态空间进行预测模拟。

在城市扩张模拟和城市增长边界的划定方面，朱寿红等（2017）基于"反规划"理念，以徐州市贾汪区为例，采用 FLUS 模型对 2020 年研究区土地利用变化进行情景模拟，探讨城镇用地增长边界划定思路。吴欣昕等（2018）以珠江三角洲地区为研究区，对 2000～2013 年珠江三角洲地区城市土地利用进行模拟和验证，并根据预测结果对该地区的城市增长边界进行划定。张亚飞等（2019）以重庆市渝北区为例，基于反规划理念，引入多规合一与 FLUS 模型模拟土地利用空间布局，并划定 3 种产业转型情景下的渝北区刚性、近远期弹性城市增长边界。

采用 FLUS 模型对不同情景模式下的土地利用进行优化模拟具有良好的适用性，但仍存在一些不足。①在 FLUS 模型空间模拟模块中，需借助一些数量预测模型进行相互配合，再进行空间格局分配。一方面增加了人为的主观性，另一方面提前设置目标量，其准确性必然受到影响，这也是未来预测模型需要着重解决和改进的地方。②目前大多都依靠历史土地利用数据的变化情况，由于土地利用变化受自然、人口、市场、政策等因素的作用较为显著，FLUS 模型在模拟其变化的准确性方面仍然存在一定的局限。如果能增加自然、人口、市场、政策等因素，模拟效果将会更加合理。

6.4.3　生态系统服务评价模型

生态系统服务是维持和提高人类福祉的基本物质条件，也是促进城市可持续发展的重要途径。因此，生态系统服务正逐渐成为生态学和其相关学科研究的前沿和热点问题。目前在城市、自然保护区、农田、湿地、绿地、森林、水域等都进行了生态系统服务评价的相关研究，对受到破坏的系统进行一系列的保护工作。

目前，城市生态系统服务的主要评价方法有指标评价法、价值评估法及模型模拟法。筛选生态系统服务的评价指标是价值评估与模型模拟的重要前提，具体包括支持服务、供给服务、调节服务、文化服务几个方面。基于指标评价法的价值评估法，尤其是货币价值评估法，可更直观地量化生态系统服务。价值评估法中生态系统价值可分为经济价值、社会文化价值与保险价值。经济价值主要是通过货币价值来衡量，运用一些经济学方法来计算生态系统服务的经济价值；社会文化价值主要依赖于定性评价或量化的等级评价与打分法；保险价值指生态系统抵御自然灾害的能力，往往与生态系统服务的弹性与脆弱性评价相联系。模型模拟法，基于指标法与价值评估法，可系统地评价城市生态系统服务，是城市决策和管理人员评价生态系统服务的便捷工具，也是未来城市生态系统服务评价的重要发展方向（表6-5）。

表6-5　国际生态系统服务模型总结

生态系统服务类型	评估内容	模型类型
供给服务	植物生长	VLMs、EFISCEN、CenW、3-PG、SWIM、Motti、COFIX、CAEDYM、LANDIS-II、SILVA、FORRUS-S、STELLA、CROPWAT、CERES、FVS、CABALA、EPIC、ForSAFE、FORMIND、MC1、WADISCAPE
	海产品	STELLA、EwE
	食物生产	APSIM、EnviroAtlas、DAISY
	燃料	EnviroAtlas
	土壤形成	MOSES、GUMBO
	水供给	WATYIELD、WATBAL、InVEST、SWAT、DLBRM、HSPF、MIMES、HSAMI、HEC-RAS、APLIS、水量平衡法、ARIES、WWPSS、KINEROS、BGC-ES、BalanceMED
	水能	HEC-RAS、sbPOM、DELFT3D-FLOW
调节服务	气候调节	STAR、EnviroAtlas、HADCM3、ECHAM4、GCM
	侵蚀控制	Nzeem、SWIM、GUMBO、InVEST、USLE、RUSLE、GeoWEPP、MUSLE、SLAMM、BQART、EIA、LAPSUS、SPUR、GWLF
	温度调节	ELCOM、SNTEMP、NICE
	固碳	CenW、InVEST、ARIES、BGC-ES、FVS、WaSSI、CABALA、CASA/CENTURY、FACCS、CITYgreen、CBM-CFS3、ECOSYS、CN-CLASS、CAN-IBIS、3-PG、FORCARB2、BIOME-BGC、GUMBO、ForSAFE、MOSES、DayCent
	气体调节	CranTurfC、DNDC、CITYgreen、WRF-Chem、UFORE、CMAQ
	土壤养分调节	CENTURY、EPIC、ForSAFE、SPASMO、DayCent、SGS
	营养物质循环	SWIM、CAEDYM、GUMBO、LPJ-GUESS、SPASMO、GUMBO、PaSim
	水源涵养	EnviroAtlas、WEAP、SWAT、DLBRM、HSPF、MIMES、HSAMI、STREAM、ARIES、WWPSS、KINEROS、BalanceMED、DELFT3D-FLOW、VMOD、EIA、TETIS、SPUR、WaSSI、CITYgreen、GUMBO、ForSAFE、GWLF、WaSSI、SLAMM、SCS-CN、SUSTAIN、ACRU、FLYS、STELLA
	水质净化	AWRA-L、InVEST、CITYgreen、GWLF、SUSTAIN、FLYS、STELLA、WASP

续表

生态系统服务类型	评估内容	模型类型
调节服务	栖息地质量	InVEST、LANDSUM
文化服务	—	EnviroAtlas、InVEST、SolVES
	净初级生产力	IBIS、CASA、LPJ-GUESS、CBM-CFS3、ECOSYS、CN-CLASS、CAN-IBIS、3-PG、BIOME-BGC、PIXGRO
	光合释氧	PIXGRO
支持服务	维持生物多样性	InVEST、SDMs
	氮循环	OVERSEER、BGC-ES、LPJ-GUESS、DNDC
	碳循环	LPJ-GUESS、CranTurfC、DNDC
	授粉	InVEST

资料来源：张渊婕等，2018

　　国外生态系统服务的评价模型常将林学、土壤学、气象学、水文学等学科的专业模型引入生态系统服务评估当中，国外还出现了生态系统服务综合评估及情景预测模型，种类多样，参考案例多，几乎各类生态系统服务均可找到相应评估模型。还有专门评价文化服务，而国内则主要关注森林、湿地、草地等的生产、调节服务，专门探讨文化服务的较少，相关研究进展缓慢。

　　国内生态系统服务的评价模型运用较多的是能值模型、InVEST 模型等，对单一服务进行评估的专业模型中，评估土壤侵蚀的 RUSLE/USLE 模型，评估水源涵养的降雨量储存量法、水量平衡法，评估固碳、释氧能力的光合作用方程式法运用较多（表 6-6）。

表 6-6　国内生态系统服务模型总结

生态系统服务类型	评估内容	模型类型
供给服务	水供给	最小数据分析法、InVEST
	林木及林副产品	野外采集室内分析/重量法、森林资源调查资料
	侵蚀控制	InVEST、USLE、风蚀或水蚀模数、RUSLE、公式法
	水质净化	InVEST、公式法、BOD-DO
	水源涵养	降水量储存法、实测法、SEBAL、降雨量储存量法/水量平衡法/林冠节流量法/多因子回归法/综合蓄水量法/土壤蓄水能力法/年径流量法/地下径流增长法
调节服务	固碳	光合作用方程式、CASA/CENTURY、样地测量、InVEST、生物量（经验）回归模型、CITYgreen
	栖息地质量	InVEST、样地法
	水量调节	InVEST、公式法、CITYgreen、SCS 模型、SWAT
	大气净化	净化系数法、单位面积植被吸收能力、CITYgreen、自然沉降法
	植被滞尘	野外采集室内分析/重量法

续表

生态系统服务类型	评估内容	模型类型
文化服务	—	SolVES
支持服务	光合释氧	光合作用方程式
	授粉	InVEST
	维持生物多样性	InVEST、GAP 分析法、多尺度生物多样性模型
	净初级生产力	NDVI、CASA、光能利用率、植被生产力模型

资料来源：张渊婕等，2018

对国内外生态系统服务评价常用三个模型进行阐述。

1. InVEST 模型

InVEST 模型，即生态系统服务和交易的综合评估模型（integrated valuation of ecosystem services and trade-ofs），由美国斯坦福大学开发，大自然保护协会（TNC）与世界自然基金会（WWF）联合支持的生态系统服务功能评估模型，主要是通过分析不同情境下生态服务系统物质量与价值量的相关变化，为利益相关者提供科学的决策和管理的依据。它是基于 GIS 平台，以空间数据为基础，对各种生态系统服务功能进行量化，并进行地图化显示。它的空间直观、可推广性强，可以对多种生态系统服务进行评估，可以满足不同地区的要求，所以 InVEST 模型目前已经在美国、中国、澳大利亚、印度尼西亚、非洲等多个国家和地区广泛应用。具体构建流程如图 6-9 所示。

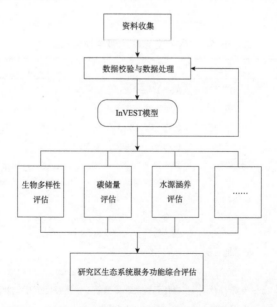

图 6-9　利用 InVEST 模型进行生态系统服务功能评价

InVEST 模型在土壤保持、生物多样性、水源涵养、碳储存等方面得到成熟的应用，应用类别主要有以下两类。

一是通过 InVEST 模型，评估单一的生态系统服务功能或对该区域的综合生态系统服务功能进行评价。Nelson 等（2009）以美国俄勒冈州威拉米特河流域为研究区域，运用 InVEST 模型分析和评价了不同土地利用/覆被变化情景下水质净化服务、土壤保持服务、碳储存服务、生物多样性服务等单项生态系统服务，为该区域的生态综合管理提供了科学依据。Polasky 等（2011）利用 InVEST 模型对明尼苏达州 10 年的生态系统服务变化进行定量评估，阐述了将生态系统服务纳入土地管理决策的重要性。Terrado（2014）运用 InVEST 模型的水质净化、产水量、洪峰调节模块对地中海地区进行了评估，研究指出，在半干燥的地区，这 3 种生态系统服务对于天气变化非常敏感，容易受到人为因素的影响。Vergílio 等（2016）利用 InVEST 模型分析和评估了 2016 年葡萄牙亚速尔群岛皮库岛生态系统的碳储量和自然生境质量的变化情况。张影等（2016）基于 InVEST 模型和 GIS 技术，估算及分析了 2010 年甘肃白龙江流域生态系统碳储量及其空间格局。

二是分析生态系统服务功能与其影响因素之间的关系，特别是不同土地利用方式下生态系统服务功能的变化情况。Goldstein 等（2012）利用 InVEST 模型对夏威夷瓦胡岛在不同土地利用方式下的水源供给和碳储存等生态系统服务功能进行了评估，分析生态系统服务功能与不同土地利用方式之间的相互关联性。Mansoor 等（2013）以西非的加纳和科特迪瓦为研究区，利用 InVEST 模型定量评价了生物多样性、产水量、碳储存、土壤保持等生态系统服务功能，同时还分析了土地利用变化对多个生态系统服务的影响。吴健生等（2013）利用 InVEST 模型对广东省深圳市的景观生态安全格局源地进行了有效的综合识别。李屹峰等（2013）以密云水库流域为例，研究了土地利用变化对生态系统服务功能的影响。柯新利和唐兰萍（2019）采用 GIS 和 InVEST 模型定量评估了近 10 年来湖北省城市扩张与耕地保护耦合对陆地生态系统碳储量的影响，结果表明，城市扩张与耕地保护是该区域碳储量减少的主要原因。

利用 InVEST 模型可以对绿地的土壤保持、生物多样性、水源涵养、碳储存等方面进行生态系统服务评价，同时模型化操作能简化评估步骤，且可重复性强，在区域自然资源的评估和管理方面有显著的优势，但在实际评估过程中模型及数据处理还是存在一些局限与不足。InVEST 模型在生态系统服务功能评估方面的可行性已得到国内外学者的广泛认可，未来在国内不同地区的评估工作中，应当进一步推进模型参数的本地化，使模型参数设定更符合各研究区的实际情况，所选用的数据最好为区域内长期、有效的动态监测数据，使结果更加准确，也能在连续的尺度上对生态系统服务功能进行更为细致、准确的分析。

2. SolVES 模型

SolVES 模型（social values for ecosystem services）由美国地质勘探局与美国科罗拉多州立大学合作开发，该模型基于 GIS 工具来量化和空间化生态系统服务社会价值（如美学、娱乐休闲与教育等）。该模型的社会价值评估来源于公众对于生态系统服务的态度和偏好的调查结果，对城市生态系统的社会与文化服务的评价有重要意义（毛齐正等，2015）。SolVES 模型具体构建流程如图 6-10 所示。

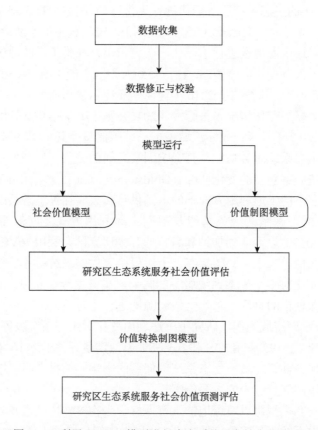

图 6-10　利用 SolVES 模型进行生态系统服务社会价值评估

SolVES 模型在国外主要运用在大尺度的国家森林公园生态系统服务社会价值的评估。Sherrouse 等（2011）量化了美国科罗拉多州的圣伊莎贝儿国家森林公园的园区美学、生物多样性等 12 种生态系统服务社会价值。Riper 等（2012）应用 SolVES 模型对澳大利亚的欣钦布鲁克岛国家森林公园生态系统服务的多种社会价值进行了评价。VanRiper 等（2017）运用 SolVES 模型对加利福尼亚州圣克鲁斯岛生态系统服务的生物多样性价值进行了评价，研究结果表明研究区生物多样性价值分布广泛并且不均匀。

国内应用 SolVES 模型评估生态系统服务社会价值起步较晚，在国内已经探究性地运用到多种尺度的国家森林公园、湿地等研究区内生态系统服务社会价值的研究。王玉等（2016）将问卷调查和 GIS 空间分析方法相结合，运用 SolVES 模型量化了吴淞炮台湾湿地公园的美学、历史、生物多样性、娱乐等 11 种社会价值，并分析社会价值与 3 种自然资源要素的关系。高艳等（2017）以太白山国家森林公园为研究区域，基于 SolVES 模型对其美学、生物多样性、生命可持续、精神等 10 种社会价值进行评估。赵琪琪等（2018）运用 SolVES 模型对大范围区域的关中−天水经济区进行生态系统服务文化价值评估。而霍思高等（2018）则将 SolVES 模型评估结果与生态规划相结合，为浙江省武义县南部生态公园的环境改善提出了建议。马桥等（2018）采用 SolVES 模型结合问卷调查数据，对该公园的美学、生物多样性、生命可持续和未来价值进行了量化，分析了这 4 种社会价值的价值指数与道路、水体、其他类型湿地的关系。

SolVES 模型虽然很好地评估了生态系统服务的社会价值，但是模型的模式比较固定，可评价的价值类型有限，在后续 SolVES 模型应用到国内研究时，应该对模型进行必要的修正和改进，添加更多的环境因素，不断完善该模型，以减少模型自身的不确定性，使其更好地应用于生态系统服务社会价值的评估。对城市生态网络进行生态系统服务评价时可以利用 SolVES 模型对其文化服务部分进行评价。

3. CITYgreen 模型

"3S" 技术为进行大范围的生态服务功能评价提供了强有力的技术支持，一些基于 "3S" 技术的模型，如 CITYgreen 模型、UFORE 模型、i-tree 模型等已经用于城市生态效益的评价和估算，目前国内使用较多的是 CITYgreen。CITYgreen 模型是美国森林组织（American Forests）基于 GIS 开发的城市森林生态效益评价模型，由美国林业署开发，该模型适合于城市森林生态效益的快速评价，在美国城市森林研究中被充分应用，其分析结果为城市森林规划和土地利用规划提供决策依据。具体构建流程如图 6-11 所示。

在国外，CITYgreen 模型在生态效益评价、绿地规划、生物多样性保护方面得到了广泛应用，研究结果在政府决策上也得到较多的应用。在生态效益评价上，Dwyer 和 Miller（1999）利用 CITYgreen 模型对 Stevens Point 市的暴雨进行分析。美国森林组织（2001）对 Fayetteville 市进行城市生态系统分析，发现城市植被覆盖率从 27%增加到 40%，减少暴雨径流价值增加 4.3×10^7 美元，净化大气价值增加 8.6×10^5 美元。在绿地规划上，Singh（2004）对 Stephen Juba 公园规划前后进行了生态分析以及野生生境分析，作为景观规划的参考依据。Lorenzo 等（2006）

分析了 CITYgreen 模型在景观设计生态效益评价方面的应用与潜力，分析不同景观设计方案植被的经济效益。

图 6-11　利用 CITYgreen 模型进行生态效益评价

在国内，软件的应用还只是停留在较基础的生态效益评价以及城市森林结构和效益的研究方面，且研究的结果并未得到实际应用。彭立华等（2007）将 CITYgreen 模型应用于南京主城区，计算南京市城市绿地在固碳与削减径流上的生态效益及价值。张晓瑜和赵林森（2011）运用大尺度区域分析方法，以昆明市建成区为研究对象，利用 CITYgreen 和 QuickBird 影像图，对昆明市建成区内的园林绿地系统进行了生态效益分析，主要包括碳储存和吸收、清除大气污染物、释放氧气等方面的效益。张陆平等（2012）以江苏省苏州市森林为研究对象，利用 ArcView 和 CITYgreen 模型，定量地评价森林生态效益。韩雪等（2013）运用模糊层次分析法和 CITYgreen 模型，依据生物多样性、生态效益、景观观赏性和休闲娱乐功能 4 类指标对昆明市金殿森林公园中的文化景廊和水景园进行园林景观效益评价。

CITYgreen 模型与遥感和地理信息系统技术紧密结合，能够有效地提取到植被覆盖信息并快速进行处理，为城市森林生态效益的研究提供强大的技术支撑。另外，CITYgreen 模型可以对城市生态网络结构进行分析，对生态效益进行综合评价，如绿地释氧量、积累营养物质、森林游憩、物种保育、提供负离子、降低噪声等。CITYgreen 模型帮助城市规划人员和政府人员更加清楚了解城市生态网络的生态价值，有利于加快城市生态网络建设，减少工程和其他基础设施的预算费用。

虽然 CITYgreen 模型简单方便，容易操作，但它仍有一些不足和需要改进之处。①由于它是美国森林协会针对北美洲地区设计的一个模块，该模块在设定参数和标准时主要参照北美洲地区的气候、降雨、土壤、地形等，我国要应用此模型必须对参数进行修正，更新基础数据库，但过程比较复杂繁琐，而且有少部分功能无法实现。②在模型精度检验方面的研究较为困难。③CITYgreen 模型只提供了几种常见的冠型，但实际调查中，仅仅这些冠型是不够的，无法满足实际需求。④模型评价的生态效益并未包含灌木和草地的生态效益评价。今后的研究重点应该在模型应用、模型参数修改、模型精度检验、生态效益评价内容的增加，以及模型在国内的推广应用等方面。

生态系统服务评价方法的不足之处在于：①国际或国内关于生态系统服务的分类和评价方法还存在诸多争议，评估指标具有很强的主观性和任意性，没有形成系统的、规范化和统一的评估体系和分类方法，评价结果存在很大的不确定性；②缺乏对结果的验证，导致评估成果实用性和普适性差，评价内容不能满足实践者的需求；③生态系统服务存在复杂的多尺度效应，这是生态系统服务研究的难点，对制定生态系统服务的管理政策和实施带来一定阻力，因此，在不同生态系统服务的研究过程中，应选择不同的时空尺度。

6.4.4　景观设计模型

1. BIM 模型

建筑信息模型（Building Information Modeling，BIM），是 Jerry Laiserin 教授于 21 世纪初在佐治亚理工学院首次提出的，利用数字 3D 技术，涵盖了众多建筑信息的模型。在 BIM 技术的支持下，就可以在项目上展开 3D 技术模拟，使得传统 2D 平面图转化成逼真的 3D 模型。BIM 技术近年在中外设计行业中广泛应用，不仅被用于项目设计规划阶段，并且在监理、施工以及维护等多个建筑环节都被广泛应用。

在景观设计领域，BIM 技术也是一个非常高效的工具。在设计过程中，通过对 BIM 技术的运用，建立好完整的三维模型后，模型就能够自动给出完整的材料数据以及工程进展，并进行成本的核算，最后可利用模型来进行模拟施工，尤其是利用此技术进行项目的协同设计，保证了设计的质量。

BIM 在景观设计中的主要应用有：前期可行性分析、地形的相关设计、设计概念及规划、园林工程中的应用等。在前期方案设计中，刘雯等（2012）利用 BIM 对地形地貌、地表覆被、人文因子等各方面的因子进行分析、综合、叠加，建立风景名胜区规划的信息模型，进而提出风景名胜区规划建议，为风景名胜区的范围划定和用地适宜性分区划定提供依据。刘东云等（2017）以奥体文化商务园中心绿地为例，利用 BIM 在三维数字平台中进行复杂形体的创建和优化，并通过 BIM 的三维可视的特点对其比例、尺度和建造方法进行验证。

在园林工程设计中，董则奉（2019）以上海迪士尼 1.5 期为例，阐述 BIM 在园林工程中的运用流程、建模策略、模型精度需求以及在实际施工中的运用优劣势。

BIM 的优点有：①我国土地资源紧缺，尤其是公园绿地资源十分宝贵，通过 BIM 可以对项目进行空间利用分析，对土壤、日照、水资源进行数据分析，为景观项目的空间布置、植物配置提供科学依据；②在 BIM 应用下，建筑、市政、园林、给排水、电气等专业可以协同设计，避免碰撞和发生矛盾；③采用 BIM 可以将方案以三维动画形式呈现给业主，让设计师的意图得到真实表达；④通过 BIM 模型直接导出施工图纸，自动生成工程量数据，节省绘制施工图和算量时间；⑤BIIM 技术可实现虚拟施工、有效协同，对可能发生的问题进行预警。

BIM 理论和技术主要运用于建筑行业，BIM 目前在景观领域还没有得到广泛的应用，主要原因有：①目前，能熟练运用 BIM 的技术人员主要集中在建筑行业，人员的稀缺导致 BIM 技术在园林工程中的推广比较缓慢；②基于景观的 BIM 应用软件尚不完善，BIM 技术暂时未能对园林植物进行合理有效建模；③景观工程涉及地理、生态、园林、建筑、美学等多学科，其生态性和艺术性无法通过具体数据来度量。

在今后的城市生态网络规划研究中，可以利用 BIM 进行数据的收集和整理，利用 BIM 的三维空间可视化对方案进行可视化模拟，利用 BIM 对城市中的建筑进行光环境模拟、城市热环境和风环境的分析与模拟等，以指导城市的绿色空间设计。

2. LIM 模型

景观信息模型（landscape information modeling，LIM），最早于 2009 年在德国的 DLA 国际数字景观大会上被哈佛大学 Ervin 教授提出，之后由风景园林学科内的专家对此展开过专题讨论。LIM 为行业实践的各个环节和所有参与者提供信息输入、存储、操作、输出的平台，是信息共享、协同、互操作的基础，可在风景园林的规划、设计、建造、养护、管理等生命周期的不同阶段中发挥不同的作用（郭湧等，2017）。LIM 与 BIM 相比具有明显的自身专业特点。例如，LIM 模型通常以地理信息和地形测绘数据作为模型构建的基础，地理信息是 LIM 的关键组成要素之一。同时，LIM 也具有 BIM 技术的一般性特点，如强大的即时可视化能力、多专业协同和数据共享的能力以及通过设计软件界面对数据进行操作的能力。这些功能特点与 GIS 具有明显的区别（郭湧等，2017）。

LIM 主要应用在景观设计和景观信息化管理等方面。在国外，LIM 的应用已经有了较为实际的研究成果。例如，美国的 Andropogon 事务所设计的休梅克绿地，该项目通过对风景园林信息化的管理取得了良好的效果和收益，而挪威风景园林师协会也已经于 2012 年制定了针对风景园林大型公共项目的 LIM 标准，为 LIM 技术与风景园林设计相结合实现了关键性的一步。瑞士拉帕斯维尔应用科学大学彼得·派切克教授开发了 Autodesk 123 Catch-3ds Max Design-Civil 3D 这一 LIM 技术框架。在国内，赖文波等（2015）以重庆大学 B 校区三角地改造为例，构建 LIM 框架，以期为今后的社区景观改造提供参考和依据。郭湧等（2017）以秦始皇陵园国家考古遗址公园规划为例，应用 Autodesk Civil 3D 和 Infra Works 等软件对秦始皇陵园进行数字地面模型构建实验，探索风景园林信息模型构建技术路径。

LIM 的优点和不足与 BIM 相似，由于缺少相关的技术人员、开发成本巨大等问题导致 LIM 的发展停滞不前。LIM 是 BIM 技术的扩展和延伸，因此风景园林信息模型的推进需从制定 LIM 相关标准、使信息数据兼容、对 LIM 技术软件进行专业化升级、建立景观要素的数据库和建立 LIM 技术开发团队等方面入手（黄邓楷和赖文波，2017）。

6.5　补　充　技　术

由德国美因茨大学地理系 Michael Brase 教授团队开发的 ENVI-met 软件是目前全球应用最为广泛的城市微气候模拟研究工具。该软件基于计算流体力学和热力学的相关理论，结合了气候学、农业科学等相关学科知识，专门用于模拟城市区域中小尺度下垫面、植被、建筑和大气的相互作用。与通用流体力学软件 CFD 软件相比，ENVI-met 准确把握了风和太阳这一微气候中的两个主要驱动力，将辐射模型较好地与湍流模型关联，实现了动态耦合分析。软件可实现城市热岛、污染物扩散沉积、空间辐射、植物热湿作用、立体绿化、水体喷泉、各类下垫面等对微气候影响作用的模拟。

目前 ENVI-met 的主要研究有以下几个方向：城市热环境模拟研究、城市风环境及大气污染物的分布研究、城市形态与城市微气候的关联性研究等。在城市热环境模拟研究中，在国外，Carfan 和 Galvani（2012）应用 ENVI-met 模拟对比城市建筑场地和城市绿地场地的热舒适性（PMV）时发现，城市绿地不仅可以提高热舒适性，同时可以降低周边环境温度。Kim 等（2016）对韩国首尔的一个城市绿地进行长达一年不同季节的实测后，应用 ENVI-met 进行模拟验证，发现城市森林和绿地相对其他城市下垫面类型年平均温度变化最小，从侧面验证了夏季城市森林和绿地对缓解城市热岛强度的积极作用。在国内，祝善友等（2017）利用 ENVI-met 模型模拟不同区域近地表气温的时空分布特征，对于城市热环境评价与城市规划具有重要意义。

在城市风环境及大气污染物的分布研究中，在国外，Kruger 和 Minella（2011）研究了街道氮氧化物的扩散与街道朝向和风向之间的关系，结果表明污染物浓度与街道通风效果显著相关。Jesionek 和 Bruse（2003）发现垂直于风向的街道污染物浓度低，街道高宽比越大污染物浓度越高，植物对颗粒物的沉降有明显作用。在国内，祝玲玲等（2019）用 ENVI-met 软件模拟不同居住区空间形态下的 PM2.5 浓度，探讨城市居住区空间形态与 PM2.5 浓度的关联性。

在城市形态与城市微气候的关联性研究中，姜允芳等（2020）选择上海 4 个区域在不同时期、不同规划理念之下形成的城市空间肌理形态，利用 ENVI-met 对其整体空间格局下的开敞空间的微气候环境效应进行研究。

ENVI-met 经过国内外大量的研究被证实为目前来说是最好的模拟城市微环境的软件，仍有一些可以完善的地方。①由于城市的下垫面信息较为复杂，只能适当地简化下垫面，ENVI-met 模型中无法逐时设置太阳辐射强度，导致过多的太阳辐射进入模拟区域，另外，入流的风速和风向固定不变，都会引起模拟值与实际情况的偏差。②ENVI-met 软件虽然可以对植物进行品种选择，但植物的树枝、树冠长度等具体尺寸在模型中无法表现，造成对实际微气候中树干、树冠以及树叶表面与大气环境的相互作用结果模拟不准确。③模拟所用的气象条件与实际天气条件之间的差异将给模拟的结果带来不确定性，因此无法利用城市微气候实测数据对模型进行严格验证。在生态网络的研究中，可以利用 ENVI-met 从微气候的角度分析和模拟城市绿地空间形态，作为城市生态网络构建的有力技术补充。

参 考 文 献

包婷, 章志刚, 金澈清. 2015. 基于手机大数据的城市人口流动分析系统. 华东师范大学学报(自然科学版), (5): 162-171.

常晋义, 张渊智. 1996. 空间决策支持系统及其应用. 遥感技术与应用, (1): 33-39.

陈科, 葛莹, 杜艳琴. 2009. 基于地理数据的增强现实可视化技术探讨. 测绘通报, 00(7): 22-24.

陈逸敏, 黎夏, 刘小平, 等. 2010. 基于耦合地理模拟优化系统 GeoSOS 的农田保护区预警. 地理学报, (9): 1137-1145.

董则奉. 2019. BIM 技术在园林工程中的运用——以上海迪士尼 1.5 期为例. 中国园林, 35(3): 116-119.

方天纵, 秦朋遥, 王黎明, 等. 2018. 高时空分辨率植被覆盖获取方法及其在土壤侵蚀监测中的应用. 生态学报, 39(15): 5679-5689.

冯家莉, 刘凯, 朱远辉, 等. 2015. 无人机遥感在红树林资源调查中的应用. 热带地理, 35(1): 35-42.

付晖, 方纪华, 许先升, 等. 2014. 海口市中心城区公共绿地景观格局分析. 西北林学院学报, 29(6): 260-265.

付喜娥, 吴人韦. 2009. 绿色基础设施评价(GIA)方法介述——以美国马里兰州为例. 中国园林, 25(9): 41-45.

傅煜, 张浪. 2018. 城市棕地污染遥感监测与快速识别途径进展. 现代城市研究, (7): 124-130.

高艳, 刘康, 马桥, 等. 2017. 基于SolVES模型与游客偏好的生态系统服务社会价值评估——以太白山国家森林公园为例. 生态学杂志, 36(12): 3564-3573.

郭庆华, 刘瑾, 陶胜利, 等. 2014. 激光雷达在森林生态系统监测模拟中的应用现状与展望. 科学通报, 2014(6): 35-54.

郭湧, 武廷海, 王学荣. 2017. LIM模型辅助"规画"研究——秦始皇陵园数字地面模型构建实验. 风景园林, (11): 29-34.

韩雪, 万晓敏, 赵林森. 2013. 昆明金殿森林公园 2 个园区景观生态效益分析. 西北林学院学报, 28(5): 259-263.

杭佳, 石云, 贺达汉, 等. 2013. 黄土丘陵区土地利用变化动态与景观格局分析——以彭阳县为例. 水土保持研究, 20(6): 203-208, 2.

郝丽君, 肖哲涛, 邓荣鑫, 等. 2019. 城市空间耦合下的郑州市中心城区绿道生态网络构建研究. 生态经济, 35(10): 224-229.

胡健波, 张健. 2018. 无人机遥感在生态学中的应用进展. 生态学报, 38(1): 20-30.

黄邓楷, 赖文波. 2017. 风景园林信息模型(LIM)发展现况及前景评析. 风景园林, (11): 23-28.

霍思高, 黄璐, 严力蛟. 2018. 基于 SolVES 模型的生态系统文化服务价值评估——以浙江省武义县南部生态公园为例. 生态学报, 38(10): 3682-3691.

姜允芳, 韩雪梅, 石铁矛, 等. 2020. 城市道路肌理形态多维指标的微气候影响分析——上海实证研究. 华东师范大学学报(自然科学版), (3): 129-147.

金伟, 葛宏立, 杜华强, 等. 2009. 无人机遥感发展与应用概况. 遥感信息, (1): 88-92.

柯新利, 唐兰萍. 2019. 城市扩张与耕地保护耦合对陆地生态系统碳储量的影响——以湖北省为例. 生态学报, 39(2): 672-683.

赖文波, 杜春兰, 贾铠针, 等. 2015. 景观信息模型(LIM)框架构建研究——以重庆大学B校区三角地改造为例. 中国园林, 31(7): 26-30.

黎夏, 李丹, 刘小平, 等. 2009. 地理模拟优化系统 GeoSOS 及前沿研究. 地球科学进展, 24(8): 899-907.

黎夏, 李丹, 刘小平, 等. 2010. 地理模拟优化系统 GeoSOS 软件构建与应用. 中山大学学报(自然科学版), 49(4): 1-5.

李成. 2010. VRGIS 在城市设计中的应用. 北京: 清华大学硕士学位论文.

李德仁. 2003. 利用遥感影像进行变化检测. 武汉大学学报(信息科学版), (S1): 7-12.

李方正, 郭轩佑, 陆叶, 等. 2017. 环境公平视角下的社区绿道规划方法——基于 POI 大数据的实证研究. 中国园林, 33(9): 72-77.

李欢, 刘霞, 姚孝友, 等. 2011. 蒙阴县土地利用景观格局动态分析. 水土保持研究, 18(5):

43-47.

李士美, 谢高地, 张彩霞, 等. 2010. 森林生态系统服务流量过程研究——以江西省千烟洲人工林为例. 资源科学, (5): 45-51.

李天宏, 郑丽娜. 2012. 基于 RUSLE 模型的延河流域 2001—2010 年土壤侵蚀动态变化. 自然资源学报, 27(7): 1164-1175.

李晓策, 张浪, 张桂莲, 等. 2018. 城市生态系统管理体制与机制现状分析与对策. 上海建设科技, (5): 59-62.

李晓策, 郑思俊, 张浪. 2020. 国土空间规划背景下上海生态空间规划实施传导体系构建. 园林, (7): 2-7.

李莹莹, 黄成林, 张玉. 2016. 快速城市化背景下上海绿色空间景观格局梯度及其多样性时空动态特征分析. 生态环境学报, 25(7): 1115-1124.

梁晶, 方海兰, 张浪, 等. 2016. 基于城市绿地土壤安全的主要生态技术研究及应用. 中国园林, 32(8): 14-17.

刘东云, 郭再斌, 段旺. 2017. 基于 BIM 技术的景观复杂曲面高精度控制——奥体文化商务园中心绿地设计实践. 中国园林, 33(3): 125-128.

刘海燕. 1995. GIS 在景观生态学研究中的应用. 地理学报, (S1): 105-111.

刘纪远, 布和敖斯尔. 2000. 中国土地利用变化现代过程时空特征的研究——基于卫星遥感数据. 第四纪研究, 20(3): 229-239.

刘佳. 2010. 浅议 GIS 的发展与研究. 中国测绘学会 2010 年学术年会论文集, 428-430.

刘杰, 张浪, 季益文, 等. 2019. 基于分形模型的城市绿地系统时空进化分析——以上海市中心城区为例. 现代城市研究, (10): 12-19.

刘丽香, 张丽云, 赵芬, 等. 2017. 生态环境大数据面临的机遇与挑战. 生态学报, 37(14): 4896-4904.

刘明皓. 2009. 地理信息系统导论. 重庆: 重庆大学出版社.

刘雯, 曹礼昆, 贾建中. 2012. BIM 技术在风景名胜区规划中的应用探索——以长江三峡风景名胜区为例. 中国园林, 28(11): 27-35.

刘兴坡, 李璟, 周亦昀, 等. 2019. 上海城市景观生态格局演变与生态网络结构优化分析. 长江流域资源与环境, 28(10): 2340-2352.

刘岳, 李忠武, 唐政洪, 等. 2012. 基于适宜性分析与 GIS 的长沙市大河西先导区城市绿道网络设计. 生态学杂志, 31(2): 426-432.

罗坤, 蔡永立, 郭纪光, 等. 2009. 崇明岛绿色河流廊道景观格局. 长江流域资源与环境, 18(10): 908-913.

马琳, 陆玉麒. 2010. 南京市主城区公园绿地景观格局分析. 地域研究与开发, 29(3): 73-76.

马桥, 刘康, 高艳, 等. 2018. 基于 SolVES 模型的西安浐灞国家湿地公园生态系统服务社会价值评估. 湿地科学, 16(1): 51-58.

马世发, 艾彬. 2015. 基于地理模型与优化的城市扩张与生态保护二元空间协调优化. 生态学报, (17): 5874-5883.

马世发, 黎夏. 2019. 地理模拟优化系统(GeoSOS)在城市群开发边界识别中的应用. 城市与区
　　域规划研究, 11(1): 79-93.

毛齐正, 黄甘霖, 邬建国. 2015. 城市生态系统服务研究综述. 应用生态学报, 26(4): 1023-1033.

彭立华, 陈爽, 刘云霞, 等. 2007. CITYgreen 模型在南京城市绿地固碳与削减径流效益评估中
　　的应用. 应用生态学报, 18(6): 1293-1298.

齐越, 马红妹. 2004. 增强现实: 特点、关键技术和应用. 小型微型计算机系统, 2004(5): 900-903.

秦萧, 甄峰, 李亚奇, 等. 2019. 国土空间规划大数据应用方法框架探讨. 自然资源学报, 34(10):
　　2134-2149.

邵国权, 许吉仁, 戴文婷, 等. 2014. 南京市景观格局演变与廊道网络构建研究. 现代城市研究,
　　(4): 73-79.

史焱文, 李小建, 许家伟. 2018. 基于 GeoSOS 的乡村工业化地区土地利用变化模拟分析——以
　　河南省长垣县为例. 地域研究与开发, 37(5): 140-146.

宋晓龙, 李晓文, 张明祥, 等. 2012. 黄淮海地区跨流域湿地生态系统保护网络体系优化. 应用
　　生态学报, 23(2): 475-482.

孙敏, 陈秀万, 张飞舟, 等. 2004. 增强现实地理信息系统. 北京大学学报(自然科学版), 40(6):
　　906-913.

王保盛, 廖江福, 祝薇, 等. 2019. 基于历史情景的 FLUS 模型邻域权重设置——以闽三角城市
　　群 2030 年土地利用模拟为例. 生态学报, 39(12): 4284-4298.

王波, 甄峰, 张浩. 2015. 基于签到数据的城市活动时空间动态变化及区划研究. 地理科学,
　　35(2): 151-160.

王观湧, 张乐, 陈青锋, 等. 2014. 土地利用景观格局演变及驱动力分析——以唐山市曹妃甸新
　　区为例. 水土保持研究, 21(5): 84-88.

王家耀, 周海燕, 成毅. 2003. 关于地理信息系统与决策支持系统的探讨. 测绘科学, (1): 1-4, 1.

王培俊, 孙煌, 华宝龙, 等. 2020. 基于 GeoSOS-FLUS 的福州市滨海地区生态系统服务价值评
　　估与动态模拟. 农业机械学报: 1-13.

王桥, 杨一鹏, 黄家柱, 等. 2005. 环境遥感. 北京: 科学出版社.

王韬, 张娜娜, 李欢欢, 等. 2018. 基于电子地图兴趣点数据的城市可持续发展水平分析——以
　　绍兴市为例. 生态学报, (16): 5914-5925.

王旭, 马伯文, 李丹, 等. 2020. 基于 FLUS 模型的湖北省生态空间多情景模拟预测. 自然资源
　　学报, 35(1): 230-242.

王一达, 沈熙玲, 谢炯. 2006. 遥感图像分类方法综述. 遥感信息, (5): 67-71.

王玉, 傅碧天, 吕永鹏, 等. 2016. 基于 SolVES 模型的生态系统服务社会价值评估——以吴淞炮
　　台湾湿地森林公园为例. 应用生态学报, 27(6): 1767-1774.

王智勇, 黄亚平. 2014. 基于 GIS 的城市密集区生态空间测度及评价研究——以武鄂黄黄都市连
　　绵区为例. 中国园林, 30(6): 101-106.

魏绪英, 蔡军火, 叶英聪, 等. 2018. 基于 GIS 的南昌市公园绿地景观格局分析与优化设计. 应
　　用生态学报, 29(9): 2852-2860.

吴大放, 刘艳艳, 王朝晖. 2014. 基于 Logistic-CA 的珠海市耕地变化机理分析. 经济地理, (1): 140-147.

吴健生, 张理卿, 彭建, 等. 2013. 深圳市景观生态安全格局源地综合识别. 生态学报, 33(13): 4125-4133.

吴文菁, 陈佳颖, 叶润宇, 等. 2019. 台风灾害下海岸带城市社会-生态系统脆弱性评估——大数据视角. 生态学报, 39(19): 7079-7086.

吴欣昕, 刘小平, 梁迅, 等. 2018. FLUS-UGB 多情景模拟的珠江三角洲城市增长边界划定. 地球信息科学学报, 20(4): 532-542.

吴远翔, 朱逊, 刘晓光, 等. 2019. 基于景观格局分析的城市生态网络修复研究. 上海城市规划, 2019(1): 40-44.

吴榛, 王浩. 2015. 扬州市绿地生态网络构建与优化. 生态学杂志, 34(7): 1976-1985.

肖蓓, 湛邵斌, 尹楠. 2007. 浅谈 GIS 的发展历程与趋势. 地理空间信息, (5): 56-60.

杨晨. 2017. 数字化遗产景观——澳大利亚巴拉瑞特城市历史景观数字化实践及其创新性. 中国园林, 33(6): 83-88.

于佳, 张磊. 2016. 土地利用景观格局动态效应分析——以长春市为例. 中国农业资源与区划, 37(12): 98-103.

于婧, 陈艳红, 彭婕, 等. 2020. 基于 GIS 和 Fragstats 的土地生态质量综合评价研究——以湖北省仙桃市为例. 生态学报, 40(9): 2932-2943.

余日季. 2014. 基于 AR 技术的非物质文化遗产数字化开发研究. 武汉: 武汉大学博士研究生学位论文.

袁源, 王亚华, 周鑫鑫, 等. 2019. 大数据视角下国土空间规划编制的弹性和效率理念探索及其实践应用. 中国土地科学, 33(1): 9-16.

岳德鹏, 王计平, 刘永兵, 等. 2007. GIS 与 RS 技术支持下的北京西北地区景观格局优化. 地理学报, (11): 1223-1231.

岳文泽, 章佳民, 刘勇, 等. 2019. 多源空间数据整合视角下的城市开发强度研究. 生态学报, 39(21): 7914-7926.

张桂莲, 易扬, 张浪, 等. 2020. 基于"TOPSIS-AHP"模型的城市绿化生态技术集成方案优选. 园林, (5): 70-76.

张晶, 邬伦. 2002. 虚拟现实地理信息系统的设计研究. 地理学与国土研究, (2): 19-22.

张浪. 2014. 上海市基本生态网络规划特点的研究. 中国园林, 30(6): 42-46.

张浪. 2015. 城市绿地系统布局结构模式的对比研究. 中国园林, 31(4): 50-54.

张浪. 2018. 上海市多层次生态空间系统构建研究. 上海建设科技, (3): 1-4, 19.

张浪. 2019. 本期聚焦: 城市绿地生态网络研究. 现代城市研究, (10): 1.

张浪, 朱义. 2017. 住建部《关于加强生态修复城市修复工作的指导意见》的生态修复导读. 园林, (4): 42-43.

张浪, 曹福亮, 张冬梅. 2017. 城市棕地绿化植物物种优选方法研究——以上海市为例. 现代城市研究, (9): 119-123.

张浪, 朱义, 张晨笛, 等. 2016. 城市绿地生态技术适宜性评估与集成应用. 中国园林, 32(8): 5-9.

张陆平, 吴永波, 郑中华, 等. 2012. 基于 CITYgreen 模型的苏州市森林生态效益评价. 南京林业大学学报(自然科学版), 36(1): 59-62.

张文涵, 迟瑶, 钱天陆, 等. 2019. 地理信息技术在陆生哺乳动物栖息地研究中的应用:回顾与展望. 生态学杂志, 38(12): 3839-3846.

张晓瑜, 赵林森. 2011. 基于 QUICKBird 和 CITYgreen 的昆明市绿地效益评价. 西北林学院学报, 26(6): 204-207, 218.

张亚飞, 廖和平, 李义龙. 2019. 基于反规划与 FLUS 模型的城市增长边界划定研究——以重庆市渝北区为例. 长江流域资源与环境, 28(4): 757-767.

张影, 谢余初, 齐姗姗, 等. 2016. 基于 InVEST 模型的甘肃白龙江流域生态系统碳储量及空间格局特征. 资源科学, 38(8): 1585-1593.

张渊婕, 张智杰, 郭旭东, 等. 2018. 基于文献计量分析的国内外生态系统服务评价方法对比研究. 国土资源情报, (7): 11-18.

赵苗苗, 赵师成, 张丽云, 等. 2017. 大数据在生态环境领域的应用进展与展望. 应用生态学报, 28(5): 1727-1734.

赵琪琪, 李晶, 刘婧雅, 等. 2018. 基于 SolVES 模型的关中-天水经济区生态系统文化服务评估. 生态学报, 38(10): 3673-3681.

赵士洞. 2005. 美国国家生态观测站网络(NEON)——概念、设计和进展. 地球科学进展, (5): 578-583.

赵岩, 陈紫园. 2019. 基于生态位适宜度评价的道路生态廊道景观格局优化研究——以 353 省道(仪征段)两侧生态廊道为例. 现代城市研究, (10): 43-48.

甄峰, 王波, 秦萧, 等. 2015. 基于大数据的城市研究与规划方法创新. 北京: 中国建筑工业出版社.

朱寿红, 舒帮荣, 马晓冬, 等. 2017. 基于"反规划"理念及 FLUS 模型的城镇用地增长边界划定研究——以徐州市贾汪区为例. 地理与地理信息科学, 33(5): 80-86.

朱寿红, 孙玉杰, 舒帮荣, 等. 2019. 规划政策影响下区域生态用地演变模拟研究——以南京市溧水区为例. 地理与地理信息科学, 35(4): 83-90.

祝玲玲, 顾康康, 方云皓. 2019. 基于 ENVI-met 的城市居住区空间形态与 PM2.5 浓度关联性研究. 生态环境学报, 28(8): 1613-1621.

祝善友, 高牧原, 陈亭, 等. 2017. 基于 ENVI-met 模式的城市近地表气温模拟与分析——以南京市部分区域为例. 气候与环境研究, 22(4): 499-507.

邹湘军, 孙健, 何汉武, 等. 2004. 虚拟现实技术的演变发展与展望. 系统仿真学报, 16(9): 1905-1909.

Azuma R. 1997. A Survey of Augmented Reality. Presence Teleoperators & Virtual Environments, 6(4): 355-385.

Baccini A, Laporte N, Goetz S J, et al. 2008. A first map of tropical Africa's above-ground biomass derived from satellite imagery. Environmental Research Letters, 3(4): 45011-45019.

Brás R, Cerdeira J O, Alagador D, et al. 2013. Linking habitats for multiple species. Environmental

Modelling and Software, 40:336-339.

Breckheimer I, Milt A. 2012. Landscape connectivity modeling toolbox. User guide.

Carfan A C, Galvani E. 2012. Study of thermal comfort in the City of São Paulo using ENVI-met model, Investigaciones Geográficas, 78: 34-47.

Carroll C, Mcrae B H, Brookes A. 2012. Use of linkage mapping and centrality analysis across habitat gradients to conserve connectivity of gray wolf populations in western North America. Conservation Biology, 26(1): 78-87.

Caudell T P, Mizell D W. 2002. Augmented reality: an application of heads-up display technology to manual manufacturing processes//Twenty-fifth Hawaii International Conference on System Sciences. IEEE.

Degraen D. 2016. No more Autobahn! Scenic Route Generation Using Googles Street View. International Conference on Intelligent User Interfaces. ACM.

Dwyer M C, Miller R W. 1999. Using GIS to assess urban tree canopy benefits and surrounding greenspace distributions. Journal of Arboriculture, 25(2): 102-106.

Ferretti V, Pomarico S. 2013. Ecological land suitability analysis through spatial indicators: An application of the Analytic Network Process technique and Ordered Weighted Average approach. Ecological Indicators, 34(11): 507-519.

Foltête J C, Clauzel C, Vuidel G. 2012. A software tool dedicated to the modelling of landscape networks. Environmental Modelling and Software, 38: 316-327.

Galpern P, Doctolero S, Chubaty A M. 2012. Efficient modelling of landscape connectivity, habitat, and protected area networks.

Garré S, Meeus S, Gulinck H. 2009. The dual role of roads in the visual landscape: A case-study in the area around Mechelen(Belgium). Landscape & Urban Planning, 92(2): 125-135.

Getzin S, Wiegand K, Schöning I. 2012. Assessing biodiversity in forests using very high-resolution images and unmanned aerial vehicles. Methods in Ecology & Evolution, 3(2): 397-404.

Ghadirian P, Bishop I D. 2008. Integration of augmented reality and GIS: A new approach to realistic landscape visualisation. Landscape & Urban Planning, 86(3-4): 226-232.

Giordano L D C, Riedel P S. 2008. Multi-criteria spatial decision analysis for demarcation of greenway: A case study of the city of Rio Claro, So Paulo, Brazil. Landscape & Urban Planning, 84(3-4): 301-311.

Goldstein J H , Caldarone G , Duarte T K , et al. 2012. Integrating ecosystem-service tradeoffs into land-use decisions. Proceedings of the National Academy of Sciences of the United States of America, 109(19): 7565-7570.

Howe D, Costanzo M, Fey P, et al. 2008. Big data: The future of biocuration. Nature, 455(7209): 47-50.

Jesionek K, Bruse M. 2003. Impacts of vegetation on the microclimate: modeling standardized building structureswith different greening levels: Fifth Int. Conf. on Urban Climate.

Kim Y, An S M, Eum J H, et al. 2016. Analysis of Thermal Environment over a Small-Scale Landscape in a Densely Built-Up Asian Megacity, Sustainability. 8.

Kong F, Yin H, Nakagoshi N, et al. 2010. Urban green space network development for biodiversity conservation: Identification based on graph theory and gravity modeling. Landscape and Urban Planning, 95(1-2): 0-27.

Kruger E L, Minella F O, Rasia F. 2011. Impact of urban geometry on outdoor thermal comfort and air quality from field measurements in Curitiba, Brazil. Building and Environment, 46(3): 621-634.

Landguth E L, Hand B K, Glassy J, et al. 2012. UNICOR: a species connectivity and corridor network simulator. Ecography, 35(1): 9-14.

Lefsky M A, Cohen W B, Parker G G, et al. 2002. Lidar remote sensing for ecosystem studies. Bioscience, 52: 19-30.

Leonard P B, Duffy E B, Baldwin R F, et al. 2017. gflow: software for modelling circuit theory based connectivity at any scale. Methods in Ecology and Evolution, 8(4): 519-526.

Leh M, Matlock M D, Cummings E C, et al. 2013. Quantifying and mapping multiple ecosystem services change in West Africa. Agriculture Ecosystems & Environment, 165(1751): 6-18.

Li X J, et al. 2015. Assessing street-level urban greenery using Google Street View and a modified green view index. Urban Forestry & Urban Greening, 14(3): 675-685.

Linehan J, Gross M, Finn J. 1995. Greenway Planning: Developing a Landscape Ecological Network Approach. Landscape and Urban Planning, 33(1): 179-193.

Liu J, Zhang L, Zhang Q P. 2019. The Development Simulation of Urban Green Space System Layout Based on the Land Use Scenario: A Case Study of Xuchang City, China. Sustainability, 12(1): 326.

Lorenzo A B, Watson J, Wims D, et al. 2006. Organizing plant materials in residential landscapes using CITY green. Proc. Fla. State Hort. Soc. 117: 291-296.

Majka D, Beier P, Jenness J. 2007. Corridor Designer ArcGIS toolbox tutorial.

Mauro A D, Greco M, Grimaldi M. 2016. A formal definition of Big Data based on its essential features. Library Review, 65(3): 122-135.

Mcrae B H, Dickson B G, Keitt T H, et al. 2008. Using circuit theory to model connectivity in ecology, evolution, and conservation. Ecology, 89(10): 2712-2724.

Mcrae B H, Shah V B, Mohapatra T K. 2013. Circuitscape 4 User Guide. The Nature Conservancy. http: //www.circuitscape.org.

Moilanen A, Franco A M A, Early R I, et al. 2005. Prioritizing multiple-use landscapes for conservation:methods for large multi-species planning problems. Proceedings:Biological Sciences, 272(1575): 1885-1891.

Nelson R, Keller C, Ratnaswamy M. 2005. Locating and estimating the extent of Delmarva fox squirrel habitat using an airborne LiDAR profiler. Remote Sens Environ, 96: 292-301.

Nelson E, Mendoza G, Regetz J, et al. 2009. Modeling multiple ecosystem services, biodiversity conservation, commodity production, and tradeoffs at landscape scales. Frontiers in Ecology & the Environment, 7(1): 4-11.

Patel H, Gopal S, Kaufman L, et al. 2011. MIDAS: A Spatial Decision Support System for Monitoring Marine Management Areas. International Regional Science Review, 34(2): 191-214.

Pena S B, Abreu M M, Teles R, et al. 2010. A methodology for creating greenways through multidisciplinary sustainable landscape planning. Journal of Environmental Management, 91(4): 970-983.

Polasky S, Nelson E, Pennington D, et al. 2011. The impact of landuse change on ecosystem services, biodiversity and returns to landowners: A case study in the state of mi nnesota. Environ Resour Econ, 48: 219-242.

Quercia D, Schifanella R, Aiello L M. 2014. The Shortest Path to Happiness: Recommending Beautiful, Quiet, and Happy Routes in the City. Computer Science, 116-125.

Riper C J V, Kyle G T, Sutton S G, et al. 2012. Mapping outdoor recreationists' perceived social values for ecosystemservices at Hinchinbrook Island National Park, Australia. Applied Geography, 35: 164-173.

Rodríguez A, Negro J J, Mara M, et al. 2012. The Eye in the Sky: Combined Use of Unmanned Aerial Systems and GPS Data Loggers for Ecological Research and Conservation of Small Birds. PLOS ONE, 7(12): e50336.

Rousselet J, Imbert C E, Dekri A, et al. 2013. Assessing Species Distribution Using Google Street View: A Pilot Study with the Pine Processionary Moth. PLOS ONE, 8.

Saura S, Torné J. 2009. CONEFOR SENSINODE 2.2: a software package for quantifying the importance of habitat patches for landscape connectivity. Environmental Modelling and Software, 24(1): 135-139.

Sherrouse B C, Clement J M, Semmens D J. 2011. A GIS application for assessing, mapping, and quantifying the social values of ecosystem services. Applied Geography, 31: 748-760.

Shirk A J, McRae B H. 2013. Gnarly landscape utilities: core mapper user guide. Fort Collins, CO: The Nature Conservancy.

Singh R. 2004. Urban ecological analysis of Stephen juba park: a pre-design and post-design assessment. Manitoba: University of Manitoba.

Terrado M. 2014. Impact of climate extremes on hydrological ecosystem services in a heavily humanized Mediterranean basin. Ecological Indicators, 199-209.

Theobald D M, Norman J L, Sherburne M R. 2006. FunConn v1 User's manual: ArcGIS tools for functional connectivity modeling. Natural Resource Ecology Lab, Colorado State University.

Torii A, Havlena M, Pajdla T. 2009. From Google Street View to 3D City models./ IEEE International Conference on Computer Vision Workshops. IEEE.

Turner A K. 1992. Three-Dimensional Modeling with Geoscientific Information Systems. NATO

ASI 354, Kluwer Academic Publishers, Dordrecht.

Van Riper C J, Kyle G T, Sherrouse B C, et al. 2017. Toward an integrated understanding of perceived biodiversity values and environmental conditions in a national park. Ecological Indicators, 72: 278-287.

Vergílio M, Fjøsne K, Nistora A, et al. 2016. Carbon stocks and biodiversity conservation on a small island: Pico (the Azores , Portugal). Land Use Policy, 58: 196-207.

Vogt P, Riitters K. 2017. GuidosToolbox: Universal digital image object analysis. European Journal of Remote Sensing, 50(1): 352-361.

Zhu X, Aspinall R J, Healey R G. 1996. ILUDSS: A knowledge-based spatial decision support system for strategic land-use planning. Computers & Electronics in Agriculture, 15(4): 279-301.

第7章　上海市生态网络规划实践研究

国土空间规划体系为生态空间规划提供了顶层保障，也为生态空间建设带来新要求与新变革。上海市生态空间规划经历了基本生态网络构建、城市总体规划明确目标、专项规划顶层建设指引的发展历程，逐渐明确了生态空间布局结构与保护建设思路。

7.1　绿地系统规划的有机进化——上海市基本生态网络规划缘起

7.1.1　时空演变与布局结构突变

城市绿地系统空间结构的进化分析是认知城市政治经济背景、合理优化利用城市自然资源、促进城市人居环境可持续发展的有效手段。改革开放后，上海市绿地系统有机进化过程经历了三次演变（1983 年、1994 年、2002 年）（张浪，2009，2012a）。1983 年的《上海市园林绿化系统规划》，将绿地建设的重点放在中心城区，公园绿地集中建设，并提出了郊区园林化的设想，但此时期的绿地空间结构分散，未形成连续的绿地空间网络；1996 年编制的《上海市城市绿地系统规划（1994－2010）》，规划范围为市域范围，引入生态学原理，对全市的绿地系统和各类绿地进行布局，进入有机进化成型阶段；2002 年编制的《上海市城市绿地系统规划（2002－2020）》涉及整个市域范围，贯彻市域绿化大循环思想，规划城乡一体化，推动城市绿地建设进入有机进化发展阶段。三轮的绿地系统规划在区域范围、规划理念、要素拓展、布局演变以及结构变异等方面均有较大的变化，最后完成了从"城市中的绿地布局"到"城市绿地系统"，再到"市域绿、林地系统"的系统有机进化演变（表 7-1）（张浪，2007）。

历次演变中规划主体观念的进化带动了绿地系统规划指导思想的发展，并通过绿地系统布局结构的变化体现出来（表 7-2）。两次突变后的上海城市绿地系统，初步形成了城郊一体、结构合理、布局均衡、生态功能完善稳定的市域绿色生态系统；但是在整体性、连贯性、统一性、均衡性、综合性等方面还有待进一步优化提升。生态资源在城市绿地系统中的利用方式不同，城市绿地的规模与类型发生变化，从而促进绿地系统布局结构的突变（张浪，2012b）。如何合理利用有限土地资源、发挥生态资源结构性效应，实现城市可持续发展已成为此阶段上海城市发展所面临的迫切问题。基于有机进化论角度，这也意味着上海市需要改变思路，

表 7-1　上海市 3 次绿地系统规划"形态分类"与布局模式比较

年份	范围	环状	带状	楔状	放射状	点状	网状	片状	布局结构形式	布局结构示意图
1983	中心城	3环	沿江沿河保护林带		林荫干道	公园绿地、专用绿地			中心城绿化规划结合"多心开敞"式的城市布局	
	郊区			干道适当地段	林荫干道	城镇绿地（设想）		风景游览线 农田林网化（设想）		
1994	中心城	中环 水环	八大滨河绿带 带道路绿带	5块	10条放射干道绿带	公园绿地 附属绿地 居住区绿地	道路 河道绿网	1组风景旅游线	一心二翼、三环十线、五楔九组、星罗棋盘	
	郊区	外环				公园绿地（主题公园、城镇公园）、苗木基地		8组风景旅游线 农田林网化		
2002	中心城	外环	河道绿化 道路绿化	8块	道路绿化	城市绿岛、公园绿地、近郊公园	道路绿网 水系路网	3片敏感区	市域绿化总体布局为"环、楔、廊、园、林"	
	郊区	郊区环				郊区城镇公园		大型片林、生态保护区、风景旅游区、大型林带		

资料来源：张浪，2012b

表 7-2　　上海绿地系统布局结构的演变

阶段	规划指导思想	布局结构突变特点
20 世纪 80 年代初	园林绿化	提出中心城园林绿地规划设想和郊区园林绿化设想，开辟 3 条环状绿带，布置楔形绿地、公共绿地、专用绿地，完成了城市绿化建设从"见缝插绿"到"规划建绿"的历史转变
20 世纪 90 年代初	生态学原理	打破"城乡二元化结构"，规划大环境绿化 建成区绿地的均匀分布 规划环城绿带和楔形绿地
21 世纪初	大都市圈	"环、楔、廊、园、林"的市域绿化结构
"十一五"期间	绿化林业布局结构	结合"环、楔、廊、园、林"总体布局结构，推进"二环二区三园、多核多廊多带"的绿化林业布局结构

资料来源：Zhang，2014

通过新的规划来指导城市生态系统建设（张浪，2012c，2014）。新的发展形势下，上海市城市绿地系统空间结构向构建区域生态安全格局的大方向发展（张浪，2018a）。

7.1.2　生态空间现状与生态敏感性分析

根据上海市生态空间现状的基础数据，结合规划与各部门意见，根据不同的生态效应及特征，将上海市生态资源类型又细划分为绿地、林地、园地、耕地、滩涂苇地、坑塘养殖水面、水域和未利用土地八大类（图 7-1）。在各相关部门的

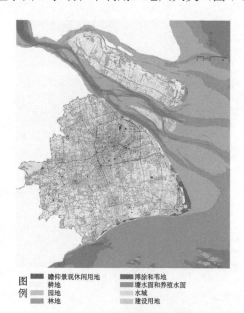

图例　瞻仰景观休闲用地　耕地　园地　林地　滩涂和苇地　塘水面和养殖水面　水域　建设用地

图 7-1　上海市域生态用地现状图

（根据《上海市基本生态网络规划》绘制）

积极推进和各区县政府的大力支持下，上海生态环境建设取得明显发展；同时，随着上海城市建设和社会经济的快速发展，生态建设也面临了众多问题与难题。

1. 生态建设现状评价

1）城市快速化发展阶段，生态用地保护压力大

上海社会经济的快速发展侵占了大量生态用地，使一些对城市生态环境起重要保护作用的绿地、林地、耕地、园地、水域等资源永久丧失；摊大饼式的城市扩张和无序蔓延也加剧了城市周边生态景观的破碎化程度，生态用地保护压力加大。据统计，2005～2009 年，上海生态用地降幅明显，年均降幅占陆域总面积的1.5%，如不控制，城市生态资源将严重不足。

另外，上海市生态资源在类型结构与地区分布方面也存在一定的问题。上海市生态资源结构中，全市以耕地为主的农用地生态系统占主导，伴有林地、园地等生态资源的协调组合以及少量瞻仰景观休闲用地为主要生态资源（图 7-2）。全市生态资源分布主要集中在北部的崇明三岛和南部的青浦、松江、金山、奉贤、南汇一带，6 个区的生态资源用地占比达到 84%，近郊区和城市建成区生态用地比例明显较低（刘杰等，2019）。

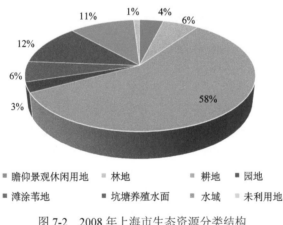

图 7-2　2008 年上海市生态资源分类结构

（根据《上海市基本生态网络规划》绘制）

2）各类生态用地较为破碎，生态效益较差

耕地景观在研究区域内占绝对优势，呈大块聚集分布，其连通性和完整性较好；但斑块和景观的空间形状较为复杂，表现出受到强烈的干扰特征。河流水域在研究区域中比较重要，市域范围内水网稠密，形状较为复杂，同时以黄浦江、苏州河为主体的水域多被建筑物、道路等分割，造成斑块破碎。绿地、林地、园地的景观类型面积普遍较小，且在市域范围内分布比例趋于均衡，形状较为简单

和规则，可见区域政策和人为规划对其分布有明显影响。坑塘养殖水面的面积较广，但是呈现规则大小的均匀分布。滩涂苇地呈零星分布，空间上相对集中连片分布（胡俊，2010）。

不同类型景观之间在空间上分布较为分散，缺乏集聚效应。尤其是绿地的集聚度较低，连通性较差，难以充分发挥其生态功能和效应。而上海市农业结构的调整形成了大面积的果园与经济林地以及大范围的生态林建设工程的开展，使得林地和园地的连通性和完整性优于绿地。

3）生态绿地建设与城市空间结构发展不协调

研究表明，1997～2006 年上海城市发展中心城圈层式空间拓展模式在继续。城市总体规划试图通过设定建设敏感区以及楔形绿地来引导中心城空间布局结构，但市域范围内生态廊道规划和建设缺乏系统的整体考虑，实际效果并不明显，廊道连通度有待提高。各类生态公园分布不均，服务半径过大，甚至部分地区存在绿化服务盲区，林业发展也存在区域的不平衡性，导致绿地林地布局的不平衡，规划的楔形绿地、建设敏感区和生态敏感区被不同程度占用。中心城向外的空间扩张仍维持了总体规划实施以前的圈层蔓延方式，上一轮规划的生态用地被侵占现象严重，城市结构亟待维护（张浪，2007）。

2. 生态足迹与生态敏感性分析

通过对上海 2000～2008 年生态足迹的测算，得知上海的生态足迹呈明显增长趋势，表现出对外部资源的依赖性增强；全市生态赤字和生态压力指数逐年上升，上海市生态环境已经处于不安全的状态中。

土地利用方式的无序化和盲目性，必然导致自然生态系统失衡和区域生态环境恶化，从而进一步影响甚至阻碍土地资源的可持续利用。生态敏感区（ecological sensitive area）划分及其管制规则制定是构建达到高效合理利用有限土地资源、发挥生态系统服务功能的土地利用规划的基础性工作之一。多因子加权求和模型进行综合分析的结果表明上海市生态系统敏感性在空间分布上呈显著差异性，不敏感区、低度敏感区、中度敏感区和高度敏感区分别占总面积的 43.1%、12.4%、38.6% 和 5.9%（图7-3）；中高敏感区主要分布在崇明县和南部各郊区县，以及河流和湖泊沿线；不敏感区主要集中在城市中心九城区，其他郊区（县）城市建成区域；现状生态敏感区空间分析为规划生态空间结构的构建打下基础（张桂莲等，2016）。

城市的发展在客观上加剧了生态环境品质的恶化。上海生态用地总量日趋减少，有限的市域自然生态空间被进一步蚕食，整体生态系统遭到更大威胁。面对全球气候变化和环境恶化的挑战，在土地资源紧缺的形势下，上海必须加快转变发展方式，探索合理利用土地资源、保护修复生态资源的有效途径，实现经济、社会和环境协调发展（张浪，2018b）。

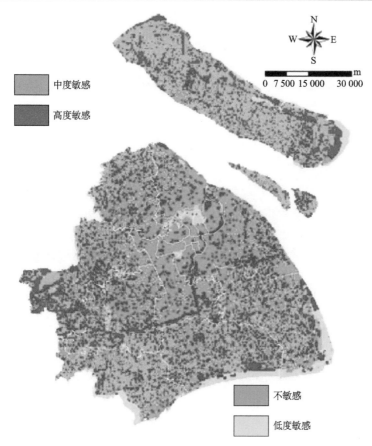

中度敏感

高度敏感

不敏感

低度敏感

图 7-3　上海市生态敏感性综合空间分布图

（根据《上海市基本生态网络规划》绘制）

7.1.3　基本生态网络规划的必要性

基本生态网络思想是基于景观生态学原理，综合建筑、景观、地理、环境等学科综合发展而成的新型生态环境规划理念。基本生态网络所对应的用地类型比城市绿地所涵盖的范围更广，包括城市建设用地中的城市绿地和其他具有生态、景观或游憩价值的开敞空间，以及建设用地之外的农地、林地、湿地、山体、水面等，并强调所有自然以及半自然因素之间结构和功能的连接，有利于实现有效的生态过程。在城市环境日益恶化的今天，城市生态网络空间更好地体现了城市与其周围的自然环境作为一个唇齿相依的整体的关系。

为促进上海市资源紧约束条件下城市发展转型、加快经济发展方式转变，维护城市生态安全，按照市政府的工作部署，在"两规合一"工作的基础上，2009年上海市启动基本生态网络规划，从市域、区域的角度来研究绿地系统，讨论更大区域范围内绿地系统的熵流运动方式，其空间布局结构也相应地体现在区域、城市、中心区 3 个层次，各个层次都有其相对独立、完整而又相互联系的布局形式，具有相应的层次性、整体性、有序性、互动性和平衡性。城市基本生态网络空间的构建，对改善城市生态环境、维护城市景观格局、引导城市空间合理发展具有重要的意义，工作的开展也说明了上海市绿地系统向基本生态网络规划的必然性（李锋和王如松，2004）。

1. 谋划完善的市域生态空间体系是落实科学发展观，建设社会主义生态文明的重要抓手

近年来，上海城市发展压力大。如何合理利用有限土地资源、发挥生态资源的结构性效应，实现城市可持续发展已成为当前上海城市发展所面临的迫切问题。处于战略机遇期的上海未来必然要在科学发展观的指导下实现城市发展模式转型。在市域层面建设完善的生态空间体系既是城市健康发展的当务之急，更是重视社会主义生态文明建设，实现城乡统筹、人与自然和谐统筹的重要抓手。

2. 构筑健康的生态空间体系是塑造国际大都市核心竞争力的重要组成部分

上海"四个中心"建设总目标的制定对城市生态环境提出了很高的要求。特别是围绕优先发展先进制造业和现代服务业，建设国际金融中心和航运中心的要求，城市对高端人才的需求将日益凸显。而健康的生态空间体系正是国际大都市吸引知识型人才、塑造核心竞争力的关键所在。环比其他世界城市生态环境空间比例大致在 70%左右，而上海目前仅为 52%，城市森林覆盖率和自然保护区面积比例均低于大都市平均水平。市域生态空间的建设无疑将有利于上海城市发展总目标的实现。

3. 营造合理的生态空间体系是优化城市空间形态和平衡城市空间结构的必然选择

从上海发展的显示来看，中心城向外呈现圈层式蔓延和指状延伸的空间趋势，城市集中建成区的范围在不断扩张，稀缺的生态资源正在被不断蚕食。而由此带来的空间、交通、基础设施、生态和环境的一系列问题将进一步制约城市可持续发展。因此，如何优化城市空间形态和平衡城市空间结构成为迫切需要解决的问题。必须通过营造合理的市域生态空间体系，保障城市生态走廊，维护"生态底线"，通过规划引导和土地调控的双重手段，以土地供应的硬约束实现生态锚固。

上海区域背景环境和城市内部环境都具有较为复杂的一面，任何生态要素都存在着必然而又复杂的联系，交织成网。在城市环境日益恶化的今天，城市生态网络空间更好地体现了城市与其周围的自然环境作为一个唇齿相依的整体的关

系。城市基本生态网络空间的构建，对改善城市生态环境、维护城市景观格局、引导城市空间合理发展具有重要的意义（潘洪艳等，2018）。

7.2　上海市基本生态网络规划——生态空间规划骨架基础的奠定

进入 21 世纪以来，上海以"四个中心"建设为主线，以举办 2010 年上海世博会为抓手，保持了城市经济快速持续发展和社会民生持续改善，城市基础设施建设提速，城市国际化程度和辐射全国的水平显著提升，上海市绿地建设也进入近远郊联动的区域演进阶段。此阶段生态环境问题成为全球共同面临的严峻课题，城市绿地作为建设用地范围内重要的生态空间组成，受到越来越多的关注。

上海市根据国际化大都市的发展需求，先后确立了《迈向二十一世纪上海城市绿化研究》和《上海与伦敦城市绿地的生态功能及管理对策比较研究》等课题，结合城市发展阶段，落实规划工作，开展了城市总体规划和土地利用总体规划工作，以生态空间规划约束力引导用地从增量到存量与减量转化。同期，编制了《上海市基本生态网络规划》和《上海市林地保护利用规划（2010—2020 年）》等，城市绿化建设逐渐以景观生态学理念为指导，形成了具有特大型城市绿化特点的发展之路。城市发展阶段特征及规划政策的实施是推动上海城市绿化建设跨越式发展进化的重要动力，相关规划文件梳理及城市绿化建设发展阶段见图 7-4。

上海市基本生态网络规划属于狭义生态规划的范畴，它是在城市总体规划阶段，将城市生态要素（主要是城市绿地、林地、农田、水域和湿地等自然因子）一起纳入城市绿地系统中进行城市生态保护和利用规划，保持城市生态系统平衡、改造城市面貌具有其他设施不可替代的功效，是提高人民生活质量一个必不可少的依托条件。因其突破了城市绿地范围，称为城市生态网络规划（以下简称生态规划），它的编制使绿地系统作为城市发展的骨架给予优先考虑，绿地系统作为城市的基础设施合理布局、科学配置得以实现。

规划基于上海平原地区特点、经济发展阶段和生态空间趋势，初步形成了"大生态空间"的构建路径。"大生态空间"强调研究对象包括所有具有生态效益的空间，强调生态空间区域的融合和市域的贯通，强调生态效益与社会、经济的协调统一。规划将各类生态空间整合成四大类用地：绿地、园林地、耕地和湿地。

上海市基本生态网络空间的建设和营造，对于维护上海市生态安全，进一步落实市级土地利用总体规划确定的市域生态空间布局体系，加强后续生态空间建设的实施与管理，明确生态用地的总量和布局结构，并结合规划管理分类分级划定生态网络空间控制线，制定生态空间管制与实施的政策措施和保障机制具有重要意义。

图 7-4　上海市三次绿地系统规划前后重要规划文件梳理

（资料来源：刘杰等，2019）

7.2.1　上海市基本生态网络规划思路与策略

1. 理念思路

上海市基本生态网络规划强调在人类一定的生活空间内，人类经济社会与生态系统相适应、协调发展，从而实现城市生态的良性循环和人居环境的持续改善，在这样一个系统里社会、自然、经济相互依存、互为补充，达到一种动态平衡。

上海市基本生态网络规划中借鉴国际化大都市生态建设目标和实践经验，以生物多样性保护作为城市生态网络规划中的重要原则。具体而言，在理念上，以生物多样性作为原则，不仅为城市居民的活动提供场所，也为生物多样性提供保障，梳理现状的野生生物栖息地，考虑生物的活动和迁徙。在空间上，以核心生态空间的保护以及生态空间的连接性作为重要建设标准，不仅在规划中确定完整的生态节点和廊道，在具体的规划实施中也注重生态连接性。在实施上，秉承以人为本的原则，从地区居民的需求出发进行建设，充分发挥民间力量对生态空间进行建设和实施，保障生态性的同时激发地区的活力。

上海市基本生态网络规划遵循以详实的生态现状特征分析为基础，研究城市总体的生态空间布局。规划中对生态用地、生物分布等现状生态要素进行梳理，并结合生态敏感性、生态足迹、生态服务价值以及现状可发展用地的分析，得出了上海市域的现状生态特征，并以此为基础确定了上海市总体的市域生态空间格局（图 7-5）。为落实生态网络总体的空间布局，规划还从生态规划体系、生态空间管控、生态建设实施、实施保障机制以及生态指标监测 5 个方面进行了深入研究。

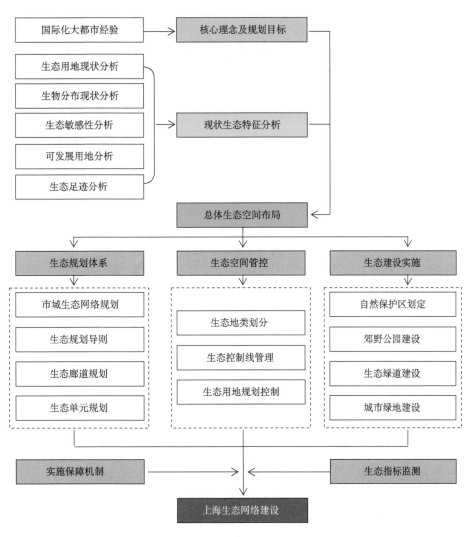

图 7-5　上海生态网络建设规划总体思路

（资料来源：郭淳彬和徐闻闻，2012）

2. 规划目标

规划借鉴伦敦、巴黎、慕尼黑等世界同类型城市的经验,结合上海城市发展的阶段需求和未来发展趋势,制定了上海城市基本生态网络规划的总体目标:建设与上海"四个中心"建设总目标相适应、与现代化国际大都市目标要求相一致的生态空间体系;通过"多层次、成网络、功能复合"的基本生态网络建设,落实低碳、生态理念,促进市域绿地、耕地、林园地和湿地的融合发展,提升城市环境品质,提高居民生活环境质量,增强城市国际竞争力。

1) 修复生态空间,确保生态安全,恢复生物多样性

近年台风、海啸等自然灾害侵袭以及太湖蓝藻暴发事件等对城市生态安全提出挑战。全球气候变化的环境胁迫包括气候将持续变暖、海平面继续上升,人类活动具有全球性的相互关系,全球承担共同责任。上海目前野生动植物栖息地质量普遍较差,并不断受到水体污染、外来种入侵、人为开发等因素的威胁。

通过构建整体连续的城市绿色生态网络,恢复和修复高度城市化带来的景观破碎、生态割裂的现状,完善生态网络结构,促进城市生物多样性保育和提高城市生态安全能力。

2) 明确城市边界,强化控制手段,优化空间结构

近年来,中心城向外呈现蔓延式发展,引发了空间、交通、基础设施、生态和环境等一系列问题,城市生态空间结构亟须优化;建设用地中工业用地比重偏高,需进一步优化整合。

上海是平原地区,强大的单中心下城市拓展使得各种控制手段节节败退。因此,必须明确城市边界,强化控制手段。

3) 提升宜居环境,维持平衡碳氧,降低热岛效应

随着城市化进程的加快,城市生态环境受到了严重的威胁,空气质量不断下降,热岛效应不断增强。通过构建连续整体的城市绿色生态网络,达到改善水体和大气环境,改善城市小气候,提升改善生态环境质量的目的。

4) 推进城乡统筹,满足功能需求,提高农民收入

随着城乡统筹发展战略的推进,协调上海城乡发展已经成为上海发展的重要战略。近年来,中心城绿地发展速度远大于郊区林地,尚未实施的中心城规划绿地逐步纳入城市详细规划,绿化用地得到一定的实施和控制;但郊区林地发展相对缓慢,需要进一步推动郊区绿化发展,促进城乡一体化和谐发展。

通过构建多层次、多功能的城市绿色生态网络,达到创造高可达性的开放空间体系,满足市民亲近自然的需求,提升城市生活品质的目的。郊区绿色生态空间需探索功能性开发,增加城市居民游憩空间的同时,增加农民收入(苏敬华和东阳,2020)。

3. 规划指标

上海市基本生态网络规划将各类生态空间整合成绿地、园林地、耕地和湿地 4 个大类并进行合理布局,促进其融合和连接,实现全市绿色空间集团化、规模化、网络化发展。其中,以主要干道和河流为界,划分了 1 个近郊绿环、16 个生态间隔带、9 条生态走廊、10 片生态保育区。

上海城市未来规划指标:上海市生态用地比例控制在陆域范围的 50%以上,生态用地总规模达 3500km^2 以上(其中,建成区外围生态用地总面积达 3160km^2 以上,规划集中建设用地内绿地面积达到 340km^2);至 2015 年,市域森林覆盖率达到 15%,至 2021 年力争达到 18%;通过农用地调整和零散建设用地复垦,规划建设用地外林园地可达到 650~700 km^2,规划建设用地外耕地可达到 1700~1800 km^2;坑塘水面及水域基本维持现状的规模,约 900 km^2。

上海市基本生态网络规划形成一套以自然保护为主要目标,满足多种社会、文化和经济功能,覆盖全市的生态网络系统。

4. 规划策略

为了建设人与自然和谐发展的生态城市,需要使生态景观类型朝聚集化、规则化方向发展。合理规划和维护生态空间,打通城市生态廊道,增加林地、绿地的连通性,构建生态效应明显的绿化网络。在城乡用地布局中,应该将大面积连片基本农田、优质耕地作为绿心、绿带的重要组成部分,构建耕地、林草、水系、绿带等生态廊道,加强各生态用地之间的有机联系,构建良好的土地利用格局,有利于区域生态功能的修复和提高。

1)生态空间网络化

网络化是生态空间优化的主要方向。绿色网络连接城市、农村和自然景观区,是自然因子和城市系统及其周边地区的联结体,具有生态基础,反映了自然保护和生物多样性思想在城市地区的创造性应用,与人类需求驱使的城市化相适应。而且,通过较少面积比例绿地的空间合理安排,优化城市景观格局。绿色网络能在生态环境保护中发挥积极作用,如净化空气、水体和土壤,减少城区人口利用的集约化和高效化,特别是人类和野生生物也能从景观的连接和更多自然元素的渗透中受益,给野生动植物提供栖息地和通道。建筑密集区形成的动植物群落对自然保护有潜在的重要性,也增加了人与自然的亲和力,满足环境可持续发展的需要。

生态网络空间必然是源于区域、面向区域,由外而内渗入、由内而外扩散的。通过"环、廊、区、源"生态空间的合理布局,以及绿地、林地、农地、湿地、水面等各种生态要素的有机整合,组织全市高效的生态网络系统(王甫园等,2017)。

2）生态功能复合化

上海人多地少，不仅建设用地指标进展，非建设用地总量也较难满足生态、生产和生活的要求，因此上海水田空间必须要追求整个系统效益的多样和高效，使生态用地效益最大化。

生态功能复合化主要包括农林复合系统和林渔复合系统，并鼓励农业旅游和生态型功能性项目的结合。功能复合化有利于保护城市生物多样性，维护城市生态平衡、生态空间多样的结构和多种功能的有机联系，能够满足市民生活更高层次的需要，实现人与自然的和谐统一。

农林复合生态系统是指"基于生态学的原理和社会与经济可持续发展的需求，在同一土地单元上，人为地将木本植物与其他植物或动物，在空间上或按时间序列组合成一个人工自然复合群落而进行土地综合利用和管理调控技术集成的系统"。耕地权属的用地，适度建林，既能提高整体生态和经济效益，又能丰富整体景观效果。在不改变农地性质的基础上，通过农林复合生态系统的营造，建立农田防护林网，提高郊区林木覆盖率，增加农地抵御灾害的能力。同时积极探索开展以林下种植（养殖）为主要内容的林地复合经营，提高林地经济产出。

3）生态管理层次化

基本生态网络的实施需要多部门的紧密配合，机制上也需要有所突破和创新。在实施管理上，建议由粗而细逐层确定和落实。

首先，应共同确定总体目标、空间布局体系和关键指标，具体的指标包括生态用地总量和各类生态用地结构，划定城市增长边界。

其次，需划定功能分区，提出功能定位，分解落实总体指标，建立分区管制导则。

再次，形成各类生态建设空间载体的总体布局方案，包括保护区、郊野公园、绿道的布局原则、建议位置和规模。

最后，明确近期建设重点，结合各区县土地利用总体规划，编制生态网络专项规划。

7.2.2　上海市基本生态网络规划特点与突破

扎实开展基础专题研究是规划编制的重要环节，通过比较研究伦敦、巴黎、米兰等特大城市生态空间与形态的特征，以及生态足迹理论分析和生态系统服务价值测算方法，对市域现状生态品质进行了较为科学的评价。上海市基本生态网络规划注重区域协调和城乡统筹，针对土地资源紧缺、生态资源匮乏的先天制约，从过去侧重关注中心城绿地建设向综合配置全市域多元生态要素转变，将绿地、林园地、耕地和湿地有机组合，倡导农林复合的发展模式，发挥最大生态效益，促进规划、绿化、土地三规协调（张浪，2014）。

该规划的基本理念、现行规划法规中的对应管控层次、规划控制要素和规划空间控制线落地方式，既不同于传统的城市绿地系统规划，也不同于所谓的生态专项规划，其基本特点与突破表现在以下方面（熊健等，2017）。

1. 规划理念的突破与生态资源利用方式转变

上海市基本生态网络规划突破了城市绿地范围，它的编制使绿地系统作为城市发展的骨架给予优先考虑，绿地系统作为城市的基础设施合理布局、科学配置得以实现，该规划在理念层面就实现了突破。

该规划应用了生态学原理，确定生态用地比例达到陆域用地的50%以上，保证上海市基本生态安全。研究碳氧平衡原理，根据生态用地制氧能力与城市氧消耗量的对比，计算城市生态用地定额，达到确定城市可建设用地容量的目的；根据城市热岛效应的研究，在规划中增加通向城市的楔形绿地与林地等生态用地，采用新型的城市规划与设计理念，加强城市湿地与水体的保护；溶解城市战略及农林复合生态系统的构建有助于规划中落实城乡一体化理念。

采用基于GIS技术的上海市域生态景观格局定量分析，对规划区域进行生态敏感性分析以及生态系统价值评价，这对基本生态网络规划中确定各生态用地，确定各控制指标，优化道路、绿道和河道等廊道的生态功能和整体景观结构，避免"建设性破坏"，制定生态环境保护规划，具有指导意义。

在城市总体规划阶段，上海市基本生态网络规划就将城市生态要素（主要是城市绿地、林地、农田、水域和湿地等自然因子）一起纳入城市绿地系统中进行城市生态保护和利用规划，突破了城市绿地作为单一因子控制，把绿地系统作为城市发展的骨架给予优先考虑，作为城市的基础设施合理布局、科学配置。根据不同的生态效应及特征，将上海市生态资源类型划分为绿地、林地、园地、耕地、滩涂苇地、坑塘养殖水面、水域和未利用土地八大类，与现行的《土地利用现状分类》（GB/T 21010—2017）中的分类对应（表7-3）（伍江，2019）。

表 7-3　上海生态资源类型与全国土地分类对照表

类型	1	2	3	4	5	6	7	8
生态资源分类	绿地	林地	耕地	园地	滩涂苇地	坑塘养殖水面	水域	未利用土地
全国土地分类	232 瞻仰景观休闲用地	13 林地	11 耕地	12 园地	323 苇地 324 滩涂	154 坑塘水面 155 养殖水面	271 水库水面、321 河流水面、322 湖泊水面	31 未利用土地

规划将市域 3500 km^2 以上的生态用地，根据不同的生态功能与布局结构，将城乡生态空间体系划分为近郊绿环、生态间隔带、生态走廊和生态保育区四个生态功能区块，确定各区块的生态用地总面积，并对各区块中的城市绿地、耕地、

林地及滩涂湿地生态用地面积进行划分，统筹安排（表 7-4），建设上海市城市生态安全的底线，维护基本生态系统服务的安全格局，确定城市的形态和空间格局。

表 7-4　上海市各生态功能区块中主要生态用地面积统筹一览表　（单位：km^2）

区块类型	区块面积	耕地	林园地	湿地	瞻仰景观用地
近郊绿环	82.13	8.21	46.81	9.86	2.46
生态间隔带	262.28	47.21	110.16	28.85	5.25
生态走廊	1600.47	448.13	464.14	368.11	32.01
生态保育区	2377.20	1236.14	332.81	356.58	23.77
合计	4322.08	1739.69	953.92	763.40	63.49

2. 生态安全格局的形成与生态空间结构的稳固

上海处于长江河口的冲积平原，地势平坦广阔，土地资源的可用度较高，由此，中心城市向周边农村地区梯度式、均等性致密扩展的趋势一直难以拔除。上海尤其缺乏自然山体、森林等生态隔离屏障，"两规合一"为消除这一顽疾带来契机（胡俊，2010）。上海市基本生态网络规划是在上海新的土地利用规划总图与城市总体规划实施管理图纸衔接完成为"同一张图"下编制的。土地利用总体规划中对基本农田的刚性控制法律手段成为上海生态规划中生态空间布局的亮点所在。在建设用地布局上用基本农田做生态屏障，将基本农田布局向市区边缘和近郊区做穿插式布局，保证楔形与环形布局结构的稳定性。同时发挥生态锚固功能，维护生态底线，制止建设地的无序蔓延，抢救性保护上海都市区的生态安全（图 7-6）（张庆费，2002）。

3. 生态功能区块划分与管制的突破

为加强全市总体层面的生态空间控制，保证生态网络系统的建立与生态功能的充分发挥，根据生态空间的功能和在生态网络中的位置，规划划分成近郊绿环、生态隔离带、生态走廊、生态保育区 4 个主要功能区块，并针对不同的生态空间用途，通过明确各类区块的生态功能，实施分类指导，并明确各类生态用地比例（表 7-5），将生态网络规划落实到控制性详细规划层面，确保生态规划的实施。

4. 规划控制线落地方式的突破

基本生态控制线是为保障城市基本生态安全，维护生态系统的科学性、完整性和连续性，防止城市建设无序蔓延，在尊重城市自然生态系统和合理环境承载力的前提下，根据有关法律、法规，结合城市实际情况划定的生态保护范围界线。

图
例

中心城绿地	生态保护区
中心城外环绿带、近郊绿环	生态建设控制区
生态间隔带	集中城镇建设区
生态走廊	滨海湿地

图 7-6　上海市基本生态网络规划结构布局图

（根据《上海市基本生态网络规划》绘制）

表 7-5　上海市生态空间规划生态功能区块管制内容

生态功能区块	功能定位	控制指标/%			区块划示
		耕地	林园地	建设用地	
近郊绿环	限制城市无序蔓延，强化土地用途管制，充分发挥绿地及林地的生态功能。以林地和绿地为主，兼容小型体育用地、少量的公共服务设施用地等	≤15	50～60	20	1 个近郊绿环（含 17 段）、16 个生态间隔带、9 条生态走廊、10 片生态保育区
生态间隔带	优化城市结构，缓解城市热岛效应，保障必要的城市开敞空间	15～25	40～50	≤40	
生态走廊	生态走廊强调景观和生物多样性，重在林地的适度建设，除了非建设区外，还设置生态建设控制区	20～35	25～35	≤25	
生态保育区	以耕地整理为主，适度开展农田林网建设	40～60	10～20	≤20	

　　上海市生态规划生态用地总面积达到 3500km^2 以上，根据生态功能区块功能将各类生态用地按比例分配到生态功能区块各类型中，巩固了城市生态控制线。为控制建设用地控制线，对各类区块内允许设置的土地使用性质、允许兼容的土地使用性质和禁止的土地使用性质进行规定，对区内森林覆盖率、复垦比重、生态建设控制区面积进行比例划定，在建设用地集中区域建立生态控制区，并对生态控制区内建筑高度、绿地率进行规定，进步控制生态功能区的生态功能，保证了生态网络的连贯性（表 7-6）。

表 7-6　主城区环城绿带（H1）与黄浦江生态走廊（L4）控制指标表

规划用地面积 /km^2	用地比例/%					生态控制指标				
	耕地	林园地	湿地	瞻仰景观用地	建设用地	复垦比重/%	森林覆盖率/%	生态建设控制区面积/km^2	建筑高度/m	绿地率/%
环城绿带（H1）　4.67	0	60	6	8	26	67	64	1.35	12	60
生态走廊（L4）　261.36	30	31	18	2	19	32	33	19.55	24	50

　　生态功能区块的各类生态用地根据区块的现状与规划所处的位置进行划分，从而实施对绿道控制线、主要水域控制线、水源保护地控制线、基本农田控制线控制，并落实生态空间建设载体。这几类控制线的划定从平面上严格划定了各生态空间的界限，控制城市建设用地的无序蔓延，保证了生态格局的良性发展。从规划阶段避免用地建设中可能存在的生态安全隐患，保障了生态用地功能的充分发挥，完善了生态控制线。这种全新的规划控制方式提高了生态规划的可行性（张浪，2014）。

7.2.3　上海市基本生态网络规划格局与结构

1. 总体格局与网络体系

　　加快形成中心城以"环、楔、廊、园"为主体，中心城周边地区以市域绿环、生态间隔带为锚固；市域范围以生态廊道、生态保育区为基底的"环形放射状"的生态网络空间体系；总体格局策略：建立"多层次、网络化、功能复合"的生态网络空间（张浪，2013b）。

　　1）区域生态格局

　　（1）区域生态空间的共同保护：保护崇明岛长江口、环淀山湖、杭州湾沿岸、东海海域湿地四大生态区域。

　　（2）区域生态廊道和绿道的衔接：强化区域生态廊道对接，预留嘉宝-沿长江、吴淞江、黄浦江、沿杭州湾四个重要的生态接口。

2）市域生态格局

（1）双环多廊、多层次成网络功能复合结构。建设多层次、成网络、功能复合的生态空间体系。中心城延续"环、楔、廊、园"格局，中心城周边地区以市域绿环、生态间隔带为锚固，郊区城镇圈以生态保育区和生态走廊为基底，衔接区域生态系统，以水为脉，建设"双环多廊"的市域生态空间结构。

（2）郊区加强生态走廊建设。郊区完善生态走廊建设，加强林地建设，优先布局森林空间，优先布局郊野公园，优先完善市域绿道；以各片生态保育区为基底，积极推进基本农田集中连片建设，加强农田林网建设。

（3）中心城和周边地区完善市域双环近郊绿环。近郊绿环通过沿路沿河的主要生态绿环建设，强化中心城周边地区与郊区新城之间的间隔；形成服务于中心城及周边地区的外环绿带。

（4）以双环为主体完善中心城楔形绿地及周边地区的生态间隔带。通过延展绿楔，形成 16 条生态间隔带，与原有的楔形绿地共同形成放射状的绿色通道，遏制中心城及拓展区内建设用地无序蔓延，增加城市建设用地的生态界面，将自然生态空间与城市生活空间有机融合，塑造开敞通透、疏密有致的城市空间结构。

同时，在中心城进一步加强黄浦江两岸重点地区绿化公共空间建设力度，提升城市品质。新城新市镇建设中，通过生态景观风貌规划引导，提高新城生态环境整体水平，塑造新城宜居、休闲绿化空间系统（张浪，2013a）。

2. 生态网络体系建设

1）建设城市森林体系：结合总体生态结构加强集中林地建设

（1）生态走廊建设：崇明生态走廊、黄浦江、大治河生态走廊、青松生态走廊、嘉宝生态走廊是森林较为集聚的生态廊道空间，应加强森林建设。

（2）建设城市森林体系：推进重点地区防护林带建设。

（3）邻避基础设施防护：在金山化工区、老港、合庆、外冈、天马山、奉贤等地区加强防护林建设。

（4）滨江沿海的防护林带：加强沿海防护林建设。

（5）建设城市森林体系：加强城市立体绿化网和郊区农田林网建设。

（6）立体绿化网：在重点地区推行立体绿化建设，新建公共建筑屋顶绿化面积占可绿化面积的 30%。在高架等空间推进垂直绿化建设，改善城市环境。

（7）农田林网：郊区推进农田林网建设，农田林网化率达到 6%。推进郊区的土地整治，不断补充完善现有的农田林网。尤其应结合永久基本农田进行建设。

2）构建城乡公园体系：形成开放、连通、多层次的五级市域公园体系

在原有三级公园体系的基础上，向上向下延伸，增加区域层级和微型公园层级，形成五级公园体系。

　　构建城乡公园体系城市公园，建成综合性城市开放空间，满足居民日常及周末休闲需求，包含文化艺术、运动健身、家庭休闲等功能。

　　主要布局在中心城和新城范围内，结合功能片区设置，面积宜大于 50hm^2，服务半径宜 5~10km。

　　3）建设生态廊道体系

　　（1）道路廊道建设：沿高速公路及主干路两侧建设至少 20m 的绿带空间。

　　（2）滨河廊道建设：林水结合推进滨河廊道建设。

　　4）建设市域绿道体系：构建健康、多元、互通、易达的都市绿色休闲网络

　　市域绿道建设形成 "三环一带多廊" 的总体布局，以区域级绿道、地区级绿道、社区级绿道为三大层级，以城镇型绿道、郊野型绿道为两大类型。

　　（1）串联节点：自然保护区、风景名胜区、郊野公园、水乡村落、城镇发展组团等，串联全市 80%以上的公园、广场、文物古迹、风景名胜区等文化、休闲空间。

　　（2）完善可达：提升绿道可达性，社区绿道实现 10min 可达、地区级绿道 20min 可达、市域绿道 45min 可达。建设市域绿道体系，地区级绿道建设"一区一环多廊"的绿道网络，网络布局依托河流水系、文化风貌道路、林荫道、干道路侧林带等，通过"一区一环多廊"充分联系各个城镇组团与大型公园，形成串联城乡的绿道网络（张瑞等，2019）。

　　3. 多层次生态空间系统构建

　　《上海市基本生态网络规划》提出，从布局结构构建的多层次出发，基础生态空间主要为维护水资源平衡、保护生物多样性、降低自然灾害风险等提供缓冲空间；郊野生态空间包含市域 10 片生态保育区和 9 条生态走廊，其中，生态保育区以基本农田集中区构成的基底性生态空间为主，而生态走廊则是隔离城市组团的放射状、通畅性绿色廊道；中心城周边地区生态空间系统包含市域"双环"和中心城地区生态间隔带；集中城市化地区绿化空间系统包括中心城和郊区新城、新市镇等集中城市化地区绿化空间系统（图 7-7）（张浪，2009）。

　　将上海市三次主要绿地系统规划和基本生态网络规划的布局结构做对比，可以得出（表 7-7）：一是规划布局重点从中心城范围逐渐扩展到市域及区域范围，更加关注对生态空间的宏观统筹；二是生态网络体系更加完善，生态要素从局限于城市中心城的公园绿地、专用绿地向城乡空间的绿地、耕地、林地、湿地等转化；三是从侧重关注居民使用到人与自然和谐相处的转化；四是管理方式从计划规划到全域生态空间管控的转化，从强调"环、楔、廊、园"到规划控制线的落实（张浪，2012a；郭淳彬，2018）。

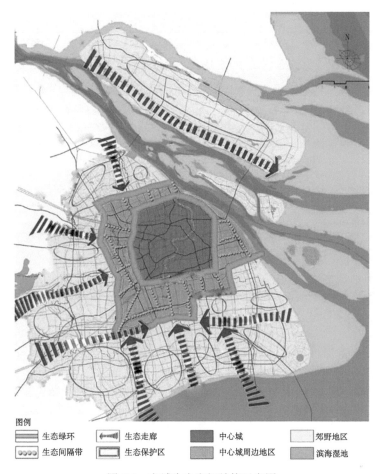

图例

| 生态绿环 | 生态走廊 | 中心城 | 郊野地区 |
| 生态间隔带 | 生态保护区 | 中心城周边地区 | 滨海湿地 |

图 7-7　市域生态空间结构示意图

（根据《上海市基本生态网络规划》绘制）

表 7-7　上海市绿地系统规划与基本生态网络规划的比较

规划名称	1983 年《上海市园林绿化系统规划》	《上海市城市绿地系统规划（1994—2010）》	《上海市城市绿地系统规划（2002—2020）》	《上海市基本生态网络规划》
布局结构	中心城绿化规划结合"多心开敞"式的城市布局，把公共绿地分为市级、分区级、地区级、居住区级及小区级，并以行道树、林荫道、绿带与外围的楔形绿地、郊区农田沟通，点、线、面绿化结合	一心两翼、三环十线、五楔九组、星罗棋布，即市中心绿色核心，浦东和浦西联动发展，三圈绿色环带、十条放射绿线、五片楔形绿地、九组风景游览区、线，各种绿地星罗棋布	市域绿化总体布局"环、楔、廊、园、林"。集中城市化地区以各级公共绿地为核心，郊区以大型生态林地为主体，以河流、道路等线性绿化为网络和连接，形成"主体"通过"网络"与"核心"相互作用的市域绿化大循环	市域"环、廊、区、源"的城乡生态空间体系，中心城以"环、楔、廊、园"为主体，中心城周边地区以市域绿环、生态间隔带为锚固，市域范围以生态廊道、生态保育区为基底的"环形放射状"的生态网络空间体系

续表

规划名称	1983 年《上海市园林绿化系统规划》	《上海市城市绿地系统规划（1994—2010）》	《上海市城市绿地系统规划（2002—2020）》	《上海市基本生态网络规划》
规划特征	提出中心城园林绿地规划设想和郊区园林绿化设想，开辟3 条环状绿带，布置楔形绿地、公共绿地、专用绿地，完成了城市绿化建设从"见缝插绿"到"规划建绿"的历史转变，但规划还未成系统	以生态学原理为指导，体现以人为主体的思想；城乡结合，注重大环境绿化；结合旧区改造，"环""楔"结构的应用；提出公园分类分级和服务半径的理念，但对绿色廊道的连接重视不足，且仍未达到城乡绿化结合	结合中心城旧区改造；结合城镇体系规划和小城镇建设；结合市域产业布局调整，留出绿化隔离带；结合郊区"三个集中"政策；结合郊区农业产业结构调整、植树造林等多项结合原则，但对生态功能的强调不够，且缺乏动态考虑	以市域生态网络建设为重点。通过"多层次、成网络、功能复合"的基本生态网络建设，落实低碳、生态理念，促进市域绿地、耕地、林园地和湿地的融合发展

7.2.4　上海市基本生态网络规划成果应用

2010 年 9 月 9 日，上海市规划委员会全会审议通过（后期经过复杂程序，直到 2012 年 5 月 26 日上海市人民政府发文（沪府〔2012〕53 号）批准）《上海市基本生态网络规划》，规划核心内容纳入上海市"十二五"规划纲要，由此正式拉开了上海市生态网络构建及生态空间建设实施的序幕。《上海市基本生态网络规划》的批准实施，对上海市基本生态网络空间的保护、利用、建设和管理，对维护上海市生态安全，进一步落实市级土地利用总体规划确定的市域生态空间布局体系，加强后续生态空间建设的实施与管理，明确生态用地的总量和布局结构，并结合规划管理分类分级划定生态网络空间控制线，制定生态空间管制与实施的政策措施和保障机制具有重要意义（张浪，2009；张式煜，2002；周之灿，2011）。

《上海市基本生态网络规划》是上海市土地利用总体规划、上海市林地保护利用规划的重要指导和重要依据之一，是嘉宝片林规划、芦潮港林带规划等生态专项规划试点的依据。通过深化完善后形成各个层级的生态控制线，拟作为基本农田控制线、集中建设区控制线、工业区块控制线后第四条纳入上海市规划和国土资源管理局信息管理系统的控制线，作为各类规划编制的依据，切实控制引导开发建设活动。

根据《上海统计年鉴》《上海市国民经济和社会发展统计公报》等资料，新建绿地面积 1221hm^2（其中公园绿地 560 hm^2），新增林地 1221hm^2，全市森林覆盖率达 15.6%，中心城区绿化覆盖率达 38.8%，自然保护区达到 4 个，长兴、青西 2 座郊野公园建成开放，"环、楔、廊、园、林"基本生态空间格局逐步形成，城市生态空间格局优化和生态安全保障进展显著。

《上海市基本生态网络规划》构建了上海生态网络建设的基本骨架，指引着上海近年来的城乡生态建设。随着新一轮城市总体规划的编制以及全球城市发展目标的提出，上海生态网络的内涵以及建设实施要求也将进一步深化（郭淳彬，2018）。

7.3　国土空间规划的顶层保障——上海市生态空间专项规划实施

7.3.1　规划背景与规划对象

1. 规划背景

城市生态空间为城市提供生态系统服务，是保障城市生态安全、提升居民生活质量不可或缺的组成部分（王甫园等，2017）。2013 年，党的十八大将生态文明建设纳入"五位一体"中国特色社会主义总体布局。2015 年，中央城市工作会议要求统筹生产、生活、生态三大布局，提高城市发展的宜居性。同年中共中央、国务院《关于加快推进生态文明建设的意见》（中发〔2015〕12 号）明确提出"构建平衡适宜的城乡建设空间体系，适当增加生活空间、生态用地，保护和扩大绿地、水域、湿地等生态空间"。因此，营造人与自然和谐的生态空间已成为当前我国城市建设和发展的关键内容。

面向新时代，我国社会主要矛盾已经转化为人民日益增长的美好生活需要和不平衡不充分的发展之间的矛盾，上海处于城市转型的战略机遇期和关键攻坚战，适应新趋势，应对新挑战，需要更加完善的生态体系，更加多元的生态要素，更加复合的生态功能，更加高水平的建设标准，更加精细的管理机制，构建富有时代特征、上海特点的生态空间。

2017 年 12 月 15 日，"上海 2035"获得国务院批复，明确提出建设"卓越的全球城市"发展定位，要求将市民幸福作为上海发展的根本追求，努力建设繁荣创新之城、幸福人文之城、韧性生态之城（图 7-8）。在"上海 2035"生态之城的总体目标下，明确提出"营造绿色开放的生态网络"，包含 4 个层次的要求：通过对城市开发边界的严格管控，构建全域统筹的城乡空间结构；严守生态保护红线，明确海陆自然生态格局和基底，构建覆盖全市域的多层次、网络化、功能复合的生态网络体系；通过加强各类生态空间的建设，提升生态系统保护与治理能力，切实提高城乡人居环境；通过建立生态补偿、监测评估、用途管制等机制，有效保证生态空间落地实施。"上海 2035"为上海市生态空间建设实施明确了总体要求与建设目标。

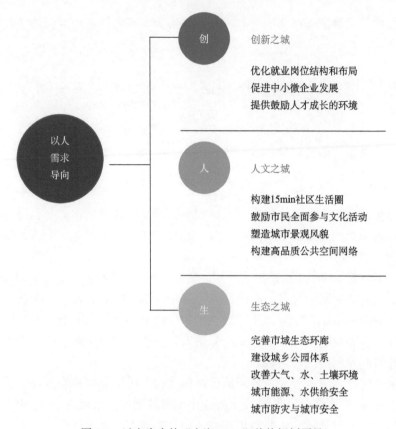

图 7-8　以人为本的"上海 2035"总体规划愿景

(资料来源：潘洪艳等，2018)

　　上海市生态空间是市域层面的专项规划，充分落实和深化"上海 2035"，兼顾战略性与实施性，构建上海生态空间规划与建设顶层设计蓝图，对涉及生态建设的下位规划形成指导，有效落实上海"可持续的韧性生态之城"相关目标与指标。生态空间专项方面着力推进"1+3"的评估工作，紧接着重点推进"1+6"的专项规划工作，在总体规划编制方面，要求空间规划与总体规划紧密结合，并将核心指标与核心内容纳入总体规划之中（图 7-9）（李晓策等，2020）。2020 年 4 月，《上海市生态空间专项规划（2018—2035）》（以下简称《上海市生态空间规划》）草案予以公示。

　　2. 规划对象

　　对于生态空间的概念，国家层面已有相对明确的定义。2010 年《全国主体功能区规划》中提出，生态空间包括天然草地、林地、湿地、水库水面、河流水面、湖泊水面、荒草地、沙地、盐碱地、高原荒漠等。2017 年国土资源部发布的《自然生态空间用途管制办法（试行）》提出，自然生态空间涵盖需要保护和合理利用的森林、草原、湿地、河流、湖泊、滩涂、岸线、海洋、荒地、荒漠、戈壁、冰川、高山冻原、无居民海岛等。

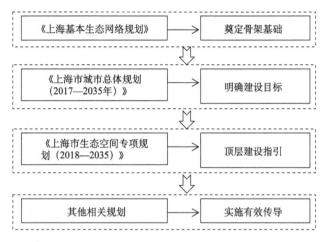

图 7-9　上海市生态空间规划发展历程

（资料来源：李晓策等，2020）

　　本规划基于上海位于长江入海口的地理区位，以及江南水乡的农耕文化、冲积平原的生态本底特色，另外也无法开展大面积的林地建设，"农林水复合，林田湖相间"已成为上海重要的生态特色。同时，集中城市化地区的公园建设也为上海市民提供了大量的生态休闲场所。因此对上海这样一个超大城市的市域而言，生态空间的内涵应强调复合性的特征，将国家层面所定义的生态空间、农业空间和城镇空间中的绿地均纳入生态空间范畴，涉及近海海域、林地、绿地、河湖水系、湿地、耕地等各类生态空间要素。而生态空间概念的延伸也要求上海在生态空间规划中加强生态空间的综合统筹及体系衔接。

7.3.2　规划策略与主要内容

1. 规划策略

　　上海生态空间专项规划针对增量困境、布局失衡、需求升级、安全保障 4 个主要问题挑战，形成以下规划策略（图 7-10）。

　　（1）在增量困境方面，上海市整体绿地数量逐年稳步增长，但增速逐年放缓。因此，建设生态空间应该加强空间要素空间复合、功能融合，兼顾生态利用，同时强调空间的预控和保护，对市域重要的生态空间要素进行保护和控制，以保证后期建设，保障城市生态效益最大化。

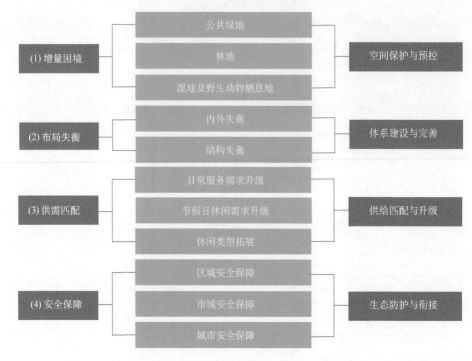

图 7-10　上海市生态空间发展问题与对策分析图

（根据《上海市生态空间专项规划（2018—2035）》绘制）

（2）在布局失衡方面，上海市整体生态空间结构失衡，中心城市人均绿地水平不足，但外环绿带建设较多，因此建设和完善生态网络空间体系尤为重要。

（3）在需求升级方面，日常休闲活动、节假日休闲需求以及休闲类型的升级，上海市公共绿地服务水平及设施有待提高；未来应基于市民对于生态空间的多样化及精细化需求，发展提高配套设施及服务水平。

（4）在安全保障方面，应加强和建设上海应对未来城市气候变化及自然灾害的防护能力，把生态与安全进行衔接与融合。

2. 主要内容

1）目标愿景

建设与卓越全球城市总目标相匹配的"城在园中、林廊环绕、蓝绿交织"的生态空间，打造一座令人向往的生态之城。满足人民日益增长的优美生态空间需要，建设天更蓝、水更清、地更绿，人与自然和谐共生的美丽上海。以公园城市理念满足市民对城市美好生活的向往，以森林城市理念构建超大城市韧性生态系统，以湿地城市理念促进人与自然和谐共生。通过"公园体系、森林体系、湿地体系"三大体系和"廊道网络、绿道网络"两大网络建设，完善体系构建与品质提升，保障城市生态安全、提升城市环境品质、满足居民的休闲需求。至 2035 年，确保市域生态用地（含绿地广场用地）占市域陆域面积 60% 以上，其中落实 150 万亩[①]永久基本农田和 200 万亩[①]耕地保有量目标，森林覆盖率达到 23% 左右，人均公园绿地面积力争达到 13m^2 以上，中心城区人均公园绿地面积达到 7.6m^2 以上，公园绿地实现 500m 服务半径全覆盖。河湖水面率达到 10.5% 左右，湿地总面积不少于 4640km^2，其中自然湿地面积不少于 4086km^2，湿地保护率 50% 以上。规划建设 2000km 以上骨干绿道，建成 30 处以上郊野公园（张浪，2019）。

　　2）空间布局

　　（1）形成长三角一体化生态格局。完善长三角区域生态网络建设，对滨江沿海及杭州湾沿岸的产业岸线进行保护，加强长江生态廊道、滨海生态保护带、黄浦江生态廊道、吴淞江生态廊道等区域生态廊道的相互衔接，构建区域性生态空间网络。

　　（2）构建网络化的市域生态格局。上海市在构建生态网络体系中首先应注重对于四大片生态区域的保护和提升，包括崇明岛、淀山湖、杭州湾、近海湿地四大片生态区域。

　　市域构建"双环、九廊、十区"，多层次、成网络、功能复合的生态格局，综合考虑融合生态空间的休闲、文化、体育、生产、安全保障等各方面功能（图 7-11）。双环锚固城市组团间隔，防止城市蔓延，九廊构建市域生态骨架，形成风道与动物迁徙通道，十区保障市域生态基底空间（张浪，2012）。

　　3）体系建设

　　在"上海 2035"生态空间规划中，提出了通过城乡公园体系、森林体系、生态廊道体系以及绿道体系等体系建设，以实现未来的生态网络格局（图 7-12）。

　　（1）城乡公园体系。完善由国家公园、区域公园（郊野公园等）、城市公园、地区公园、社区公园（乡村公园）为主体，以微型（口袋）公园、立体绿化为补充的城乡公园体系。

　　（2）森林体系。构筑市域"两区、一网"城市森林空间体系，以环廊森林片区为结构型空间载体，成为支撑韧性生态之城的天然滋养地；以城区森林群落为链接载体，成为市民亲近自然的重要媒介；以农田林网为手段，形成田园水林一体化郊野空间（张明如等，2003）。

　　（3）湿地体系。规划形成"两圈、一带、一网、两集合群"湿地总体布局。"两圈"为长江口湿地圈和淀山湖群及黄浦江上游水源湿地圈，"一带"为杭州湾北岸湿地带，"一网"为河流及运河湿地网，"两集合群"为城市人工库塘和景观水面等小型湿地集合群和城市郊区种植和养殖塘集合群。

---

　　① 1 亩≈667m^2，下同。

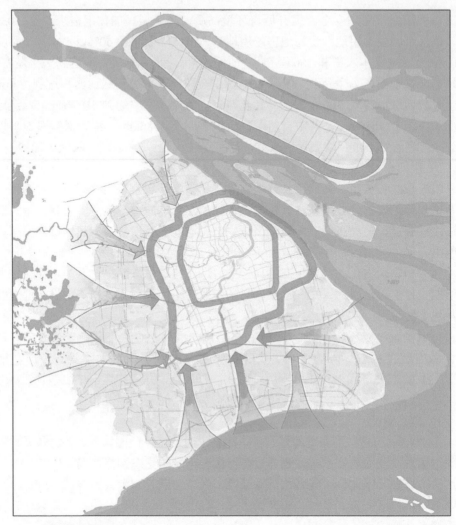

图
例
生态绿环
生态走廊
生态保护区
城市开发边界

图 7-11　生态空间结构图

（根据《上海市生态空间专项规划（2018—2035）》绘制）

（4）廊道网络。生态廊道指市域放射状通畅性廊道，隔离城市组团并实现与城乡生态空间的互联互通，以森林为主体，具备生态和社会功能的绿色网络体系。主要依据生态廊道建设标准，重点推进 34 条滨水沿路生态廊道建设。

（5）绿道网络。建设衔接区域、串联城乡、覆盖社区的绿道网络，形成市级绿道、区级绿道、社区级绿道等多层级的绿道体系（图 7-13）。市级绿道注重衔

接，重点控制长江、吴淞江、黄浦江、沿杭州湾 4 个重要的区域接口，建设环崇
明岛、环淀山湖、沿外环、滨江沿海以及多条放射型绿道。区级绿道"一区一环、
互联互通"，郊区依托河流水系、文化风貌道路、林荫道、干道两侧林带等，充分
联系各个城镇组团与大型公园，形成串联城乡的绿道网络；中心城结合滨水廊道
贯通工程，建设城市骨干绿道，形成蓝绿交融的绿道网络。社区绿道依托生活性
支路、居住区道路、街坊内公共通道等，串联主要生活生态空间，满足日常休闲
散步、跑步健身、上班上学等活动需求。

图例

■ 市级生态走廊		■ 近郊绿环		■ 楔形绿地	
■ 区级生态走廊		■ 市级生态隔带		■ 城市开发边界	
■ 外环绿地		■ 区级生态隔带			

图 7-12　生态网络规划图

（根据《上海市生态空间专项规划（2018—2035）》绘制）

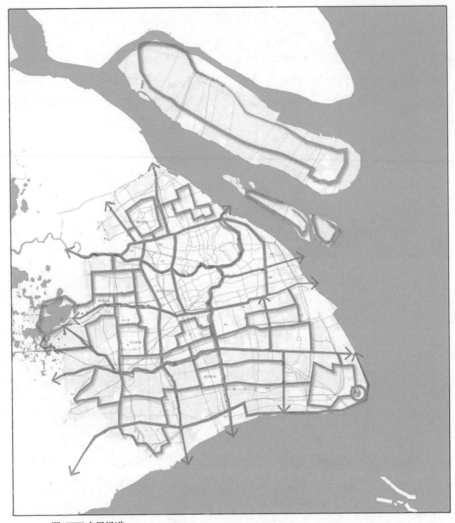

图 ▦ 市级绿道
例 ▦ 区级绿道

图 7-13　绿道分级规划图
（根据《上海市生态空间专项规划（2018—2035）》绘制）

7.3.3　保障措施与传导体系构建

　　国土空间规划新背景下，生态空间规划通过三个方面建立规划传导路径：以指标约束为主线纵向传导生态空间保护要求；通过单元规划、详细规划构建横向衔接机制；建立动态行动规划机制有序实施保护建设任务。依托国土空间基础信息平台、信息化技术、法规政策支撑，建立完善规划传导支撑体系。

在党中央、国务院总体部署下，2020 年 5 月 19 日，《中共上海市委 上海市人民政府关于建立上海市国土空间规划体系并监督实施的意见》正式印发，明确了上海市国土空间规划体系的总体框架及主要内容，通过构建规划编制审批、实施监督、法规政策、技术标准四个体系，实现对各类空间要素的全过程管理。规划编制审批体系中要求在空间维度上，分为总体规划、单元规划、详细规划三个层次。上海市国土空间规划体系在国家提出的"五级三类"总体框架的基础上，结合上海实际情况，对各类各层级规划进一步调整细化。其中专项规划分为总体规划和详细规划两个层次，总体规划层次要求对全市涉及空间利用的内容作出系统性安排，详细规划层次要求对城市开发边界外的生态空间等区域作出统筹安排，明确规划控制要求。

《上海市生态空间规划》依据城市总体规划、基本生态网络规划、生态保护红线等要求，将城市中以提供生态系统服务为主的用地类型全部纳入生态空间统筹考虑，包括城市绿地、林地、园地、耕地等类型，聚焦绿化、林地、湿地、耕地等要素，从要素保护与融合、体系建设与完善、品质优化与提升、机制保障与衔接 4 个方面为生态空间实施提供具体的建设引导。

1. 健全规划传导体系构建

《上海市生态空间规划》作为国土空间规划体系中的专项规划，在总体规划层面对全域生态空间保护、结构布局、体系建设等方面做出系统性安排，对涉及生态建设的下位规划形成指引，并在各区总体规划层面进一步完善生态空间网络；单元规划层面，通过主城区单元规划、新市镇总体规划等，将各级公园绿地落实并作为强制性内容予以管控；在详细规划层面，通过控制性详细规划优化城市开发边界内公园绿地布局，通过生态空间专项规划深化城市开发边界外的楔形绿地、生态间隔带、近郊绿环、生态走廊等空间的保护与建设要求（图 7-14）。

2. 加强规划传导支撑体系

1）依托国土空间基础信息平台，建立生态空间开发保护底图

依托上海市国土空间基础信息平台，整合各类生态空间要素及关联数据，通过国土空间规划"一张图"建立监督信息系统，形成全域、全要素、全覆盖的生态空间底图；汇集上海四类控制线以及各类生态空间规划管控规则，锁定生态保护红线、基本农田保护红线、公园绿地控制线等各类生态要素保护空间，形成统一的生态空间规划底线，同时为后续专项规划编制、监测评估、项目落地实施等不同层次的应用服务提供基础规划底图。

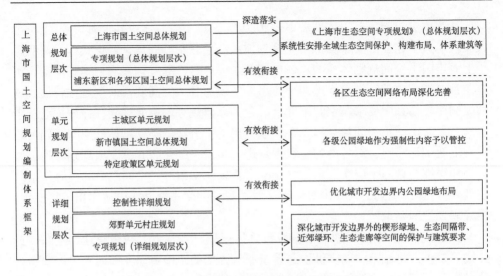

图 7-14　上海生态空间规划实施传导示意图

（资料来源：李晓策等，2020）

2）依托信息化技术，建立动态监测反馈机制

根据上海市国土空间基础信息平台，依托卫星遥感技术等信息化手段，建立生态空间动态监测评估预警和实施监管机制。具体包括跟踪监测各项指标，建立动态预警反馈机制，实时掌握生态空间保护和建设情况，同时对水源保护区、自然保护区、滩涂湿地等重点生态区域，建立资源环境承载力监测预警机制，完善信息共享的资源和生态环境监测监控体系；建立年度评估、五年度评估、重点领域专项评估机制，将生态规划核心保护建设指标、资源环境承载力监测指标纳入考核评价体系，最终根据评估结果及时调整相关实施策略，指导年度实施计划与近期建设规划编制，实现规划动态维护（邵一希，2016）。

3）依托法规政策支撑，建立多方统筹协调机制

强化法规政策支撑，完善生态建设管理体系，加强多方统筹，形成多部门、多功能、多途径的联合协调机制。法律层面，围绕城市生态建设，健全生态空间建设实施及保护等方面的法规和标准，加强生态空间保护力度；行政层面，逐步完善生态补偿制度和相关激励政策，加大生态补偿力度，将生态空间规划实施情况纳入生态文明考核、绿色发展目标指标考核体系；管理方面，完善生态要素等基础调查与登记机制，最大限度守住资源环境生态红线，坚持生态优先的"一张蓝图干到底"；在社会方面，建立多方统筹共治模式，统筹政府、企业及社会等多方力量，全过程地参与生态空间的规划、建设等全生命阶段，形成社会监督反馈机制。

国土空间规划以生态文明建设优先为核心，以"山水林田湖生命共同体"为

理念，以统一用途管制为手段，为生态空间规划提供了顶层保障。在国土空间体系的新背景下，生态空间规划在已有的良好基础上，总结完善规划技术方法与实施路径，充分衔接国土空间规划各级各类规划，形成有效的规划传导机制，为上海市建设可持续发展的生态之城提供重要支撑（张浪，2014）。

参 考 文 献

郭淳彬. 2018. "上海 2035"生态空间规划探索. 上海城市规划, (5): 118-124.

郭淳彬, 徐闻闻. 2012. 上海市基本生态网络规划及实施研究. 上海城市规划, (6): 55-59.

胡俊. 2010. 规划的变革与变革的规划——上海城市规划与土地利用规划"两规合一"的实践与思考. 城市规划, 34(6): 20-25.

李锋, 王如松. 2004. 城市绿色空间生态服务功能研究进展. 生态应用学报, 15(3): 527-531.

李晓策, 郑思俊, 张浪. 2020. 国土空间规划背景下上海生态空间规划实施传导体系构建. 园林, (7): 2-7.

刘杰, 张浪, 季益文, 等. 2019. 基于分形模型的城市绿地系统时空进化分析——以上海市中心城区为例. 现代城市研究, (10): 12-19.

潘洪艳, 韩继红, 孙桦. 2018. "上海2035"总规背景下的绿色生态城区展望. 建设科技, (8): 31-33, 37.

千庆兰, 陈颖彪. 2002. 城市绿地时空演化及空间布局模式研究. 人文地理, (5): 41-44.

邵一希. 2016. 多规合一背景下上海国土空间用途管制的思考与实践. 上海国土资源, 37(4): 10-13, 17.

苏敬华, 东阳. 2020. 特大城市生态空间识别及管控单元划定——以上海市为例. 环境影响评价, 42(1): 33-37.

王甫园, 王开泳, 陈田, 等. 2017. 城市生态空间研究进展与展望. 地理科学进展, 36(2): 207-218.

伍江. 2019. 国土空间规划总体框架解析. 中国自然资源报, (3): 5-30.

熊健, 范宇, 宋煜. 2017. 关于上海构建"两规融合、多规合一"空间规划体系的思考. 城市规划学刊, (S1): 42-51.

张桂莲, 郝瑞军, 郑思俊. 2016. 上海市森林生态系统服务价值评估. 园林科技, (1): 5-9.

张浪. 2007. 特大型城市绿地系统布局结构及其构建研究——以上海为例. 南京: 南京林业大学.

张浪. 2009. 特大型城市绿地系统布局结构及其构建研究. 北京: 中国建筑工业出版社.

张浪. 2012a. 基于基本生态网络构建的上海市绿地系统布局结构进化研究. 中国园林, 28(12): 65-68.

张浪. 2012b. 基于有机进化论的上海市生态网络系统构建. 中国园林, 28(10): 17-22.

张浪. 2013a. 中国长三角区域生态网络结构分析——上海市基本生态网络规划展望. 住房和城乡建设部. 第九届中国国际园林博览会论文汇编. 住房和城乡建设部: 中国风景园林学会: 292-297.

张浪. 2013b. 上海市中心城周边地区生态空间系统构建重要措施研究. 上海建设科技, (6): 56-59.

张浪. 2014. 上海市基本生态网络规划特点的研究. 中国园林, 30(6): 42-46.

张浪. 2015. 城市绿地系统布局结构模式的对比研究. 中国园林, 31(4): 50-54.

张浪. 2016. 坚定中国生态园林城市发展的道路自信. 城乡建设, (3): 25.

张浪. 2018a. 谈新时期城市困难立地绿化. 园林, (1): 2-7.

张浪. 2018b. 上海市多层次生态空间系统构建研究. 上海建设科技, (3): 1-5.

张浪. 2019. 本期聚焦: 城市绿地生态网络研究. 现代城市研究, (10): 1.

张浪. 2020a. 对上海静安区城市建设及绿化市容"十四五"规划的思考. 园林, (9): 94-96.

张浪. 2020b. 实施上海城市绿化"四化"建设的再思考. 园林, (1): 2-5.

张浪, 朱义. 2019. 超大型城市绿化系统提升途径与措施——以解读"关于上海市'四化'工作提升绿化品质指导意见"为主. 园林, (1): 2-7.

张浪, 韩继刚, 伍海兵, 等. 2017. 关于园林绿化快速成景配生土的思考. 土壤通报, 48(5): 1264-1267.

张明如, 翟明普, 尹昌君, 等. 2003. 农林复合生态系统的生态学原理及生态经济功能研究进展. 中国水土保持科学, 1(4): 66-71.

张庆费. 2002. 城市绿色网络及其构建框架. 城市规划学刊, (1): 75-78.

张瑞, 张青萍, 唐健, 等. 2019. 我国城市绿地生态网络研究现状及发展趋势——基于 CiteSpace 知识图谱的量化分析. 现代城市研究, (10): 2-11.

张式煜. 2002. 上海城市绿地系统规划. 城市规划汇刊, (6): 13-16.

周之灿. 2011. 我国"基本生态控制线"规划编制研究. 城乡规划, (7): 62-66.

Zhang L. 2014. Organic Evolution of Urban Green Space SystemA—Case Study of Shanghai China. Shanghai: Shanghai Scientific and Technological Education Publishing House.

第8章 国内外案例解析

8.1 国外案例解析

8.1.1 泛欧洲生态网络规划

1. 规划背景

欧洲生态环境是人类土地使用和管理等相关生产及生活活动干扰的产物，也导致欧洲生物多样性正在严重下降。多年来在欧洲，农业和林业高强度的耕种和砍伐的问题，已经是被公认造成自然和半自然状况的区域性重要栖息地丧失和衰败的重要因素，还包括最近大规模弃耕的土地，都造成生境逐渐衰败。另外，由于城市化与工业化的蔓延、基础设施的建设导致栖息地的破碎化；排水系统的改进，湿地水土的流失与河流等水道的整治，这些都导致生境丧失问题的加剧。同时，城市居民到乡村旅游休闲导致生态环境压力也越来越大。工业革命后自然区域日趋破碎化，生境质量逐渐降低，物种丧失加剧。

除北欧少数区域，已经很难找到大型纯自然保护区域，存在大量小型且孤立的"生境斑块"。在这种形式下，亟须对这些小斑块生境进行串联、连接，从而建立生物栖息地之间的各种信息流的沟通与交流的桥梁。对一些地区进行连贯性的整合——这些地区的自然和半自然景观需要保护、管理、丰富或者恢复。在此背景下，泛欧洲生态网络概念的提出是欧洲传统范围内的生态系统、栖息地、物种保护的重要绿色保障，亟须规划与加强建设。因此，为了最大程度地降低欧洲生态环境景观退化的进程，欧洲环境部长理事会提出"泛欧生物和景观多样性战略"的提案。

2. 规划内容、目的及层次

泛欧洲生态网络是欧洲最大的生态网络规划，包括自然 2000 生态网络、绿宝石生态网络。截至 2005 年，泛欧洲生态网络规划的设想建议已经取得联合国欧洲经济委员会 54 个国家部长的赞同。伴随泛欧洲生态网络的建立，欧洲大陆的自然多样性将得到"泛欧洲生物和景观多样性战略"协议的有力保障。

泛欧洲生态网络构建的主要目的：①识别需要保护、管理、丰富或者恢复的自然和半自然景观，利用最优生态廊道，将这些孤立的生境斑块进行连贯性的整合，从而对欧洲传统范围内的生态系统、栖息地、物种和景观施以良好的保护，大大减少欧洲的生物和景观多样性的威胁，加强生物和景观多样性的保护；②加强欧洲各国作为一个生态领域中的整体性；③确保公众、政府、媒体及相关保护组织充分参与生物和景观多样性各方面的保护。

泛欧洲生态网络分为三个组成部分与两套网络体系，三个组成部分分别为欧洲中东部片区、欧洲东南部片区以及欧洲西部片区，按片区分步规划实施，分别于 2002 年（中东部）、2006 年（东南部、西部）完成规划。两套网络系统分别为自然 2000 生态网络覆盖范围内有 26 000 多个保护地，面积占欧盟领土的 18%以上，约 75 万 km^2；绿宝石生态网络在泛欧洲空间尺度也同样取得了巨大成效，特别是在东欧、中欧、挪威、瑞士、西巴尔干、南高加索。

在实践层面，泛欧洲生态网络已成为整个欧洲国土规划和联合行动的坚实基础，作为一种具有很强的实践意义的保护工具，生态网络规划概念在欧洲的应用历史也较长远。生态网络规划概念在整个欧洲的自然保护与生物多样性保护政策及实践中的地位越来越受到人们重视。在核心保护区识别方面，泛欧洲生态网络以生物多样性保护为根本目的，根据动植物物种和栖息地监测等相关数据，对动植物保护物种的栖息地进行调查分析与识别，作为确定核心生态保护区的基本依据。

3. 规划缘起与含义

泛欧洲生态网络在保护、维护和增强生物多样性等方面为全球的生态保护事业作出了重大贡献，获得政府及民众的大力支持。泛欧洲生态网络（又称为欧洲绿道规划）及其建设在 20 世纪后期受到较大的重视。

在 1992 年的《欧盟生境保护指导方针》中，要求成员国保护具有代表性的自然栖息地，构建泛欧洲自然保护的基础生态网络，并命名为"Natura 2000"。1992～1994 年制定《保护欧洲的自然遗产：走向欧洲生态网络》计划，1996 年欧洲各国协调商议制定"泛欧洲生物和景观多样性战略"和"欧盟生物多样性战略"，进一步明确了构建泛欧洲的生物多样性保护的生态网络计划，为欧洲各国协调泛欧洲生态网络规划建设提供了一个基础性理论框架。1998 年成立的欧洲生态网络联合协会为欧洲各国共同进行生态网络研究和规划建设提供了重要的协调机制。其中欧洲有 3 个自然保护组织发挥重要作用：欧洲自然保护中心（ECNC）、欧洲海岸与海运联合会（EUCC）、欧洲自然地组织（EUROSITE）。这些组织希望借助这一框架将欧洲重要的自然保护区域纳入生态网络，从而达到遏制生物多样性降低的目标。

泛欧洲生态网络努力在空间尺度上将一种国际合作的协调政策与各种自然、半自然生态系统的空间网络概念相结合，并使之得到维护和提升。这体现了生态网络的含义：通过物质要素联系的保护区空间网络，如廊道和能与保护目标相兼容的可持续土地利用方式，以及为实现共同保护目标而设立的合作网络，强调思想、信息、研究以及政策等方面的联系。

4. 规划特点

泛欧洲生态网络规划的设想，是首次在大陆范围内应用生态网络规划。这一设想是欧洲最大的生态网络规划，也是将欧洲各类已确立实施的生态网络项目进行体系化集成，有利于集中国际、区域和国家等多层面的生态网络规划经验。这一工作计划的创新之处在于如下两个方面。

1）规划研究地理范围广泛

覆盖面积涉及整个欧洲联合国家经济委员会（United Nations Economic Commission for Europe, UNECE）地区，是将欧洲各类已确立实施的生态网络项目进行体系化发展，实现生态网络规划经验在国际、区域和国家等各个层面的高效整合。

2）内部景观维度及政策的多样化

政策包括"泛欧洲生物和景观多样性战略"的行动主题，以现有的、正在实施的协议和发展计划作为发展泛欧洲生态网络规划的研究基础。在此基础上支持和促进国际协议和条约实施的同时，遵循目前国际、国家的相关立法和政策。

5. 技术规程

适宜的栖息地可以说是保护生物多样性的一个重要关键因素，生物可能生存和现实的生存状况均依赖于它们各自的栖息地或生境的分布状况。在泛欧洲生态网络规划之前尚未有一张欧洲生物栖息地地图，采用环境信息综合分类法辨识生境资源的目的就在于规划出生物栖息地地图。规划在基础数据和技术流程方面规定采用统一的数据底图和分析流程（图 8-1）。

1）统一技术底版

统一采用 1∶3 000 000 比例尺；在基础数据方面，规定所用数据（如物种监测数据）必须在欧洲或该项目区域具有持续性，不持续性的监测数据不可采用。例如，地表覆盖物数据采用了三套资源，分别为 CORINE 2000（欧洲区域）、PELCOM（白俄罗斯、乌克兰、俄罗斯西部地区）、IGBP-DIS（东欧地区）。

2）统一分析流程

在泛欧洲生态网络核心区识别分析中，采取以下步骤确定现有的非破碎自然区域及半自然区域，这些区域被认为足够大，足以维持欧洲重要物种的独立种群：

（1）制定整个区域的综合土地覆盖图；

（2）基于土地覆盖数据和辅助数据，形成简明且具有生态学意义的生境分类地图；

（3）识别绿宝石生态网络和自然 2000 生态网络核心保护区；

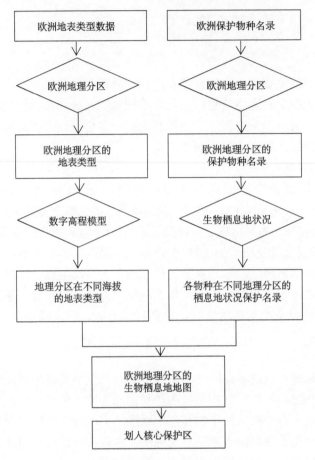

图 8-1　生态网络核心保护区识别流程

（资料来源：Jongman et al., 2011）

（4）确定拉姆萨尔（Ramsar）保护区、重要鸟类区（IBAS）和主要蝴蝶区（拉姆萨尔保护区是根据《拉姆萨尔公约》指定的具有国际重要性的湿地）；

（5）识别指示物种所需的栖息地面积规模；

（6）将指示物种与已识别的栖息地联系起来；

（7）估算维持指示物种的可持续种群所需面积。

6. 规划展开三个层次

泛欧洲生态网络规划极为关注生态系统和自然环境保护，整个欧洲的规划实践在立法、规划、标准等衔接方面极具借鉴意义。泛欧洲生态网络组成网络的核心区、廊道等元素具有等级结构，在地方、区域、国家、国际各层次具有明确的界定。在泛欧洲生态网络各层面这一等级结构都得到很好的贯彻。例如，泛欧洲生态网络框架的国家及地区计划，在该层次上实现拓展保护区覆盖范围、构建生态廊道、辨识生态修复区域等目标，如荷兰国家生态网络、德国国家生态网络、波兰国家生态网络及其北布拉班特省的生态网络都在这一框架下实施完成。泛欧洲生态网络规划建设主要展开的三个层级如下所述。

1）国际层面

如自然 2000 生态网络、绿宝石生态网络以及"泛欧洲生物和景观多样性战略"等多种关于生态网络的自然保护规划。泛欧洲生态网络是其中最重要的生态网络，以自然 2000 生态网络和绿宝石生态网络为基础，已扩展到 54 个欧洲国家，目标是实现主要生态系统、栖息地、物种和有价值景观的保护和恢复。

2）国家层面

如德国生态网络。生态网络在德国被纳入《联邦自然保护法》（*German Federal Nature Conservation Act*）。该法律要求联邦各州协调配合，建立至少覆盖 10%国土面积的生态网络系统。其组成类型主要包括 6 种主要的自然保护地类型（自然保护区、国家公园、生物圈保护区、景观保护区、自然公园和"自然 2000"保护区），位于德国边界的绿带也是生态网络的重要构成部分。

3）地区层面

如德国萨克森州及规划区生态网络规划。萨克森州自然保护法规定，生态网络必须被纳入州发展计划和区域规划中，将景观规划文件和空间规划进行了整合，并发表了技术指导文件。区域规划通过指定具有法律约束力的自然景观优先和保护区域（priority areas and reserve areas for nature and landscape）的方式来保护生态网络。

跨境衔接是生态网络规划易被忽视、又极为重要的环节。重要的国际生态廊道，往往构成或者跨越了国家的边界，如大型河流系统及其洪泛区（如莱茵河、易北河），覆盖着大范围森林生态系统的丘陵和山脉（如巴伐利亚国家森林公园），人烟稀少的近自然区或边境地区（如欧洲绿带），这些地区都需要在国际一级采取协调一致的做法，才能得到有效的保护和发展。

7. 泛欧洲生态网络的相关思考

泛欧洲生态网络规划建设在不同层次上具有较大的作用与影响力，它既是一个国际尺度的生态网络，又是一个综合各国的社会网络。这个网络能够跨越人为的障碍与地域的障碍，增进各部门之间、各国家之间、各区域之间和众多地方场所之间的协调，促进多部门之间的合作交流。

泛欧洲生态网络规划建设在多领域的合作背景下，促进了欧洲各国共同协作互助，对生态环境的保护产生较大影响力，区域与地方层面较小的生态网络规划逐渐引起较多的研究者、政府和公众的关注；同时，在社区层面发挥着越来越重要的游憩休闲和社会文化效益, 而具体形式和内容则明显地走向源于场所历史和现状的多样性特征。具体启示价值有如下几点:①通过多专业的协作机制保护具有一定生态价值的自然和半自然状态的农业、林业与旅游业等各个要素的融合, 有利于促进各国生态网络项目的融合与实施;②强化泛欧洲生态网络的实施层面及政策管控层面, 有利于各国及各地方层面更好地实施该项规划内容;③宣传已有建设成果, 促进各个领域的交流与合作, 更好地发展跨境合作交流与项目互助建设;④支持多学科多领域的合作研究, 促进欧洲各国合作互助, 在欧洲范围内促进生态环境保护领域与社会经济领域的相互交流与合作 (邓位和李翔, 2017)。

8.1.2　伦敦绿色通道网络规划

1. 项目概况

1) 区位及自然环境

大伦敦位于 0.5°W～0.3°E、51.3°N～51.7°N, 泰晤士河贯穿其中, 大伦敦面积为 1577km², 其中包括伦敦市与 32 个伦敦自治市 (以下统称伦敦)。伦敦受北大西洋暖流和西风影响, 属于全年温和湿润的温带海洋性气候, 四季温差小。

2) 规划背景

目前伦敦绿带主要是由森林、公园、林地及农业用地等构成, 然而规模也大于城市面积, 伦敦的森林覆盖面积 30 万 hm², 约占全市面积的 13%, 绿地系统包括 3000 个公园、1600 个自然保护区、380 万个花园和 4 个国家级自然保护区。其中伦敦市绿地公园、林地和农田占城市面积的 33%, 800 多万棵行道树约占 21%, 私有花园 14%, 伦敦城市已基本形成绿网系统。

3) 历史沿革

1929～1976 年伦敦的一系列开放空间规划都是在规划公园空间, 只有 1943～1944 年的规划曾经受到绿色通道概念的鼓舞。城市开放空间规划的指导思想从 19 世纪建设公园, 到 20 世纪建设绿色通道, 再到 21 世纪多功能绿色开放空间。因此具有很强的自然特征和很高的生态价值的绿色通道为开放空间规划提供了有效途径, 最近几年, 绿色通道被系统地认为是保护城市生态结构、功能, 构建城市生态网络和城市开放空间规划的核心 (戴菲等, 2021)。

(1) 1929 年伦敦开放空间规划。引入绿化隔离带概念和开放空间的一些指标, 规划环绕伦敦城区宽 3～4km 的 "绿环" 状开放空间, 绿环带不仅是伦敦市区的隔离带和休闲用地, 还是实现城市空间结构合理化的基本要素。

(2) 1943～1944 年伦敦开放空间规划。推进了 1929 年的思想并且引入一种设想:用绿色通道将内城的开放空间与大伦敦边缘的开放空间连接起来, 创建伦敦的绿色通道网络。

（3）1951年伦敦开放空间规划。伦敦行政县提出的法令性规划，目的就是尽可能增加有植被的公园空间，将使得城市绿地和开放空间结构均质化。

（4）1976年伦敦开放空间规划。将公园设置分为大城市公园、区域公园、地方公园三级，并按相应级别进行配置。

（5）1976年后伦敦开放空间规划。发展不同类型的绿色通道，也被称作绿链，连接城市开放空间。伦敦规划发展提出建设城市生态网络空间，必须先划定自然保护区与生物通道，避免建设过程中给其带来的不利影响。同时制定相应的城市自然保护政策，强调城市野生生物保护和自然对居民提高生活质量的意义，用于指导专业人员和普通市民来参与城市自然保护活动。

（6）1991年伦敦开放空间规划的绿色战略。提出步行绿色道路网络、自行车绿色道路网络和生态绿色通道网络，三种绿色网络相互叠加，每个都有不同的属性。

2. 规划布局

1）构成模式

伦敦环状圈层式与廊道式相结合，空间布局以环城绿带、绿链为主要特征。以绿色廊道连接成网，环城绿化带楔入式分布，使用绿链、绿道、绿楔、绿廊、公园道、河道将城市各级绿地连接起来，并与大伦敦外围绿带以及其他绿色空间联系起来，形成一个网络化的绿地系统。

2）形成原因

（1）在田园城市理论和卫星城镇理论的指导下，进行了大伦敦规划，形成由绿带限制城市发展的布局。

（2）大伦敦规划中为解决开放空间分布不均及严重不足的现状，开始对开放空间进行规划，经历了环带状网络化-城市公园均布化-城市绿道网络化建设的阶段式发展过程。

3. 规划政策

1）落实生态网络规划

建立服务于人类和生物的高质量、多功能的绿色网络开放空间，并确定生态网络规划的关键要素，包括气候变化、可达性和连接性、公共空间、生物多样性、文化传承、运动健康等要素。

2）评估生态基底价值

评估生态网络的社会效益，量化管理城市绿地指标，其中包括资产核算以及服务核算；资产核算有生态网络中绿地数量、生物数量以及访问绿地系统的次数，服务核算有生态网络服务系统、文化服务、气候调节服务（张琦等，2017）。

3）完善管理法规体系

围绕防止过度城市化的指导原则，在城市外围建造带状绿地，在建成区绿地较缺乏的地区通过降低建筑物密度来增加绿地数量。

4）建设公共生态绿地

各区负责建设公共生态绿地，拓展群众视野。

5）实施和后期保障

实施三级管理体系，包括市政厅、区政府、群众共同协作管理。

4. 规划管理体系

1）国家层面

国家通过制定一系列的规划政策和法令，使得国家规划政策体系逐渐完善，从而促进区域绿色空间的整体发展。其中最显著的政策为绿带政策，从 1935 年的绿带修建建议到 1980 年英国各地方的绿带规划逐步完成。英国政府于 1988 年颁布绿带规划政策指引（PPG2），其中详细规定了绿带的作用、开发控制及用途；2001 年英国政府出版 PPG17 修正草案，包括城市边缘区域的设施布局必须确保步行、自行车和公共交通方式易于到达；发展潜在价值的自然区域；注重发展布局乡村地带设施；确定委员会具有发展规划的咨询地位。

2）地方层面

地方层面，通过地方发展框架逐渐取代原来的结构规划，并在编制过程中对绿色基础设施（GI）规划进行程序化引导，它是对国家层面政策指南的补充和细化，以及采用规划管理过程中的多元控制管理工具，保障区域绿色空间规划实施的控制管理（图 8-2）。

5. 功能作用

伦敦绿色通道网络规划中以东南绿链最具有代表性（表 8-1），其实现的功能目标如下所述。

1）保护环境的基地

通过合理规划绿色开放空间，形成有序的城市生态网络，确保生态敏感区和野生动植物点能够持续存在与发展，也将提高人们的保护意识。

2）延续历史的走廊

伦敦东南绿链具有深厚的历史文化底蕴，绿道网络让人们可以感受到文化的延续与继承，如昔日庄严的宫殿、辉煌的议院、修道院以及水晶宫的变迁。

绿色基础设施（GI）工作　　　　　　　　GI顾问小组的作用

(1) 地方发展计划

—确定在地方发展框架（LDF）中如何涉及绿色基础设施（GI）

—确定成员和地方GI咨询小组在地方规划协议中的作用

—在地方发展战略中讨论GI建立的方法

(2) 战略审视发展与证据基础

—规划区域的环境特征
—建立地方需求的GI功能发展
—分析现有GI的缺失与问题（数量与类型）
—初步评价发展机会与重要合作关系
—用于将来公众检验的文件证据基础

—整理环境特征可利用的数据

—为评价提供标准和其他方法的建议

(3) 空间选择和政策发展

—确定GI发展的可能
—建构GI空间选择方案
—建构支持的政策选择方案
—考虑GI相关利益者
—提炼选择
—其他相关策略
—技术确定最初范围

—回答选择性发展的咨询
—从事环境范围内的利益人之间的矛盾

(4) 提交规划

发展空间规划中GI网络内容：
—重要GI空间发展策略图
—GI场地布局／发展规划文件／地区行动计划
—核心战略政策框架
—考虑界定上报内容和长效的管理机制

—回答呈递运作机制的咨询

(5) 公众检验

—根据要求，可提交GI证据基础

—根据需要，提供有关专家证明

(6) 实施运作

—确保实施的相关地方区域协议目标
—规划决策

—提出实施运作建议

(7) 检测控制

—监控GI实施其相关的已确定的功能

—促进整个区域监测的标准化
—监控管理与规划有明显分歧的重点实测

图 8-2　伦敦发展规划编制程序中整合绿色空间的规划内容

（资料来源：姜允芳等, 2015）

表 8-1　伦敦东南绿链的分段及其主要内容

序号	起始点	长度/km	步行时间/min	主要景区
1	从泰晤士河滨到列斯奈斯修道院	3.6	70	泰晤士滨河湿地，缓坡草地，城市排水口遗址，南米尔湖，北肯特铁路线，列斯修道院
2	从埃利斯河岸到鲍斯托森林	5.6	105	埃利斯滨河，圣约翰教堂，法兰克公园，古酿酒作坊，列斯奈斯修道院森林，列斯奈斯修道院化石园，水中森林，鲍斯托植物园
3	从鲍斯托森林到奥克斯利斯森林	4.0	75	鲍斯托森林，高迪·利林荫道，普拉姆斯泰德墓地，东魏克汉姆开放空间，林间农场，强盗坡，杰克伍德森林和奥克斯利斯森林
4	从卡尔顿公园到鲍斯托森林	6.0	110	卡尔顿墓地，圣詹姆斯公园，隐垣道路和皇家炮兵营房，伍尔维奇公地
5	从普拉姆斯泰德公地到奥克斯利斯森林	3.2	60	普拉姆斯泰德公地，普拉姆斯泰德风车和啤酒沟，维因斯公地和荒坡，巴特勒兹森林和魏克汉姆小径，皇家兵工厂，萨洛普公园，伊戈勒斯游乐场和强盗坡高尔夫球场，古水塔，公牛客栈，奥克斯利斯草地
6	从泰土河大坝到克斯利斯森林	6.8	130	泰曙士大坝，马尔雍公园，吉尔伯特沙坑，威尔逊公园，卡尔顿公园和古建筑，琼斯道，伍尔维奇公地，皇家军事学院，赫伯特皇家医院，塞文德洛克城堡
7	从奥克斯利斯森林到埃萨姆宫	6.4	120	长塘—埃萨姆公园北部，A2 休闲路，埃萨姆公园南部和养兔场，豪利·特里尼提教堂，斯瓦什特高尔夫球俱乐部，埃萨姆宫殿，中央公园
8	从奥克斯利斯森林经艾弗里希尔公园到中央公园	7.2	135	利埃菲尔德森林小道和埃萨姆墓地，碎石坑小径和王冠森林学校，艾弗里·希尔大厦和贝克斯勒小道，艾弗里·希尔公园，史坦利作坊，埃萨姆新车站，小湖
9	莫丁汉姆公园到莫顶汉姆小径	7.2	135	莫丁汉姆小径，小树林停车医院，琴博洛克牧场，伊迪丝温馨小屋，荷瑟尔自然保护地，荷瑟尔绿色墓地，德旺汉姆庄园，橡树林步道，煤溪河，贝肯汉姆公园
10	从贝肯汉姆公园到莫丁汉姆小径	7.2	135	埃萨姆学院，埃尔姆斯特德森林，桑德利芝公园，霍尔斯农场，桑德利芝公园火车站，弗雷德里克王子酒馆，奇斯赫斯特村落，瓦尔顿娱乐场
11	贝肯汉姆公园到水晶宫	5.6	105	希尔小径，圣保罗教堂，考伯斯牧场，新贝肯汉姆运动场，卡特尔公园，肯特农场，亚历山大娱乐场，蓬因吉养老院，克罗伊伊登铁路桥，水晶宫殿公园

资料来源：张云彬和吴人韦，2007

3）改善空气的质量

第一，减轻气态污染物的影响，大面积绿地对气态污染物有吸收作用；第二，促进污染物的扩散稀释，有关数据表明，伦敦常年吹东风和西风，东风沿着泰晤士河廊道将气态污染物顺风吹散，西风则从郊区引入清新空气，沿伦敦东西向配置的绿地和街道构成的通风廊道均有利于此过程（姜允芳等，2015）。

4）市民的休憩场所

公共开放的生态绿地可以成为对公众进行自然教育的科普基地，使市民在参观的过程中逐渐领悟到绿地对城市生活的重要性（吴晓敏，2014）。

5）运动健身的空间

在绿链开放空间中，可以进行多种体育健身项目，如高尔夫、网球、橄榄球、田径和游泳等。

8.1.3 佛罗里达州绿色通道网络规划

1. 项目概况

1）区位及自然环境

佛罗里达州位于美国东南角，拥有约 15 万 km² 面积范围，东临大西洋，西邻墨西哥湾，海岸线总长约 1.3 万 km，由于所处纬度低，南部为热带气候，北部为亚热带气候，夏季雨量较多。

气候温暖，土壤肥沃，水源充足，给动植物生长提供了优越条件，因此自然环境优越，吸引较多游客前来观光游览；尽管带来巨大经济效益同时也给当地生态环境、物种多样性带来严重威胁。为了应对这一趋势，佛罗里达州展开绿色通道网络规划建设（Carr et al., 2009）。

2）规划背景

美国是西方国家中较早提出绿色开放空间网络体系的国家，其中佛罗里达州绿道系统因建设较早，各方面的规划建设体系完善，在整个世界绿道系统发展史上具有重要影响力。佛罗里达州拥有近 800 万英亩①的公有土地，另有 250 万英亩的土地计划由联邦、州、水管理区和地方项目购买。这些宝贵的资源区域是佛罗里达州绿道系统发展的基石。因为它们得到了保护，佛罗里达州有一个现实的机会来建立一个完整的、全州范围的自然保护区和绿道系统。最初在佛罗里达州建立整体性的自然保护区系统的理念源于 20 世纪 80 年代拉里哈里，以及里德罗斯等相关人员关于保护佛罗里达州本地动植物栖息地的整体规划。而佛罗里达州相关法令的授权很早就意图建立并扩展全州范围内的绿道以及步道系统（Noss

---

① 1 英亩=4046.856 422 4m²，下同。

and Cooperrider, 1994）。

3）历史沿革

（1）1991 年资源保护基金会等组织开始进行全州绿道系统的宣传工作并在社区和地区的尺度上展开了一些绿道和步道原型设计和实施的项目。

（2）1993 年佛罗里达州州长创建了佛罗里达州绿道委员会（Florida Greenways Commission，FGC）来负责验证州际绿道系统的价值以及可行性。

（3）1994 年 FGC 向政府提供的报告《佛州际绿道系统：为居民、为物种、为佛州》（*Creating a Statewide Greenway System: for People, for Wildlife, for Florida*）中再次强调了州际绿道系统对于保护佛罗里达州自然和文化遗产以及满足居民户外活动的意义，并提出了 200 多条将绿道付诸实施的建议。

（4）1995 年，佛罗里达州绿道建设进入了法制化、组织化的阶段。成立佛罗里达州绿道合作管委会（Florida Greenways Coordinating Council）来承担佛罗里达州绿道建设的组织工作，并指定佛罗里达州环保局绿道办公室协助其工作，再加上佛罗里达州绿道管委会（Florida Greenways and Trails Council）与游径和佛罗里达州绿道管委会，三者联合佛罗里达大学制定了《绿道实施五年计划》（*Five Year Implementation Plan*）内容就包括了划定绿道范围的方法以及过程、建议收归国有土地的范围、公私合作的领域以及影响本地居民参与实施过程的建议等内容并在1999 年通过立法会通过成为法定内容。

（5）进入 21 世纪后，佛罗里达州绿道和游径委员会（Florida Greenways and Trails Council）取代佛罗里达州绿道合作管委会成为负责绿道实施与管理并重的官方组织，根据规划设计所确定的优先顺序，越来越多的国家公园、城市公园和保护区被划定并得到法律的保护。项目的前期经费来源主要由佛罗里达交通局的高效运输法案基金提供，而后期则由佛罗里达永续项目基金会提供主要的实施和管理费用。

2. 规划模式特征

佛罗里达州创建一个综合的栖息地保护系统的概念产生于 20 世纪 80 年代，以全面计划保护该州不可替代的本土野生动物栖息地。"佛罗里达州绿道"项目始于 1991 年初，是由"佛罗里达之友"组织和自然保护基金共同发起的。其目标是为全州范围内的绿道系统创建一个愿景和框架。佛罗里达州绿道项目最重要的成就之一是州长 Lawton Chiles 创建了佛罗里达州绿道委员会。佛罗里达州绿道委员会成立于 1993～1995 年，为期三年，旨在促进绿道和绿道之间的联系网络的建立，这将有利于该州的公民、野生动物和环境。1993～1994 年委员会编写了一份报告，该报告介绍了委员会的愿景和佛罗里达州绿道系统的概念图：全州的系统将由两个子系统或网络组成：一个生态网络，由河流、海岸线和跨流域的生态枢纽、联系和地点组成；一个康乐/文化网络，设有连接公园、市区、工作地点和文化/历史遗迹的步道走廊。

　　佛罗里达州绿道系统规划首先是根据地理信息系统建模的结果和公众投入，根据佛罗里达州绿道委员会的指导方针，为全州绿道系统描绘出一个物理规划。原始的佛罗里达州生态绿道网络是在 1998 年 7 月完成的，它使用多种可用的 GIS 数据层来描绘全州范围内具有重要生态意义的大型连接区域。从那时起，关于土地利用变化的新资料和关于具有生态意义地区的新数据和分析已经出现。设计保护自然资源的保护网络是一个反复的过程，其中包括新的资料和根据需要调整计划。对佛罗里达州生态绿道网络现有边界的修订，以考虑到土地利用的变化，并使用新的数据和方法来改善机会区域的划分，以加强对大型、连接的景观的识别。至今佛罗里达州生态绿道网络新增面积 263 万英亩，扩建项目将增加功能性连接的机会（图 8-3）。

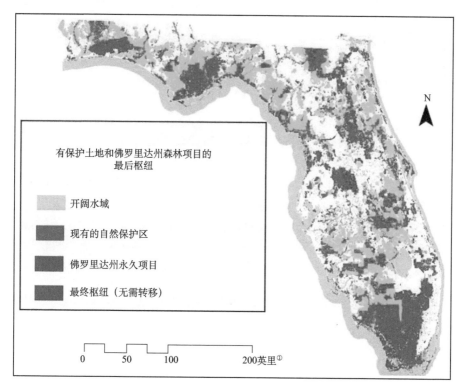

图 8-3　佛罗里达州生态绿道网络新增面积图①

（资料来源：Florida Department of Environmental Protection. Final Hubs with Conservation Lands and Florida Forever
　　Projects. [2020-4-11]. https://floridadep.gov/parks/ogt/content/florida-greenways-and-trails-system-publications）

_____

① 1 英里≈1.609 km

3. 规划体系特色

1）基础设施绿色化

（1）雨洪管理。

（2）改善河流的横纵向连通性，使河流上下游、左右岸连通是激活河流社会连通性的关键。

（3）道路生态是对生物种群、地理地貌、产生污染等因素的综合考虑。

2）生态保护视角

（1）修复破碎景观、恢复湿地。

（2）规定主次级生态廊道和独立生态资源区的面积和长、宽等基本数据，生态廊道和环境廊道是对绿色通道的一种细化（Hoctor et al., 2002）。

3）人居环境视角

（1）保护农地。

（2）保护环境。

（3）繁荣经济。

（4）提高生活质量。

4. 规划阶段

佛罗里达州绿道系统规划过程分为三个阶段。

1）开发一个 GIS 决策支持模型

使用地理信息系统（GIS）模型来定义和确定州内绿色通道的最佳位置。最初用于确定适合纳入全州绿色通道系统的区域、走廊和地点。该模型采用了一种综合的景观方法：①选择相连的保护区和其他适当的土地来保护生态功能系统；②确定山道出口、山道走廊和文化历史遗迹，为公众提供通道，并促进保护该系统的自然、文化和历史特征。该模型的最后一步是将生态网络和步道/文化历史网络相结合，以代表全州范围内的绿道系统的初始物理规划（图8-4）。

2）因应公众参与而修订初步计划

在初始的设计方案成果得出之后，1995～1998 年，先后有 4 个市民论坛来向公众传达绿道设计的最新成果并听取公众的意见。通过听取市民意见，佛罗里达大学设计方在原来基于 DSM 分析而成的方案基础上将生态网络方案作出了一些细微调整。

3）因应土地拥有人参与而修订计划

经过公众审议的生态网络系统范围中有将近 40% 的土地为私人所有，其中大部分现状为农林业用地。而绿道建设的理想情况便是将这些土地改造为适应生态系统功能的景观用地，这不可避免地会对现状生产用地进行一定的调整，但生态

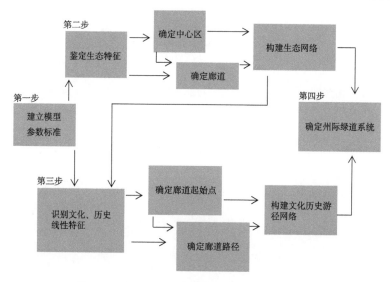

图 8-4　佛罗里达州 GIS 决策支持模型中的步骤

（资料来源：魏来，2014）

环境改善所带来的经济利益相比于直接进行农林业生产获得的直接利益要慢得多，所以为了在不触犯私人财产权的前提下推进佛罗里达州绿道的完整实施，一方面设计方通过各种手段向土地所有者宣传生态系统连续性对于改善佛罗里达州整体生态服务功能等方面所起到的作用，并与土地所有者协商在尽量保持其经济效益的前提下改造土地的适当方式；另一方面通过法律条例来维护土地所有者的权益，保证参与绿道建设的自愿性。

5. 规划目标

（1）保护佛罗里达州本地生态系统和景观的关键元素；

（2）恢复和维护本地生态系统和过程之间的连接；

（3）促进这些生态系统和景观作为动态系统运行的能力；

（4）保持这些生态系统组成部分的进化潜力，以适应未来的环境变化。

6. 综合效益思考

1）生态效益

绿道是州、地区和地方生态战略的重要组成部分，通过协定让传统土地用途得以继续，保护当地的生态系统和景观，为敏感的野生动物及人的活动通道提供生境。

2）经济效益

绿道沿线的水路和陆路通道可以为居民和游客提供娱乐和教育机会，并提供机会享受佛罗里达州独特的自然环境，以及历史和文化资源，这可以扩大旅游业和相关业务；绿道可以用来保护工作环境，如农场、小树林和树木种植园。

3）社会效益

绿色通道可以提供重要的增长管理效益。佛罗里达州城镇周围和城市周围的保护区可以帮助形成城市形态，缓解城市蔓延（项晶，2019）。

8.2　国内案例解析

8.2.1　厦门市生态网络规划——"山、海、城"交融的"美丽厦门"

（编制单位：厦门市城市规划设计研究院）

1. 背景介绍

自中共十八届三中全会以来，为了推动现代化建设新格局，党中央逐步提出建立空间规划体系、限定城市发展边界、划定城市生态红线、一张蓝图干到底、推进多规合一等要求。当前厦门实施跨岛发展战略、推进城市转型发展过程中面临的问题如下所述。

1）问题一：城市空间蔓延

近10年建设用地快速扩张，2004年以来城市建成区从 $111km^2$ 增长到 $347km^2$；耕地面积不足 30 万亩。

2）问题二：生态用地被蚕食

缺乏有效的开发边界，城市山海通廊、市政走廊、城市组团隔离带等生态绿地不断被挤占。

3）问题三：土地资源利用较低效

两规不一致，造成 $55km^2$ 建设用地指标不能直接使用，同时仍有一定量的存量土地闲置或低效利用，亟待解决。

2017 年在厦门举办的金砖会议上，习近平总书记深情赞誉厦门是高素质的创新创业之城、高颜值的生态花园之城。生态优先、绿色发展，成为厦门全市上下的统一共识，生态控制线划定的意义和内容得到不断的丰富和延伸。厦门生态控制线的划定工作，是一个由"粗"到"细"，由"划定"到"管控"最终"法定化"的过程。

2. 生态控制线划定方法路径

梳理国内外城市空间管制与边界划定经验，结合厦门实际，明确厦门城市开发边界内涵：基于生态安全与资源承载力，划定生态控制线边界，与城镇建设区扩展的极限范围即城市开发边界两者重合。

1）战略规划阶段

以"美丽厦门"为引领，突出山水格局特色山环水抱、藏风纳气的地形格局特质，造就厦门"山、海、城"间丰富的空间交融变化。本次规划，应以《"美丽厦门"战略规划》提出"大海湾、大山海、大花园"的城市发展战略为引领，落实划定战略规划中提出的 11 条生态通廊，突出厦门山水格局特色。

2）生态控制线划定专项规划阶段：先底后图，划定生态底线

采用 GIS 技术方法，结合建设条件、生态敏感性及土地利用现状等因子对厦门市土地资源进行建设用地适宜性综合评价。落实各类保护红线，初步划定生态控制线。

3）"多规合一"阶段：多规合一，协调整合边界

2014 年 3 月，厦门启动多规合一工作。通过多规合一工作，将生态控制线和城市开发边界作为宏观层面的主要工作，形成各个规划共同遵守的边界（图 8-5）。

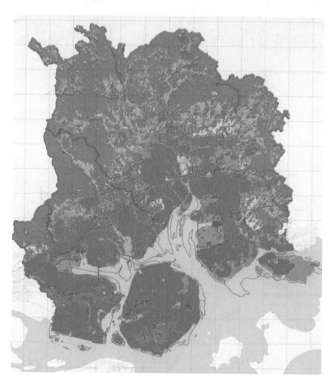

图 8-5　多规合一

（根据《厦门市生态控制线的划定、管理与实施》绘制）

4）"全域规划"一张蓝图阶段：专项梳理，优化细化边界

2016年，厦门系统全面推进空间规划体系涉及的103个专项规划的梳理协调，构建以空间治理和空间结构优化为主要内容，以战略引领、生态为本底、承载力为支撑基础的全域空间规划体系。细化城市开发边界、生态控制线、海域、城市承载力四大板块内容（图8-6）。

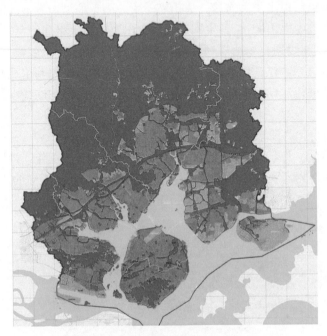

图 8-6　全域规划

（根据《厦门市生态控制线的划定、管理与实施》绘制）

5）国土空间规划阶段：指导"三区三线"城镇开发边界的划定

划定生态控制线面积 981km^2：①基本农田 68.90km^2；②一般农田 28.88km^2；③林地 675.00km^2（生态边界内）；④村庄 31.73km^2；⑤水库及水系蓝线 41.99km^2；⑥市政设施用地 0.90km^2；⑦交通设施用地 24.04km^2；⑧其他生态控制用地 120.33km^2（注：基本农田为净用地指标，毛用地为 72.0km^2）。同时，划定一级水源保护区面积 78.40km^2，二级水源保护区面积 265.23km^2；风景名胜区 260.7km^2。

6）农田空间布局规划——国土部门管控

共划定基本农田面积 10.3 万亩（68.90km^2），并选取远离开发边界、质量较优的耕地 0.78 万亩（5.3km^2）作为预留基本农田指标，留作往后线性工程和其他零星公共配套建设项目占用基本农田指标时，按"占一补一"机动。

7）林地空间布局规划——市政园林部门管控

根据最新建档林地数据，并与建设用地、基本农田、村庄边界进行协调，最终划定全市林地总量为 681.14km²（其中：675km² 位于生态控制线内，6.14km² 位于城市开发边界内）。

8）蓝线、水源保护区——水利与环保管控

划定情况： 十大水系蓝线：25.68km²；非水源水库：3.00km²；一级水源保护区：78.4km²；二级水源保护区：265.23km²。

存在问题： 2012 年水系控规不适用于新发展要求；建议开展分区河道水系生态蓝线保护范围划定规划；水源水库和水源保护区：3 个水源水库功能定位发生变化，新增 1 个规划水源水库，4 个平原水库功能定位未明确。

9）村庄空间布局规划（2020 年）——建设局及各区政府管控

划定情况： 共划定村庄范围 33.78km²；其中：禁建区村庄 73 个，村庄建设用地面积 215hm²；限建区村庄 262 个，村庄建设用地面积 1003hm²；适建区村庄 333 个，村庄建设用地面积 2160hm²。

管控要求： 禁建区村庄应逐步向可建设区域转移，规划应预留安置空间。水源保护区、地质灾害易发区和已明确拆迁所涉及的自然村 46 个，其中集美 5 个自然村，同安 38 个自然村，翔安 3 个自然村，需拆迁安置。

10）风景区空间布局规划——市政园林部门管控

用地控制： 划定风景区控制范围 260.7km²（其中陆域面积 47.48km²，海域面积 213.22km²）。其中，鼓浪屿—万石山风景名胜区 238.11km²（其中陆域面积 24.99km²，海域面积 213.22km²），北辰山风景名胜区为 12.21km²，香山风景名胜区为 10.38km²。

空间管控： 一级管控总面积 25.03km²；二级管控总面积 235.67km²（其中陆域面积 2.45km²，海域面积 213.22km²）。

3. 存在问题

同安北辰山风景名胜区未编制风景名胜区总体规划。

4. 边界实施实践

1）开展边界定桩定界行动规划

以万石山生态控制线段为试点，开展定点、定位、定桩工作，在实际用地空间上明确落实边界。分段实地踏勘，校核边界；规划提出以多元化的隔离形式（步道、护坡桩界）将边界落地。通过行动规划进一步修正优化城市开发边界，边界长度由 63.3km 调整为 62.5km，局部线型根据实际优化。

生态控制线划定后，各级政府部门都积极行动起来，探索生态控制线内用地的合理利用的有效途径。规划引导生态保护和现代都市农业发展，促进"百姓富、生态美"。

针对生态控制线内用地：①细化土地利用类型；②优化保护发展对策；③规划主体发展功能；④明确发展配套节点；⑤提出开发控制准则。

2) 用地管控

(1) 生态林地。

生态公益林地： 除抚育和更新性质的采伐外，严禁任何林木采伐行为；禁止毁林开垦、采石、采沙、取土、造坟等破坏林地活动；饮用水源保护区及市政走廊内的生态公益林以生态防护为主，禁止开展任何生产经营及游览游憩活动。除以设立森林公园、郊野公园、生态公园等形式适度开展风景游览活动，可建设少量临时性的游览步道、休憩设施、服务驿站等游览配套设施外，禁止任何建设活动。

商品林地： 禁止毁林开垦、采石、采沙、取土、造坟等破坏林地活动；饮用水源保护区的现状商品林应恢复生态保育功能，禁止开展任何生产经营及游览游憩活动。平均坡度在 25°以上的商品林区应逐步改造为生态公益林，鼓励结合商品林地发展林下经济（如食用菌、金线莲、铁皮石斛等种植）。鼓励具有特色村落、地景或农业景观等旅游资源的商品林区，在符合相关规划发展并无损生态环境保护的基础上，可适度开展户外公共运动、娱乐、教学拓展训练（如乡村高尔夫，生态动物园，远足露营、野外定向、户外生存技能等野外拓展项目），以及以农业为依托的观光休闲、体验活动（如生态农场、庄园、酒庄、农家乐及餐饮、住宿等项目），并设置必要的配套服务设施及开发控制指标。

规划林地： 规划为城市公共绿地的林地，按照《厦门市城市园林绿化条例》《厦门经济特区公园条例》进行管理控制。规划为溪流保育和红树林复育林带，以生态保育功能为主，可适度开展观光游憩活动，配套建设游览步道、休憩设施、服务驿站等临时性的游览设施，应符合有关管理规定。

(2) 水域。

饮用水源： 禁止在作为饮水水源的水库范围内新建、改建、扩建与供水设施和保护水源无关的建设项目；禁止从事养殖、旅游等与保护饮用水源无关的生产经营活动。

景观灌溉水库： 禁止在库区范围内进行爆破、采石、取土、排放污染物等影响水利工程运行和危害水利工程安全的活动。禁止擅自填埋、占用水域或在水域内挖沙取土等活动；禁止擅自建设各类排污设施，新建、改建或者扩大排污口，应当经过有关主管部门同意。利用水库开展灌溉、发电、养殖、旅游、水上公共运动等活动以及建设相关工程设施，应符合相关规定，并依法进行审批。

河道溪流： 禁止擅自填埋、占用溪流水域或擅自建设各类排污设施；禁止在水域范围内进行爆破、采石、取土等对水系保护构成破坏的活动。在溪流水域及岸线控制范围内开展各类工程建设及旅游、运动、生产经营等活动应符合流域水系控制性规划要求。

海域滩涂：严格遵照《福建省海域使用管理条例》《厦门市海域使用管理规定》执行禁止围垦养殖、挖砂、取土、开矿、排放生活污水、工业废水等破坏湿地生态功能的活动。不得占用湿地开展任何工程建设，可以设立湿地公园的方式，适度开展生态旅游，设立必要的旅游配套设施不得破坏湿地生态功能，并符合相关规划规定。

5. 边界管理探索

1）依托国土空间基础信息平台的部门协同管理成立"多规合一"领导小组和办公室，负责统筹协调

涉及城市开发边界的各部门共同参与，按事权协同管理。构建统一的信息管理平台，接入 241 个部门、市、区、镇街全覆盖。实现生态控制线边界及相关部门空间数据共享及动态监测、业务协同。

2）制定边界管理实施细则

2014 年划定城市开发边界（生态控制线），同时开展《厦门市生态控制线管理实施规定》（以下简称《实施规定》）制定工作，2016 年 11 月市政府正式出台相关规定。《实施规定》核心内容如下所述。划定与调整：明确原则、分层审批。线内建设控制：兼顾保护发展、允许合理建设。线内已建项目：尊重历史分类引导。管理体制机制：依托平台、部门共管。

6. 相关思考

1）加强生态控制区规划编制体系研究

厦门生态控制区分片区零星编制了一些规划，如同安区生态控制区控制性详细规划，其他区还编制了农业生态观光园实施规划，但离全面实现"百姓富、生态美"还有很大距离，同时规划编制体系还不完整，达不到规划类型与范围的全覆盖要求；生态控制线管理规定落地也还要有一系列实施的细则和政策配套等。对标参考案例：武汉市构建一套完整的生态控制区规划编制体系，实现规划类型与范围的全覆盖；建立一套健全的生态控制区政策法规体系，严格执行，规范管理；搭建一个实用的生态信息库并纳入"一张图"管理，为动态维护和跟踪管理奠定基础。

2）加强生态控制区功能和布局细化研究

厦门自然条件得天独厚，但面对城市的快速扩张，尤其是在大力推进岛内外一体化建设的进程中，广大岛外地区绿化和生态的建设并不尽如人意，生态控制线划定后，还需通过详细的规划设计，赋予生态空间合理的功能定位，才能更好

得到利用。

8.2.2　武汉市生态网络规划——全域统筹、共抓大保护

（编制单位：武汉市规划研究院）

1. 背景介绍

习近平总书记对长江经济带发展和经济运行的重要指示："推动长江经济带发展是党中央作出的重大决策，是关系国家发展全局的重大战略，对实现'两个一百年'奋斗目标、实现中华民族伟大复兴的中国梦具有重要意义""推动长江经济带发展必须从中华民族长远利益考虑，把修复长江生态环境摆在压倒性位置，共抓大保护、不搞大开发，努力把长江经济带建设成为生态更优美、交通更顺畅、经济更协调、市场更统一、机制更科学的黄金经济带，探索出一条生态优先、绿色发展新路子。"

坚决贯彻长江经济带"共抓大保护、不搞大开发"指示精神，践行习近平总书记视察湖北的要求，把修复长江生态环境摆在压倒性位置，发挥武汉作为长江经济带超大城市的核心引领作用，构建武汉与周边区域一体化的生态框架，东湖风景区作为武汉最重要的生态绿心，应该探索生态优先、绿色发展新路径。中部地区中心城市是国家"两型社会"综合配套改革试验区。持续开展城市生态空间相关规划研究，逐步建立起基本生态控制线管控制度。

着眼于构建国家中心城市，大力推进新型工业化、新型城镇化发展，城市面临高速发展的空间扩张需求。部分城区空间发展呈摊大饼式蔓延态势，城市空间发展受招商引资制约而显分散化，生态资源时有破坏，生态框架保护压力增大等，片面依靠土地资源换取发展空间的模式已难以为继（图8-7、图8-8）。

1953年　　　　　　1992年　　　　　　2010年

图8-7　武汉市城市发展历程

（图片来源：夏巍等，2018）

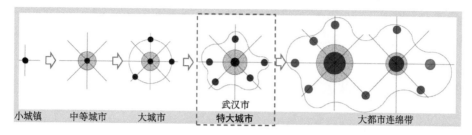

图 8-8　城市空间形态演化

（图片来源：夏巍等，2018）

2. 生态资源特色

1）全域生态系统

武汉是"山、水、林、田、湖"为主的生态资源构成齐全多样的全域生态系统。

2）江湖湿地

"江湖湿地"的丰富水生态环境成为武汉市最具鲜明的地域生态特色。

3）山体林地

丰富的山体林地成为武汉市最具生态价值的生态资源。

4）农田林网

广泛分布的农田林网构成全域生态基底。市域农用地面积占市域总面积的近50%，主要在农业生态区集中分布，构成全域的生态基底，也为全市农业产业的稳固发展奠定了基础。

3. 行动目标

为持续、有效推进全市域生态空间的系统性管控和实施工作，提出对全域生态空间"建立一套完善的规划编制体系、制定一套健全的法规体系、构建一个准确的信息系统"的"三个一"行动目标。一套完善的生态控制区规划编制体系；一套健全的生态控制区政策法规体系；一个准确实用的生态信息系统。

4. 规划编制内容

1）基本生态控制线的覆盖

（1）"两轴两环，六楔多廊"。

依据 2010 年经国务院批复的城市总体规划确定的"两轴两环、六楔多廊"的全市生态空间结构："两轴"是以长江、汉江及东西山系构成"十字"型山水生态轴；

"两环"：一是在主城与 6 个新城组群之间，建设三环线城市生态带；二是以农业生态区形成片状生态外环，作为都市发展区与城市圈的大生态隔离；

"六楔"是 6 个新城组群之间以山水资源为依托的六大生态绿楔,是防止六大新城组群连绵成片的重要控制地带,也是水系山系最为集中、生态最为敏感的地区;

"多廊"是在六大生态绿楔之间构筑连通的生态廊道。

(2)研究与分析。

基于生态足迹、生态承载力等多项专题研究,采用逾渗理论、概算法、碳氧平衡法等理论方法,确定武汉市生态用地总量。

(3)"两线三区"。

创新提出"两线三区"的空间管制模式,即通过划定基本生态控制线(反向形成城市增长边界,即 UGB)和生态底线"两线",明确集中发展区、生态发展区、生态底线区"三区"。

2)都市发展区范围内

《武汉市全域生态框架保护规划》划定范围面积为 1814km²,占都市发展区总面积的 55.6%。其中,生态底线区面积 1566km²,包括山体 101km²、水体 624km²、其他陆域生态保护面积 841km²,生态发展区面积为 248km²;生态发展农业生态区范围内,结合农业生产、新农村建设、生态旅游的发展需求,因地制宜制定分类管控政策,在对生态资源刚性保护的基础上妥善解决地区经济社会发展问题。

(1)关于弹性区。考虑到城市远期发展,沿城镇主要空间拓展轴预留适度"弹性区",待新一轮《武汉市全域生态框架保护规划》编制完成后再行确定其中的生态空间。

(2)关于生态发展区。农业生态区基本生态控制线范围内以集中成片的生态底线区为主,生态发展区将主要解决配套农业生产设施、配套生态旅游服务设施以及少量特殊用地的建设需求,其用地规模小、分布零星,且空间落地与项目建设紧密相关,目前难以全面予以落实。本次规划暂不划定农业生态区生态发展区范围,作为漂浮指标控制,待具体生态建设项目规划方案确定后再予落地。

3)生态区规划管控

在国内尚无成熟经验可循的情形下,探索具有武汉特色的城市近郊区生态资源保护与利用的合理模式,提出生态空间的控规编制新范式基于"保护优先、总量控制、功能引导、刚弹结合"的原则,以生态资源刚性管控、生态功能合理注入为目标,统筹村庄建设、农田保护、都市农业发展、生态休闲旅游配套建设等保护和建设诉求。

4)完善专项规划

配合武汉市林业局编制《武汉市山体保护规划》,武汉市规划研究院负责研究制定《武汉市山体保护规划编制规程》,征求武汉市林业局、武汉市园林局意见后，报经武汉市人民政府审查同意后印发各区执行；同时，还组织对各区具体规划编制人员进行技术培训，并与市林业局联合对规划成果进行审查，目前规划成果已经完成了公示，正在上报审批。与市水务局、园林局联合编制完成全市 166 个湖泊"三线一路"保护规划，武汉市国土资源和规划局负责完成了灰线和环湖路的划定工作。其中，第一批中心城区 40 个湖泊"三线一路"保护规划于 2007 年开始编制，于 2012 年 11 月获市政府正式批复（武政〔2012〕103 号）；第二批新城区 23 个湖泊规划已于 2014 年 9 月 15 日获市政府正式批复；第三批 103 个湖泊规划已于 2014 年 12 月经征求各区意见同意、三局联席会议审查通过后，于 2015 年 2 月 25 日市政府常务会议听取并原则同意。至此，全市 166 个湖泊保护范围全部划定。

5. 规划编制特色

1）"三个一"行动目标

为持续、有效推进全市域生态空间的系统性管控和实施工作，提出对全域生态空间"建立一套完善的规划编制体系、制定一套健全的法规体系、构建一个准确的信息系统"的"三个一"行动目标，为加快推进武汉生态文明建设奠定物质空间基础。

2）一套完善的生态控制区规划编制体系

建立覆盖全域的"总规—控规—专项规划"生态空间规划体系，制定规划、实施的一揽子行动计划。编制完成《武汉市全域生态框架保护规划》，首次实现了基本生态控制线的市域全覆盖，确定生态框架格局；创新编制都市发展区生态空间的控制性详细规划导则，实现生态区规划管控的精细化；完善专项规划编制，为生态空间规划提供支撑。

3）一套健全的生态控制区政策法规体系

武汉市"政府令—决定—条例"法制建设三步走计划。2012 年 3 月，市政府颁布《武汉市基本生态控制线管理规定》，并于 5 月施行。2013 年 6 月 26 日，市人大常委会在调研并听取市政府关于各区基本生态控制线实施情况汇报后，高票通过了《关于加强武汉市基本生态控制线规划实施的决定》，是全国各地方人大常委会中首个生态保护重大事项的决定。

2014 年开始，配合市人大、市政府法制办起草国内首个针对生态空间管控的地方性法规——《武汉市基本生态控制线管理条例》，按照"保护更有力度、方法更加科学、激励更为有效"的要求，将近年来现有法规实施较好的制度，进一步上升为地方性法规予以固化，对与实施工作不太适应的制度规定进行修改调整，对出现的新问题、新情况通过补充完善制度予以规范。

4）一个准确实用的生态信息系统

建立全市统一的生态空间信息平台，实现基本生态控制线范围内的地形、卫星影像、现状建设、规划等空间数据，在市、区管理部门的共享和互通。通过召开成果发布会、在信息平台定期发布规划成果、实时查询等方式，提升公众知情权，强化公众监督。

6. 相关思考

1）成效与思考

2014 年 4 月，配合市政府起草颁布《关于加强基本生态控制线管理实施的意见》，要求全市各区、各部门紧密围绕"三个一"工作，从"控、建、改、迁"四个方面着手，多措并举推进规划实施。

（1）"控"。"控"的方面——做到不符合准入要求项目的"零审批""零进入"。对于基本生态控制线内新增建设项目，严格依法执行准入控制，做到不符合准入要求项目的"零审批""零进入"。

（2）"建"。"建"的方面——积极推进重点生态工程建设。一批山体公园、湖泊公园初步建成。各新城区按照"一区一个郊野公园"的标准，正在逐步推进公园和绿道建设。

（3）"改、迁"。"改、迁"方面——完成了都市发展区基本生态控制线内既有项目清理，制定分类处置意见。采取市区联合模式，历时 1 年半，全面锁定了线内 1600 余项既有项目情况。

2）问题与思考

2012 年开始实施的基本生态控制线，开创了武汉市全面推进生态文明建设的良好局面，有效保障了城市生态安全格局，同时，也是对党中央将生态文明建设作为国家战略的积极响应，在全国层面树立了生态保护的积极示范效应，对促进现代化、国际化、生态化大武汉，以及城市全面协调可持续发展发挥了重要作用。

目前，全市已经形成共同遵守基本生态控制线的良好局面，但是随着基本生态控制线管理工作的全面展开和深入推进，目前，线内仍存在局部有调线诉求、线内村庄改造实施难度大、既有项目改迁压力大、生态项目建设进展较慢、配套保障政策机制亟待出台、管理工作协调机制尚未建立等诸多问题和矛盾，亟须寻求解决。

8.2.3　亳州市城市生态网络规划——"时空整合、功能耦合"

（规划编制单位：亳州市城乡规划局、安徽省城乡规划设计研究院）

1. 规划编制背景

1）规划背景

新常态、新型城镇化的时代要求"望得见山、看得见水、记得住乡愁"，生态文明建设功在当代、利在千秋，生态文明建设是中华民族永续发展的千年大计，我国生态文明建设和绿色发展将迎来新的机遇与高潮。

城镇化进程中生态环境严重破坏，生态系统失衡，城镇发展与区域环境保护相矛盾，构建城市生态网络是解决目前城镇发展面临环境问题的有效手段。通过有效的手段保护区域生态自然环境，使自然生态系统的自动调节能力得到提高，改善城市环境质量、保护区域生物多样性，最终实现城市与区域环境的协调可持续发展。

2）规划原则

（1）整体保护原则。保护生态格局的系统性与整体性，整合各类城市生态空间资源，实现维系生态系统良好运转的整体环境。

（2）连通连续原则。加强生态空间资源的有序连接，保持生态网络的健全与稳定，支持生物迁徙、自然环境和风景人文等各类生态过程的连续完整。

（3）刚弹结合原则。协调保护与利用的关系，强化功能引导、人地和谐，构建多层级、可调节的生态用地建管框架，实现生态环境保护与城乡发展需求的共赢。

（4）时空整合原则。生态网络的建构意义重在生态过程的维护，网络空间的构建依赖于时间的连续性，是时间与空间双重维度的整合。

（5）功能耦合原则。确保生态安全、生境保育和生态服务等自然功能，结合城市功能需求发挥生态网络的生态休闲游憩、历史文化保护、环境景观塑造等环境关联效益。

3）规划依据

进行生态网络规划不仅需要与其他规划协调进行，还需满足现行国家及当地相关规范。

（1）规划衔接。城市生态网络规划编制期限与城市总体规划的期限一致，与空间规划内容相衔接，与绿地系统、近期建设等规划相协调。

（2）相关规范。生态网络规划符合国家以及安徽省现行相关标准和规范的规定，指导城市科学构建生态网络，加强生态用地管控，提升生态综合效益，促进城市绿色发展。

4）工作技术路线

面对生态网络规划，工作技术路线主要经历三个阶段（图 8-9）。

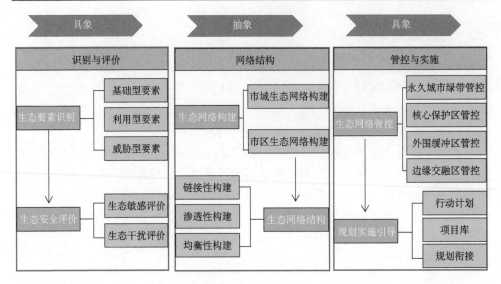

图 8-9 规划技术流程

（根据《亳州市城市生态网络规划（2017—2030 年）》绘制）

5）规划概况

规划期限：2017～2030 年。

近期：2017～2020 年。

远期：2021～2030 年。

规划范围：亳州市域，8522.66km²。

重点规划范围：谯城区所辖三个街道、22 个乡镇共 2263.60km²。

2. 市域生态网络构建

1）生态空间要素

技术路径：从区域角度开展城市生态区位分析，进而对市域现状各类生态空间资源进行分析识别，并按照干扰程度将空间资源划分为不同类型生态要素。

（1）生态区位分析。参照《安徽省生态功能区划（2003 年）》以及《安徽省生态环境保护规划（2006 年）》 明确亳州市生态区位与生态功能特征如下。

生态区：亳州市位于沿淮淮北平原生态区。

生态亚区：亳州市市域北部位处淮北平原北部农业生态亚区，市域南部位处淮北河间平原农业生态亚区。

生态功能区：亳州市谯城区北部和涡阳县西北部属于颍涡黄泛平原农业生态功能区，蒙城县、利辛县、谯城区南部和涡阳县大部分区域属于涡浍河间平原旱作农业生态功能区。

（2）资源识别。基于生态区位分析识别现状生态空间资源，包括识别类型：非建设用地中的水域、农林生态用地、风景名胜及保护区、生态公园、其他生态用地等；建设用地中的公园绿地、防护绿地、附属绿地、其他绿地等。

结论解析：市域生态空间资源总面积 72 020.06hm²，为市域总面积的 8.45%，生态资源总体占比低。市域西南部的城市公园绿地、防护绿地欠缺，城市郊野生态空间匮乏；市域范围内广大农业生态化程度不高。

（3）生态空间资源进一步划分。划分方法：基础性要素（37.13%）、利用型要素（41.86%）、威胁型要素（21.01%）三种类型。结论解析：亳州整体生态资源分布较为均衡，主要由河流水系、湿地等基础性要素和人为建设开发的公园绿地、防护绿地构成的利用型要素，威胁型要素主要由矿产开采区构成，集中分布在涡阳县。

2）市域生态网络结构

建构内容：基于安全格局与要素识别，提出市域生态网络结构，明确生态修复与保育等重要生态区域，明确生态发展轴、生态走廊等核心生态廊道，并明确重要生态修复节点。

（1）空间结构：规划形成"两轴五带三区九点多廊"的市域生态网络结构。

（2）"两轴"即沿涡河和西淝河生态发展轴。

（3）"五带"为由泗许高速、济广高速和京九铁路、济祁高速、宁洛高速以及茨淮新河构成的生态走廊。

（4）"三区"为文化生态发展区、工业生态治理区与农业生态保育区。

（5）"九点"为涡河生态文化景观区、亳州古城生态文化景观区、道源湿地生态保育区、刘店煤矿生态修复区、龙山镇猫头鹰自然保护区、涡北煤矿生态修复区、许疃煤矿塌陷生态修复区、西淝河湿地生态保育区、阚泽湿地生态保育区。

（6）"多廊"指多条河流、道路及基础设施生态廊道。

3）市域生态网络布局

空间布局：依据市域生态网络结构，结合空间规划整合各类土地资源，以生态连接为核心手段，建立市域生态资源要素的空间联系，形成有生态斑块、生态廊道、生态基质等空间要素共同构建的网络化生态空间体系。

3. 市区生态网络构建

1）市区生态网络构建及构建技术

技术路径：基于生态安全格局提出市域生态网络结构与规划。运用生态网络建构技术，整合各类土地资源，统筹城市发展与生态保护的需要，从功能建构与空间建构两个方面入手，建构网络化市区生态空间，引导健康、高效的生态空间体系。

涡河、小洪河等：河滨缓冲带是物种重要的栖息地，有助于生境改善与提高生物多样性，降低农业面源污染。河滨带交替出现以及生境的高度异质性维持了一些依赖这种特殊生境的特有物种，增加了河滨带内物种丰富度，同时提供了许多潜在的物种共存机会。

构建沿涡河 200m 核心防护带，主要形式包括防护林、郊野公园和生态公园等。沿小洪河、宋汤河等河流 100m 核心防护带。

主要道路的防护绿地是物种重要的迁徙廊道，有助于生境改善与提升生物的流通，增强区域连通性。宽度较大的道路，其两侧防护绿地、防护林通常规划上百米宽。连续且相当宽度的绿地可以实现生态的普查与检测、野生动植物的饲育、自然景观生态的维护，协调人与生物圈的相互关系，以达到保护地球上单一生物物种乃至不同生物群落所依存栖息地的目的，维系自然资源的可持续利用与永续维护。

2）市区生态网络结构

空间结构：规划形成"一轴、一带、三楔、多廊"的市区生态网络结构。其中："一轴"，即涡河自西北向东南穿越谯城区形成的东西向生态通廊，占据城市核心生态地位（图 8-10）。

"一带"，即永久性城市绿带，依托涡河、亳州水库等，连通建成区外围的防护绿带、林地及部分农林生态用地，形成与城市契合的串联。

"三楔"的环状城市绿带："三楔"即亳药花海生态绿楔、亳州水库生态绿楔、城东生态绿楔，从不同方向将城郊生态资源连通并导入城市，构成城市生态骨架。

"多廊"：由多个交通和水系生态廊道构成。

3）市区生态网络布局

基于生态分析评估及市域基本生态空间框架用地分类：结合空间规划整合各类土地资源，划分合理的用地类型。结论解析：市区生态空间资源总面积 34 740.72hm^2，为市区总面积的 15.35%，生态资源总体占比合理（图 8-11）。

按照生态空间功能用途细分，分别建构生态安全型子网络、生境保育型子网络、缓冲防护型子网络、风景游憩型子网络以及农业生产型子网络共五种类型的功能型子网络。

生态安全型网络布局：一级安全区域包括涡河、西淝河、亳州水库、洪河、漳河、植物园等对于城市防洪排涝、灾害防治、通风及防灾避难等生态功能起决定性作用的复合型城市大型水绿空间。二级安全区域包括龙凤新河、宋汤河等以排涝功能为主的二级河流，泗许高速、济广高速、亳蒙高速、京九铁路等两侧生态用地宽度大于 50m 的过境交通廊道，一级安全区域以外、面积大于 10hm^2 的城市绿地，以及主要高压走廊及铁路防护绿廊等对城市生态安全起重要辅助作用的生态空间。三级安全区域包括城市道路两侧防护绿地、面积为 0.2～10hm^2 之间的小型社区公园及街头绿地，包河、济河、洺河、油河、赵王河等两侧生态用地宽度小于 10m 的明沟水系等对城市生态安全起一般辅助作用的生态空间。

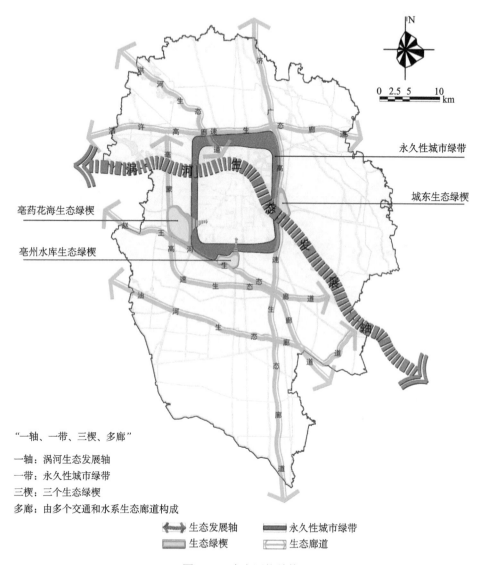

"一轴、一带、三楔、多廊"

一轴：涡河生态发展轴
一带：永久性城市绿带
三楔：三个生态绿楔
多廊：由多个交通和水系生态廊道构成

图 8-10　生态网络结构

（根据《亳州市城市生态网络规划（2017—2030 年）》绘制）

4）生境保育型网络布局

由生境源地、迁徙廊道、暂栖地、生态踏脚石所构成。生境源地：城市生境源地分为三个类型，其中，水域生境源地有涡河、亳州水库等；郊野公园生境源地有植物园、涡河滨水公园等；城市绿地生境源地有神龙公园、子胥公园、体育文化公园、汤王陵公园、烈士陵园等。迁徙廊道：城市迁徙廊道包括涡河生境廊道、宋汤河生境廊道、龙凤新河生境廊道等河流廊道以及重要的道路生境廊道等。暂栖地：生物暂栖地包括亳宋河湿地公园、漳河公园以及城东涡河滨水绿带。生态踏脚石：生态踏脚石包括洪河与药王大道交叉处绿地斑块、涡河与汤王大道交叉处绿地斑块、魏武大道与涡河交叉处绿地斑块、药都大道与宋汤河交叉处绿地斑块、凤尾沟与龙凤新河交叉处绿地斑块、药都大道与涡河交叉处绿地斑块等在迁徙廊道断裂处的生境斑块。

图 8-11　生态网络布局

（根据《亳州市城市生态网络规划（2017—2030 年）》绘制）

5）风景游憩型网络综合布局

基于风景游憩资源整合以及游憩需求构建由人文游憩体系和风景绿道等构成的风景游憩型网路体系。人文游憩体系通过整合人文游憩资源，构建包括历史村落、传统街区、遗迹景点、城市公共绿地在内的人文型游憩空间体系。风景绿道包括沿河滨、风景道路等自然和人工廊道，遗迹可供行人和骑行者进入的景观游憩廊道。

6）缓冲防护型网络综合布局

基于生态与城市的缓冲过渡、防护隔离等功能，明确环城绿带道路交通防护带、基础设施防护带以及河流防护带等。

7）农业生产型网络布局

基于生态网络系统建构的需求，明确农业生产型空间体系。整合市区农业空间对于城市生态网络整体建构有必要纳入的农业生产型用地，依据土地利用总体规划确定的各类水域、各类林地、园地、耕地等，构建城郊农林复合生态系统。

8）市区生态网络空间构建

依据生态稳定性，分别划定永久性城市绿带、核心保护区、边缘交融区、外围缓冲区共 4 个生态网络空间类型，即"一带三区"。一带三区：依据生态安全评价以及生态功能区划，划定永久性城市绿带、核心保护区、边缘交融区和外围缓冲区共 4 个生态网络空间层级。谯城区永久性城市绿带总用地面积 7635.73hm²，由以下生态空间构成：以城市开发边界为基础的环状区域，北侧至泗许高速外侧 100m 防护绿地，东侧至济广高速外侧 100m 防护绿地，南侧至亳州水库外 100m 防护绿地及亳芜大道，西侧至 220kV 高压走廊。

4. 生态网络管控

1）永久性城市绿带管控

突出强调形态结构完整性，按照遵循总量不减、占补平衡、生态功能不降原则严格管控，在统一规划的基础上推进区内原有生境保护及生态林地建设，通过动态控制用地比例，合理运用生态建设手段，持续优化群落结构，逐步建设物种丰富、结构合理的自然植物群落生态带。

2）核心保护区管控

突出强调生态服务价值及生态效益，施行最严格管控措施，按照生态功能不降低、面积不减少、性质不改变原则，推进区内生态保护与修复，禁止任何与生态保护无关的开发建设活动，以严格的准入制度有效遏制人工干预。

3）外围缓冲区管控

以生态维护为重点，推进区内生态保护与修复，限制区内建设用地蔓延，禁止与主导生态功能不符的开发建设活动，控制线性工程、市政基础设施和独立型特殊建设项目用地。

4）边缘交融区管控

突出强调生态空间的连续性及相关建设的生态化处理，按照生态提升为主、相关建设为辅的原则，基于系列指标管控前提，允许部分符合生态功能保护方向的建设活动，并加以用地性质、空间布局、生态提升、建设强度等方面的控制与指引。

5. 规划实施引导

1）规划实施管理

拟定亳州市生态网络建设的一揽子行动计划，并确定行动方案，提出总体目标、建设标准、任务分解，并提出组织架构、考核机制、保障体制等方面的建议。

2）近期行动计划

为保证城市生态网络的有效实施，近期从永久性城市绿带和生态廊道边界落地、建设示范区、建设生态发展轴和生态廊道三个方面来构建生态网络系统。

3）项目库

以近期建设项目为主，建立城市生态网络建设项目库，并提出建设的时序安排与重点建设方向，科学谋划并实施项目。

4）规划衔接

明确与城市总体规划、城市空间规划、城市绿地系统等相关规划的衔接要求，提出与生态网络空间的详细规划进行衔接、落实的具体内容。

参 考 文 献

戴菲, 毕世波, 郭晓华, 等. 2021. 基于形态学空间格局分析的伦敦绿地系统空间格局演化及其与政策的关联性研究. 国际城市规划, (2): 50-58.

邓位, 李翔. 2017. 英国城市绿地标准及其编制步骤. 国际城市规划, (6): 24-30.

姜允芳, 石铁矛, 赵淑红. 2015. 英国区域绿色空间控制管理的发展与启示. 城市规划, 39(6): 79-89.

魏来. 2014. 区域性绿道网络规划与实施研究——以美国佛罗里达州际绿道为例//城乡治理与规划改革——2014中国城市规划年会论文集(10——风景环境规划).

吴晓敏. 2014. 英国绿色基础设施演进对我国城市绿地系统的启示. 华中建筑, 32(8): 102-106.

夏巍, 刘菁, 卢进东, 等. 2018. 城市生态空间规划管控模式探索——以《武汉市全域生态管控行动规划》为例. 城乡规划, (2): 115-121.

项晶. 2019. 佛罗里达州绿道系统和珠三角地区绿道系统的比较初探. 戏剧之家, 309(9): 236, 238.

张琦, 吴思琦, 杨鑫. 2017. 特大城市核心区绿地格局量化比较研究——以北京、伦敦、巴黎、纽约为例. 华中建筑, 35(6): 16-23.

张云彬, 吴人韦. 2007. 欧洲绿道建设的理论与实践. 中国园林, (8): 33-38.

Carr M H, Zwick P D, Hoctor T S, et al. 1998. Final report, phase II, Florida Statewide Greenways Planning Project. Department of Landscape Architecture, University of Florida.

Hoctor T S, Teisinger J, Carr M H, et al. 2002. Identification of Critical Linkages within the Florida Ecological Greenways Network. Final Report. Office of Greenways and Trails, Florida Department of Environmental Protection. Tallahassee.

Jongman R H G, Bouwma I M, Griffioen A, et al. 2011. The Pan European Ecological Network: PEEN. Landscape Ecology, 26(3): 311-326.

Noss R F, Cooperrider C A. 1994. Saving nature's legacy: Protecting and restoring biodiversity. Defenders of Wildlife and Island Press, Washington, D. C.

后　记

　　《城市生态网络规划原理》一书的编著，主要是顺应新时代事业发展需要，总结过往城市生态网络规划理论方法研究与实践，融合风景园林学、景观生态学、城市生态学等多学科新成果，对接中国现行国土空间规划新要求。在认识论层面，厘清城市生态网络内涵，提炼其本体时空进化特征及规律；在方法论层面，从规划衔接与规划编制、构建方法和构建技术方面，阐述城市生态网络规划的原理机制；在实践论层面，总结上海市基本生态网络规划，并梳理国内外典型城市生态网络规划案例。聚焦城市生态网络规划的理论研究、编制方法、支撑技术、实践案例等，重点探索形成城市生态网络规划原理，以期指导城市生态空间系统规划、保护建设及管理。

　　启动《城市生态网络规划原理》一书的编著，除本书前言等所述国际发展背景和国内规划体系变革背景下的行业迫切需求之外，主要是具备了以下三个方面的基础条件。

　　一是国家层面，基本完成了国土空间规划"一张图"战略举措的体系化顶层设计。2013 年，《中共中央关于全面深化改革若干重大问题的决定》提出，"建立空间规划体系，划定生产、生活、生态空间开发管制界限，落实用途管制"，"完善自然资源监管体制，统一行使所有国土空间用途管制职责"。2014 年，中共中央 国务院印发的《生态文明体制改革总体方案》要求，"构建以空间治理和空间结构优化为主要内容，全国统一、相互衔接、分级管理的空间规划体系"。2018年，《中共中央关于深化党和国家机构改革的决定》则确定了自然资源部的改革目标，要求"强化国土空间规划对各专项规划的指导约束作用，推进'多规合一'，实现土地利用规划、城乡规划等有机融合"。直到 2019 年 5 月，《中共中央 国务院关于建立国土空间规划体系并监督实施的若干意见》提出，要"坚持山水林田湖草生命共同体理念……保护生态屏障，构建生态廊道和生态网络，推进生态系统保护和修复"，并且"到 2035 年，全面提升国土空间治理体系和治理能力现代化水平，基本形成生产空间集约高效、生活空间宜居适度、生态空间山清水秀，安全和谐、富有竞争力和可持续发展的国土空间格局"。由此，标志着我国国土空间规划体系顶层设计"四梁八柱"基本形成。

　　二是地方层面，拥有《上海市基本生态网络规划》及其深化实施等地方经验。2009 年，上海市启动基本生态网络的规划。2010 年 9 月 9 日，上海市规划委员会全会审议通过《上海市基本生态网络规划》，通过复杂程序统一思想，2012 年 5

月 26 日上海市人民政府发文（沪府〔2012〕53 号）批准。规划的核心内容纳入上海市"十二五"规划纲要，由此正式拉开了上海市生态网络构建及生态空间系统建设的序幕。《上海市基本生态网络规划》的批准实施，对上海市基本生态网络空间的保护、利用、建设和管理，对维护上海城市生态安全，进一步落实市级土地利用总体规划确定的市域生态空间管控，加强后续生态空间建设的实施与管理，明确生态用地的总量和布局结构，并结合规划管理分类分级划定生态网络空间控制线，制定生态空间管制与实施政策措施，具有重要意义。2017 年 12 月 15 日，《上海市城市总体规划（2017—2035）》获得国务院批复，明确提出建设"卓越的全球城市"发展定位，要求将市民幸福作为上海发展的根本追求，努力建设繁荣创新之城、幸福人文之城、韧性生态之城。在"上海 2035"生态之城的总体目标下，明确提出"营造绿色开放的生态网络"，构建多层次、网络化、功能复合的全域统筹的城乡空间，提高城乡人居生态环境质量，有效保证生态空间的落地实施。2020 年 4 月，《上海市生态空间专项规划（2018—2035）》草案予以公示。规划依据城市总体规划、基本生态网络规划、生态保护红线等要求，将城市中以提供生态系统服务为主的用地类型全部纳入生态空间统筹考虑，包括城市绿地、林地、园地、耕地等类型，聚焦绿化、林地、湿地、耕地等要素，从要素保护与融合、体系建设与完善、品质优化与提升、机制保障与衔接四个方面，为生态空间实施提供具体的建设引导。回头看，通过规划编制和落地实施，探索了方法与技术途径，形成了地方实践经验。

三是研究层面，本团队同行积累了许多研究成果。10 余年来，先后产出了一批与本书主要内容相关的研究成果，包括发表论文 50 余篇、出版专著 2 部、申请获得国家专利及软著 10 余项、编制标准 3 部；主持完成或在研科研项目和案例实证多项，包括上海市科学技术委员会"上海'四化'生态网络空间区划及其系统构建关键技术研究与示范"、住房和城乡建设部"基于城市有机更新的生态网络构建关键技术研究"、国家重点研发计划课题"城市与区域生态环境决策支持系统与一体化管理模式"等；同时，先后具体负责编制完成 2010 上海世博园区绿地系统规划、上海市基本生态网络规划、上海市闵行区生态空间规划、上海市闵行区林地和生态廊道规划等规划项目 30 余项。加之 2018 年年底启动，由中国城市规划设计研究院王忠杰教授级高工牵头组织编写的《风景园林设计资料集（第二版）》前期工作基础。以上等等，都为本书的编著奠定了坚实的基础。

本书编著出版，得到了国家重点研发计划课题"城市与区域生态环境决策支持系统与一体化管理模式（2017YFC0505706）"、上海市科学技术委员会"上海'四化'生态网络空间区划及其系统构建关键技术研究与示范（19DZ1203300）"和住房和城乡建设部"基于城市有机更新的生态网络构建关键技术研究（K22018080）"等项目组支持和经费资助。

　　本书编著中，除了参考并引用了国内外城市生态网络研究领域学者的研究成果和同行实践案例之外，多位同事和同学参加了资料收集、文献整理、文字拟写等工作（历时 2 年多），他们包括江苏大学徐英副教授；上海市园林科学规划研究院的李晓策工程师、杨博高工、郑思俊博士、韩继刚教授、仲启铖博士、张桂莲博士等多位同事；博士研究生刘杰、季益文及硕士研究生易铮、凌芝等多位同学。特别是本书成稿之后，得到中国工程院院士吴志强教授、中国科学院院士段进教授、著名城市生态学家宋永昌教授审阅全书并为之赐序；当然，还有许多没有被提及，却予本书诸多帮助和支持的同仁们。在此，一并谨表深深谢意！

　　由于本人水平所限，加之时间仓促，挂一漏万之处，在所难免，敬请各位专家和读者批评指正。

2021 年 3 月 21 日